用Python學AI
理論與程式實作

涵蓋 Certiport ITS AI 國際認證模擬試題

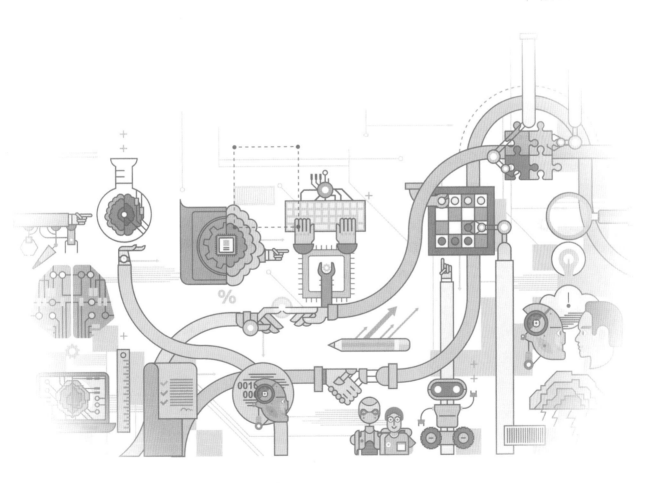

作者序

　　隨著 2016 年電腦圍棋 AlphaGo 打敗李世乭和 2022 年底的 ChatGPT 問世，人工智慧正逐漸融入我們的日常生活，大眾也開始接觸相關的技術或技能，以運用在自己的生活中。現有的中文教學資源，大多聚焦於 AI 背後的數學「理論」，或者是程式「實作」，能兼顧「理論」與「實作」的 AI 教材相對稀缺。本書結合了理論與實作，為具備數學和程式設計基礎的讀者，提供了一個學習人工智慧理論與實作的選擇。

　　本書一共規劃十四個章節，適合做為大學人工智慧課程教材或高中的科技應用專題參考書籍，由基礎、理論到實作，適合以週為單位來安排教學進度。各章節的概要說明如下，為詳盡闡述理論與實作，部分主題將分為兩個章節。

- 第一章簡單介紹人工智慧的近代史，說明相關術語和數學基礎，並講解如何安裝開發環境。

- 第二章則會簡單說明 Python 的常用語法，並介紹本書常用套件。背景知識不足的讀者，可以透過前兩個章節熟悉相關內容。

- 第三～五章涵蓋「非監督式學習」、「監督式學習」及「強化學習」，每種包含一至三個演算法，並透過 scikit-learn 和 gymnasium 套件進行範例實作。

- 第六、七章探討最基本的全連接神經網路，說明人工神經網路的運作原理，並運用 Pytorch 套件實作基本的神經網路，進行手寫數字圖片的分類。

- 第八、九章則介紹卷積神經網路（CNN），解說卷積的數學原理後，實作對照片進行物件分類的 CNN 模型，以及訓練上的優化方法。

- 第十、十一章在實作具有殘差塊（residual block）的神經網路後，介紹比「物件分類」更難的「物件偵測」與其當紅模型 YOLO 的運作原理，並示範如何訓練 YOLOv7 模型對自己手邊的照片進行物件偵測。

- 第十二章介紹目前人工智慧領域中的自然語言處理（NLP），並運用相關套件模擬任務較為簡單的中文斷詞或詞向量等演算法。

- 第十三章則延續相關主題，介紹 RNN 與 LSTM 等處理序列資料的神經網路，並實作判斷電影評論屬於正評或負評的模型。

- 第十四章介紹生成對抗網路的架構與兩個神經網路進行「對抗」的原理，章末嘗試以 DCGAN 模型生成不同風格的字體。

本書的附錄附有 Pearson VUE / Certiport 所推出，符合產業趨勢的「Certiport ITS 資訊科技專家」系列認證考科－ITS Artificial Intelligence 人工智慧核心能力國際認證模擬試題，題目共 80 題。讀者可以在熟讀本書的內容後，參加人工智慧 ITS 專家認證。

由衷期盼各位讀者能夠透過本書掌握人工智慧的理論知識並增強實作能力，使 AI 成為生活或工作中的得力助手。我們也歡迎並珍視每一位讀者的反饋，您的建議將是我們不斷進步的動力。最後，特別感謝碁峰的伙伴們，對於本書的出版，奉獻無比的心力，使得本書得以更加完善 ^_^

敬祝大家　身體健康！心想事成！

李啟龍、陳威達 謹識

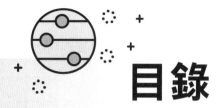

目錄

01　人工智慧簡介

05 強化學習

06 深度神經網路理論

09 卷積神經網路實作

10 物件偵測理論

11 物件偵測實作

12 自然語言處理

13 循環神經網路

14 生成對抗網路

A ITS人工智慧模擬試題

範例目錄

01
chapter

人工智慧簡介

在介紹各類的人工智慧和機器學習之前，我們先了解人工智慧的定義，回顧 AI 在近七十年來的發展與各類機器學習方法，再看看機器學習所需要的數學基礎，並安裝開發環境。

1.1 人工智慧簡介

1.1.1 人工智慧的定義

人工智慧（Artificial Intelligence, AI）的定義如其名稱，就是人工的智慧，也能拆成這兩個部份來細部解讀。「人工」就是指人造的，不是自然存在，非生物的意思，「智慧」則有很多種解讀。有人認為要能夠獨立思考，甚至要像是人類或哺乳類擁有情感；也有人認為能輔助人類解決眼前的問題就好。不過基本上，機器人或電腦程式至少要能感知現況並正確決策，才會被認定是人工智慧。

科學家研究人工智慧的終極目標，是創造具有人類平均智能甚至更為高超的人造思考模型。雖然這項目標可能要數十年後才得以具體實現，但 AI 已經逐漸融入大眾的日常。打開智慧型手機，可以問 Siri 或 Google 助理今天的天氣狀況，或是幫你規劃到達某個目的地的路線；無聊時上網看社群媒體，Facebook 和 YouTube 等各大平台，早已根據之前的觀看紀錄篩選好你感興趣的內容；物件偵測模型，可被運用在高速公路的車流監控上。因此，我們可以發現這十年來，人工智慧已經無形地成為我們生活的一部份。

1.1.2 人工智慧的歷史

人工智慧雖然近幾年才成為熱門議題，但它並不是最近才出現的研究領域。人類自古便期望創造一個能與其匹敵的智能體，相關的思想可以追朔到古代的傳說。如果聚焦放在過去數十年的研究，可以分為五個關鍵的發展時期，分別是三個 AI 浪潮，以及夾雜其間的兩個寒冬。

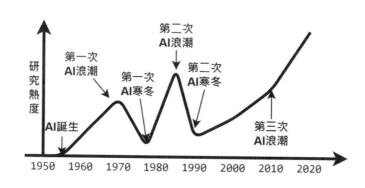

1956 以前：AI 的誕生

古代的神話中已有人造人的出現，或者認定技藝高超的工匠，能創造自動人偶或是賦予神像思想。早期沒有能直接實現人工智慧的硬體時，它的相關思想卻發展出很重要的基礎。

能夠創造人工智慧的假設是人類的思路可以機械化，公元前一世紀各大古文明的哲學家，已經提出機械式推理的結構化方法。17 世紀時，德國數學家兼哲學家萊布尼茲（G. Leibniz）設想存在用於科學推理的語言，能把人類的推理簡化成計算的形式，這也成為後來符號主義（Symbolicism）的先驅。

20 世紀，可程式的電子計算機出現，讓科學家們開始思考打造電子大腦的可能性。1950 年，英國數學家，電腦科學之父艾倫·圖靈（Alan Turing）發表了《計算機與智慧》（Computing Machinery and Intelligence）這篇劃時代的論文，探討創造人工智慧的可能性，並提出了圖靈測試（Turing Test）。在這個測試中，機器和人類需要在不被知道身分的狀態下與第三者互動。如果第三者在和兩者互動的過程中，無法清楚分辨哪一個互動對象是人，表示這個機器具有一定的思考能力或是人類模仿能力。

1956 年 8 月，達特茅斯學院的教授麥卡錫（J. McCarthy）等人發起了達特茅斯會議（Dartmouth Workshop），在一個月的集思廣益後，正式確立了人工智慧的名稱、定義和任務。這場會議在往後被廣泛認定為 AI 誕生的標誌。

1956～1974：第一次 AI 浪潮

達特茅斯會議後，人工智慧的研究開始蓬勃發展。這個時期大部分的算法都還是從大規模的可能性進行搜索；以下棋來說，就是從目前的棋局往後推算幾步後，盤面的各種可能性。這種指數量級的運算量當然相當費時，所以科學家們用了各類的條件篩選掉了不可能的狀態分支，例如西洋棋如果走了某一步等同讓皇后送死，那就不會選擇這一步，也因此不會推算後續的棋局。

理解人類語言被認為是人工智慧的重要發展方向。美國計算機科學家維森鮑姆（J. Weizenbaum）所開發的 ELIZA 程式，被認定是世界上第一個聊天機器人，甚至在簡單的談論中，被和其對話的用戶誤認為是人類，也就是有通過圖靈測試的潛力；但 ELIZA 這支 200 行的程式，只是依循特定規則回應問題，或是擷取使用者問句轉換人稱後再復誦一次，根本對它所回覆的內容一無所知。

人工智慧草創期的研究成果具有一定的進展，研究者們普遍期待具有成年人思考能力的人工智慧，在不遠的將來出現。相關的預言包括「十年內勝過人類西洋棋冠軍」或是「二十年內機器能做到人類的所有工作」，認為人工智慧的課題能在短期內被解決。

1974～1980：第一次 AI 寒冬

雖然提出了充滿理想的承諾，但人工智慧的相關研究也開始碰壁。一個問題是電腦的運算速度過慢，再加上有些問題被證明只能在指數量級的運算下求解，所以計算時間比不上人的需求，搜索式 AI 也就沒有辦法把問題的規模擴大成實用的程式，僅限於實驗室中一些簡單遊戲的應用。另外一個狀況則是機器雖然可以解決特定的複雜問題，卻對人類生活的常識認知極淺。科學家很難建立大型資料庫，賦予人工智慧先備知識，也沒有人知道如何讓一支程式學習這些對兒童來說易如反掌的事物。

1960 年代的各項樂觀的人工智慧神話破滅後，原本幾乎不要求回饋，無限制地給予研究經費的各國政府，逐漸對人工智慧撤資，把錢分配給看得到具體成果的領域，AI 的相關研究也就此銳減。

1980～1987：第二次 AI 浪潮

第一次 AI 浪潮的研究把許多的問題結果二元化，也就是只有「是」和「否」兩種結果，而沒有考慮到其實結果可能是落在一個光譜上。1980 年代開始，科學家以統計學的角度，重新建構人工智慧，不再單純考慮結果的發生與否，而是考慮它的發生機率。隨著支持向量機和決策樹的出現，以及神經網路的反向傳播演算法的提出，機器學習（Machine Learning）帶起了人工智慧的第二個浪潮。

這個時期，解決特定問題的機器不再使用費時的搜索式運算，取而代之的是美國計算機科學家費根鮑姆（E. Feigenbaum）提出的專家系統（Expert System）。專家系統是建立在特定領域的大型資料庫上，收集了專家的經驗和意見，綜合過去的紀錄，選擇最符合使用者現況的決策。專家系統最早是用在有機分子的鑑定上，例如被用來識別菌血症等嚴重血液傳染病的模型 MYCIN。隨著實用性的提高，人工智慧也再度被人重視。

1987〜1993：第二次 AI 寒冬

　　1980 年代後期個人電腦興起，Apple 和 IBM 生產的電腦運算能力，逐步追上當時主要進行人工智慧運算的 Lisp 機器（Lisp machine），造成後者的銷量和產量逐漸減少。專家系統的資料庫需要極大的人力更新和維護，應用範疇卻又很狹窄，研究熱潮也逐漸退去。人工智慧的未來性再度被質疑，後來也再度被撤資。

2010〜現今：第三次 AI 浪潮

　　1990 年代起，電腦硬體的開發技術進步神速，依循摩爾定律每十八個月倍增，過去 1960 年代最主要的研究瓶頸逐漸被克服。雖然專家系統可以說是被硬體限制淘汰，但各類機器學習的算法卻仍然持續演進，大數據（Big Data）的出現，也讓學者比起以往有更完整的資料可以訓練模型。2007 年，伊利諾大學李飛飛教授團隊建立了 ImageNet 資料庫，並自此每年舉辦 ILSVRC 圖像識別競賽，讓世界上的各個研究團隊，測試並逐步精進他們的機器學習演算法。GPU 運算等硬體加速的出現，使得類神經網路的機器學習變得可行，2012 年 AlexNet 以高十個百分點的準確率拿下冠軍，從此人工智慧的研究進入深度學習的時代。

　　AI 也開始以棋弈的形式出現在人們的日常新聞中。雖然比預期晚了二十年，但 1997 年 IBM 的超級電腦深藍（Deep Blue）擊敗了當年的西洋棋世界冠軍卡斯巴羅夫。2016 年 3 月，Google 的子公司 DeepMind 團隊所開發的電腦圍棋 AlphaGo，與南韓世界棋王李世乭對戰五盤棋，AlphaGo 以 4:1 戰勝李世乭九段，震驚全球，也讓一般大眾逐漸認知到人工智慧的能力。2022 年 11 月，人工智慧公司 OpenAI 發表了聊天機器人 ChatGPT，其近乎完美的回應能力，使得人工智慧真正融入日常生活，成為眾人手邊不可或缺的強大工具。

1.1.3　人工智慧的分類

　　講到人工智慧，通常會伴隨幾個名詞：機器學習、深度學習、強化學習、監督式學習和非監督式學習。這些名詞大體來說都是在討論 AI，但細節上的意義並不相同，我們有兩張圖來說明他們的意義。

人工智慧→機器學習→深度學習

　　我們可以用時間軸和文字本質來區分上述這三個名詞。人工智慧是指達特茅斯會議後，發展出來模仿人類智能的技術，從 1960 年代用簡單的邏輯進行判斷和大規模答案搜索的程式，到現今需要用超級電腦的複雜模型，凡是能感知、判斷、行動

和適應當前資訊的，都屬於人工智慧的範疇；機器學習指的是 1980 年代以後，融入統計學等數學技巧，從過去的資訊和經驗中找出一定的規律，並用以改善演算法的手段；深度學習則是其中一種機器學習的方法，模擬人類大腦結構，以大量參數建構一個函數模型，並在逐次輸入資料的過程中修正參數，以修正成更好的分類模型。

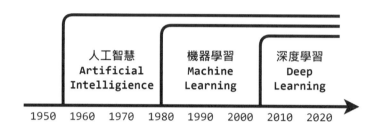

機器學習的方法

我們可以用什麼樣的方式進行機器學習呢？根據獲得的資訊與人工智慧的任務，可以分為四個類型。

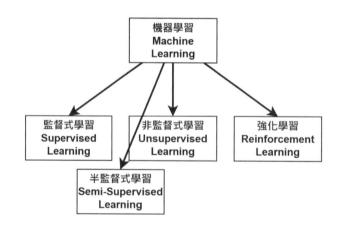

● **監督式學習**

升高中和升大學的大考中，一個非常好用的資源叫做「考古題」。雖然過去考過的題目，不會出一模一樣的題目再考一次，但可以從過去的題目了解到，可能會用什麼樣的問句來考各科的知識，也會看到正確答案應該長什麼樣子。正式考試時，就能依照過去看考古題的經驗來決定應該怎麼作答。

監督式學習（Supervised Learning）做的事情，和用考古題準備大考的形式非常相似。我們通常會得到許多被人工分類過的資訊，可以將其分為資料（data）與

分類標籤（label）。我們要模型嘗試在資料裡找規律，找出各個分類的資料所具備的特徵，再試著成功地一一歸類。這是現今機器學習的主要方法，但需要人工標籤的資料，也是它比較麻煩的地方。

另外，監督式學習很容易有過擬合（overfitting）的問題。在求學時期的小考或段考中，有些人會發現老師的出題規律，所以就猜到了他會出哪些題目。但這些同學不是選擇去理解那些題目怎麼解，而是直接把答案背下來。如果老師的出題規律沒變，當然拿高分；但只要出題規則一變，這些同學的分數很可能會一落千丈。因此，我們用監督式模型進行機器學習時，會取出一定比例的資料（10%～30%）來驗證模型有沒有過擬合的問題，因為我們拿到這些資料要訓練的是希望能全面解題的模型，而不是只會背答案的模型。

● **非監督式學習**

剛搬完家，把一箱一箱的物品搬進房間裡，打開箱子思考要怎麼把這些東西放到櫃子上。畢竟這是新家，原本舊家各項放東西的規則，沒有辦法套用在新的家具上，所以勢必要找尋一種新的方法整理東西。於是你開始把大物品跟小物品分開，分為寢具、衣服、書辦公用品...等，然後逐一檢查置物櫃的大小，再把物品放到大小恰當的地方，最後整理好新房間。

這類方法在機器學習中，稱為非監督式學習（Unsupervised Learning）。與前者不同的是，我們雖然有資料，卻沒有標籤。雖然各個物品都有它的功能或名稱上的分類，但現在的問題是把這些物品安置在房間的各個角落，但我們並沒這方面的標籤或初始資訊。這時我們可以根據每項物品的體積，來決定要把東西放在哪個置物櫃比較好；通常會習慣把同類型的物品放在一起，所以也能決定哪些東西要放進同一個置物櫃。因為沒有初始的類別，所以這個方法並不能算是分類模型，通常會被歸類為分群或是聚類的任務。

● **半監督式學習**

當今天機器學習的資料中，只有一些資料有標籤，我們可以先用有標籤的資料進行模型訓練，再用無標籤的資料進行模型驗證，或者是利用無標籤資料的分布，再修正分類模型。這樣的方法，稱為半監督式學習（Semi-Supervised Learning）。

● **強化學習**

與他人下棋的時候，你總是會思考自己下了某一步棋後，對方會怎麼下，以及數手後的可能棋局，並選擇對自己最有利的方式決定下一步。通常這類的決策問題，會以強化學習（Reinforcement Learning）的方式來進行機器學習。強化學習

參考心理學的行為主義，認為環境和行動後的賞罰，是影響行為的唯一因素，且行動者會以最大利益為目標。以下棋來說，環境就是現在的盤面，行動後的賞罰，就是下了某一步棋後傾向勝利或敗北的機率。而棋弈相關的人工智慧，就是要在多次和人類或和自己對弈後，取得各個盤面的勝敗結果，並在下個棋局以過去的經驗推算各個棋步的期望值，並選擇對己方最有利的一手。結合強化學習和深度學習的 AlphaGo，在對戰中甚至足以控制局面，讓最後的結果不是屠殺對手的「大勝」，而是類似把玩對手的「險勝」，是強化學習相當成功的案例。

1.2 人工智慧的數學基礎

這個小節會以高中數學或大學初等微積分為基礎，探討機器學習需要用到的數學。這並不會涵蓋整本書運用到的函數或運算，有些特別應用的函數，到了對應的章節才會進行介紹。

1.2.1 代數與符號

本書中有許多計算理論會代入數字實際運算，但在更多較為複雜的例子中，我們會以代數的形式來表示。我們通常會以小寫的英文字母來表示變數，小寫的希臘字母來表示各個常數，大寫英文字母則多用來表示集合、矩陣或函數。

$$x, y, z \rightarrow 變數$$

$$\alpha, \beta, \gamma \rightarrow 常數$$

$$A, B, C \rightarrow 集合、矩陣、函數$$

1.2.2 指數和對數函數

在機器學習中，抑制或放大函數的輸出，經常使用指數函數或對數函數。不少最佳化問題，需要了解函數的斜率才能進行修正，所以也因為微分上的簡單性質，我們通常會選用以自然指數 e 為底數的指數或對數函數進行數值的調整與運算。

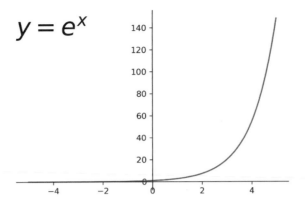

上圖是$y = e^x$的函數圖形，不難發現指數函數的函數值都是正數，所以我們能用來把負數轉成極小的正數，方便處理機率等非負數的運算。另外，當我們有一系列的正數，但希望把大數字跟小數字拉開差距時，指數函數的放大效果也遠比等比例函數來得高。舉個例子，假設今天要放大2跟8兩個數字。如果是「同乘x倍」變成$2x$跟$8x$，後者僅是前者的4倍，x需要非常大才能讓兩個數值有明顯的落差；如果改成「x的次方」變成x^2跟$x^8 = (x^2)^4$，後者便是前者的四次方，即使x不大也有放大數值的效果。

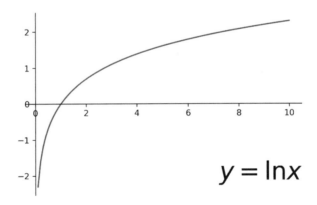

從$y = log_e x = \ln x$的函數圖形來看，雖然對數函數不能處理負數，但可以發現$x < 1$的區域直線較陡，可以放大小數的差異；$x > 1$的區段，則能用來縮小數值間的差距。假設今天要縮小 10 跟 1000 兩個數字的差異。如果是「同乘x倍」變成$10x$跟$1000x$，後者還是前者的100倍，x需要極小才能縮小兩者差異；如果改成「對x取對數」變成$log_x 10$跟$log_x 1000 = log_x 10^3 = 3log_x 10$，後者就只是前者的三倍，$x$不用太大也能從根本的倍數差異縮小兩者的差距。

1.2.3 向量

一群數字依序排列時，我們可以稱為一條向量（vector）。除了能直接用一串數字表示，也會以 $\vec{x}$ 代表一個向量，並以 x_i 表示其第 i 項。本書會用向量的維度表示其項數，以下方兩個向量為例，維度就分別是3和 n。

$$\vec{a} = (1, 2, 3)$$
$$\vec{x} = (x_1, x_2, \dots, x_n)$$

加減法

兩個維度一樣的向量可以進行加減法的運算，得到的向量就是個別元素的和或差。

$$\vec{x} = (x_1, x_2, \dots, x_n)$$
$$\vec{y} = (y_1, y_2, \dots, y_n)$$
$$\vec{x} + \vec{y} = (x_1 + y_1, x_2 + y_2, \dots, x_n + y_n)$$
$$\vec{x} - \vec{y} = (x_1 - y_1, x_2 - y_2, \dots, x_n - y_n)$$

範數

當我們用向量表示兩筆不同資料，且想運算兩筆資料的距離時，有種常見的算法稱為範數（norm），其中以 L1 範數和 L2 範數最為常見。前者是各項元素差的絕對值總和，後者則是各項元素差的平方和開根號。兩者分別對應到數學上的曼哈頓距離和歐基里德距離，後者較為常用，有時會以 $|x|$ 表示。

$$\|x - y\|_1 = |x_1 - y_1| + |x_2 - y_2| + \cdots + |x_n - y_n|$$

$$\|x - y\|_2 = \sqrt{(x_1 - y_1)^2 + (x_2 - y_2)^2 + \cdots + (x_n - y_n)^2}$$

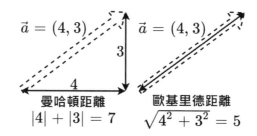

⬡ 內積

兩個維度一樣的向量可以進行內積，也就是個別元素的乘積和。

$$\vec{x} \cdot \vec{y} = x_1 y_1 + x_2 y_2 + \cdots + x_n y_n = \sum_{i=1}^{n} x_i y_i$$

根據數學定義，兩個向量在空間上的夾角餘弦值，等於兩個向量的內積除以兩個向量的二階範數。餘弦值越大，表示兩個向量在空間上的方向越相似。

$$\cos\theta = \frac{\vec{x} \cdot \vec{y}}{|x||y|}$$

1.2.4 矩陣和張量

如果今天一群數字排成一個矩形，我們稱為矩陣（matrix）。矩陣的大小，我們可以用兩個數字長和寬表示，如果以 $M_{n \times m}$ 矩陣來說，大小就是 $n \times m$。

$$A = \begin{bmatrix} 1 & 2 \\ 3 & 4 \\ 5 & 6 \end{bmatrix}$$

$$M = \begin{bmatrix} M_{11} & \cdots & M_{1m} \\ \vdots & \ddots & \vdots \\ M_{n1} & \cdots & M_{nm} \end{bmatrix}$$

如果把數字排成一個長方體，或者是需要三個數字以上相乘，來表示這群數字的排列，我們會用更為通用的名詞——張量（tensor），並以張量的維度，稱呼表示大小的數字數目。也就是說，排成長方體的張量我們稱為三維張量，矩陣我們可以稱為二維張量，向量我們可以稱為一維張量，單純數字的純量則是稱為零維張量。因為意義不同，本書會在討論維度時會以「向量維度」和「張量維度」進行區分。

1.2.5 求和

我們通常會使用 Σ（Sigma）函數對一群數字，或是一個張量的各個元素求和。以下用向量和矩陣來示範元素和的表達式。

$$\vec{a} = (1, 2, 3)$$

$$M = \begin{bmatrix} M_{11} & \cdots & M_{1m} \\ \vdots & \ddots & \vdots \\ M_{n1} & \cdots & M_{nm} \end{bmatrix}$$

$$\sum_i a_i = a_1 + a_2 + a_3 = 1 + 2 + 3 = 6$$

$$\sum_{i,j} M_{ij} = \sum_{i=1}^{n} \sum_{j=1}^{m} M_{ij} = \sum_{i=1}^{n} (M_{i1} + M_{i2} + \cdots + M_{im})$$

1.2.6 微分和偏微分

微分可以視為求取函數在某個方向上的斜率，獲得這項資訊對機器學習的優化過程相當有幫助。以基本的函數來說，函數的微分如下。可以留意 e^x 的微分即是原函數，還有 ln x 的微分是變數 x 的倒數，這兩個性質將簡化不少相關運算。

$$f(x) = x^n \Longrightarrow \frac{df(x)}{dx} = nx^{n-1}$$

$$f(x) = e^x \Longrightarrow \frac{df(x)}{dx} = e^x$$

$$f(x) = \ln x \Longrightarrow \frac{df(x)}{dx} = \frac{1}{x}$$

機器學習的函數通常會是多變量函數，所以如果我們想求調整其中一個變量的斜率，就會需要用到偏微分。偏微分運算中，我們可以把不是目標變量的其他變數視為常數進行微分，就能得到偏微分的斜率。

$$f(x,y) = x^2 + 4xy + 4y^2 \Longrightarrow \frac{\partial f(x,y)}{\partial x} = \frac{\partial x^2}{\partial x} + \frac{\partial 4xy}{\partial x} + \frac{\partial 4y^2}{\partial x} = 2x + 4y$$

$$f(x,y) = x^2 + 4xy + 4y^2 \Longrightarrow \frac{\partial f(x,y)}{\partial y} = \frac{\partial x^2}{\partial y} + \frac{\partial 4xy}{\partial y} + \frac{\partial 4y^2}{\partial y} = 4x + 8y$$

1.2.7 合成函數的微分

機器學習通常不只會進行一次函數運算，甚至還會把某個函數的輸出 $f(x)$ 再輸入一個函數 g，得到最後的輸出 $y = g(f(x))$。我們通常重視的會是最後的輸出結果，那要怎麼求合成函數的輸出 y 對最底層的變數 x 的偏微分呢？我們可以利用鏈鎖律

（Chain Rule）拆解成各個函數的個別微分，乘起來就是最後的微分結果。簡便起見，這裡以單變量合成函數進行示範。

$$f(x) = x^2 + 2x + 2, g(x) = 2x^2 + x + 9$$

$$\frac{dy}{dx} = \frac{dg(f(x))}{dx} = \frac{dg(f(x))}{df(x)}\frac{df(x)}{dx}$$

$$\frac{dg(f(x))}{df(x)} = \frac{d2f(x)^2}{df(x)} + \frac{df(x)}{df(x)} + \frac{d9}{df(x)} = 4f(x) + 1$$

$$\frac{df(x)}{dx} = \frac{dx^2}{dx} + \frac{d2x}{dx} + \frac{d2}{dx} = 2x + 2$$

$$\frac{dy}{dx} = (4f(x) + 1)(2x + 2) = (4x^2 + 8x + 9)(2x + 2) = 8x^3 + 24x^2 + 34x + 18$$

1.2.8 線性回歸和羅吉斯回歸

機器學習中有兩種常用的回歸模型，一種是線性回歸，另一種則是羅吉斯回歸。兩者不同的是前者預測的是數值，後者預測的是機率。

線性回歸

假設今天有一些青年的年齡和身高的相關資料點，我們可以經由線性回歸取得一條最能描述年齡和身高關係的直線，之後得到一個青年的身高時，我們就可以用這個線性函數去預測他的年齡。

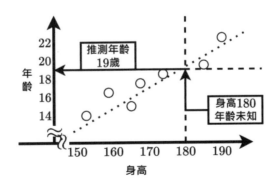

⬡ 慢性病預判──線性回歸與分類時的問題

若要根治癌症等慢性病,及早發現與治療是非常重要的。然而現代生活節奏忙碌,連撥空去醫院做個檢查都有困難。因此,利用血壓、心跳、體脂等能夠簡單快速量測的數據進行慢性病的快速篩檢,在人工智慧的領域不算冷門的議題。

這樣的人工智慧模型要如何建構?一個基本的方法,是把所有能蒐集到的資訊x輸入一個函數f計算一個人具有慢性病特徵的程度$f(x)$。方便起見,我們稱$f(x)$為「慢性病指數」。當我們蒐集了大量慢性病患與健康的人的資料,他們的慢性病指數很有可能分成高指數與低指數兩群,如同下方散佈圖中的黑點和白點。

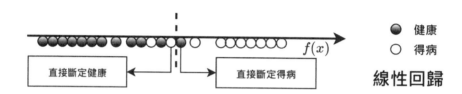

那該怎麼判斷一個人是否得病呢?線性回歸的做法是找到一個適當的分界值將慢性病指數不同的人分為兩群,如同圖上的垂直虛線。虛線左邊的人,模型會判斷這個人是健康的,反之會推測這個人有潛在的慢性病。

這個做法簡潔且看似有效,但有些過度理想。如果所有慢性病患者的慢性病指數都比一般人高一定的程度,線性回歸其實能完美地進行分類;但更有可能的情形,是圖片中黑點和白點的分布。雖然在接近左右兩端的分布相當單純,但虛線附近的黑白點的分布卻是重疊的。也就是說,有些人可能有不少慢性病的特徵卻沒有慢性病,慢性病特徵不多的人卻可能才是日後的患者。分水嶺不明確的情況下,可能會讓身體狀況正常的人被誤診,但更可怕的是讓慢性病的潛在患者若無其事地回家,卻在幾個月後陷入更無法挽回的困境。

⬡ 慢性病預判──羅吉斯回歸

我們可以透過羅吉斯回歸來解決線性回歸在分類上二元分類的問題。兩者在同一個議題上用不同的問題下手。如果線性回歸問的是「得病與否」,那麼羅吉斯回歸問的便是「得病的機率」。

我們會把不同的慢性病指數對應到一個機率p。越接近分布圖的左邊,表示這個資料點所代表的人在一般人的資料群中且遠離病患的資料群,因此得病機率趨近於0,患有慢性病的機率極低;反之越接近分布圖的右邊,這個資料點所代表的人在病患的資料群中且遠離一般人的資料群,因此得病機率趨近於1,也就是患有慢性病的

機率極高。至於兩個資料群重疊的區域，羅吉斯回歸中我們會用一個 S 型函數銜接左右兩端的機率變化，並以 S 型的中間代表0.5的得病機率，如下方的函數圖形。

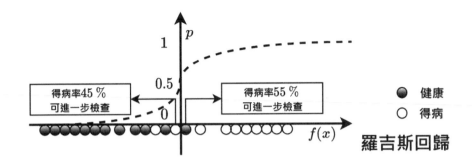

羅吉斯回歸

羅吉斯回歸的預測機率，可以看作模型對結果的信心（confidence）。當一個資料點在兩個資料群的重疊區域時，一些特徵的微幅增減都有可能影響這個人有無得病的判別結果，也就是模型對結果相對沒信心的部分；反之當資料點落在兩端，因為預測機率趨近於0或1，慢性病特徵多一些或少一些都不影響結果。這也是為什麼羅吉斯回歸中使用 S 型函數，因為中間附近會相較於兩端有更大的變動斜率。

所以怎麼處理落在中間的資料點？對於線性回歸的兩種誤判，在羅吉斯回歸中我們不會得到勉強斷定的「得病」和「健康」，而是會知道這個人的「得病率55%」和「得病率45%」。有了這樣的資訊，我們就知道模型對預測結果沒有很強的信心，這時就可以考慮到醫院近一步地檢查。雖然最後還是要交由專業人員診斷，但如果一個人工智慧快篩模型能夠分出八成以上相對明顯的案例，相關醫療工作的效率必然會有所提升。

1.2.9 精確率與召回率

除了預測準確率，在機器學習中還有更多能衡量模型表現的指標。我們暫時跳脫電腦，從這幾年生活中常見的 COVID-19 快篩試劑來思考。對於開發快篩的廠商來說，除了快篩結果正確和錯誤兩種顯而易見的結果，我們其實可以用四種狀態，來更精確地衡量快篩試劑的好壞，如下方的表格所示。

	實際得病	實際健康
檢測陽性	True Positive 真陽性，簡稱 TP	False Positive 偽陽性，簡稱 FP
檢測陰性	False Negative 偽陰性，簡稱 FN	True Negative 真陰性，簡稱 TN

我們也可以記錄四種結果在所有檢體中共出現了幾次，便會得到下列稱為混淆矩陣（confusion matrix）的表格。

	實際得病	實際健康
檢測陽性	4	3
檢測陰性	3	90

如果我們假設共有N個樣本（也就是N = TP + FP + FN + TN），我們熟知的準確率就可以寫成以下的算式。

$$準確率 = \frac{TP+TN}{N}$$

我們可以從這四個狀態觀察到一味追求準確率可能造成的問題。我們假設今天快篩製造商找來測試快篩的人僅有 10% 的人患有 COVID-19，那麼只要無論如何都讓快篩結果是陰性，我們就有 90% 的準確率。

	實際得病	實際健康
檢測陽性	0%	0%
檢測陰性	10%	90%

這時如果把這個號稱準確率 90% 的快篩試劑拿到半數人口得病的地區使用，大量的偽陰性造成的後續影響可能相當嚴重。

	實際得病	實際健康
檢測陽性	0%	0%
檢測陰性	50%	50%

對於一個二元判別問題，我們其實可以先衡量偽陽性和偽陰性，哪一個對我們來說比較重要，以及重要性的落差。以手機上的人臉辨識系統來說，主要考慮避免偽陽性，因為寧可辨識失敗也不要讓其他人意外解鎖使用者的手機。因此我們會想知道判別結果為陽性的樣本中，有幾個是真陽性，稱為精確率（precision），此處簡記為p。

$$精確率\ p = \frac{TP}{TP + FP}$$

對於前述快篩試劑的例子，則是寧可誤篩也不要漏篩，以避免偽陰性優先。這時我們則更希望知道實際上得病的樣本數中，有幾個真的有被快篩檢測出來，稱為召回率（recall），這裡簡記為r。

$$召回率\ r = \frac{TP}{TP + FN}$$

我們從快篩的例子可以發現，精確率和召回率通常不可兼得。如果這個試劑相對不會漏篩 COVID-19 患者，它也相對容易誤篩健康的人，反之亦然。為了追求兩者的平衡，通常會以提昇精確率和召回率的函數為目標，通常取用兩者調和平均的F1-score。

$$F1 - score = \frac{2}{\frac{1}{p} + \frac{1}{r}} = 2 \times \frac{p \times r}{p + r}$$

當有多個分類時，則有計算整體精確率和召回率所得的 micro F1-score，以及將各個分類的 F1-score 計算後取平均的 macro F1-score。我們假設下列分類貓、狗、魚三種動物的模型，有九個樣本判別結果如下，用這個結果來計算兩種 F1-score。

實際	魚	魚	狗	狗	狗	狗	貓	貓	貓
預測	貓	魚	魚	狗	狗	狗	魚	貓	狗
結果（對貓）	FP						FN	TP	FN
結果（對狗）		TP	FN	TP	TP	TP			FP
結果（對魚）	FN		FP				FP		
結果（整體）	FP/FN	TP	FP/FN	TP	TP	TP	FP/FN	TP	FP/FN

計算 micro F1-score 時，我們僅需考慮整體的預測狀況，預測正確的記為真陽性，預測錯誤的則同時屬於偽陽性和偽陰性。

	事實為真	事實為非
陽性	5	4
陰性	4	0
精確率	召回率	F1-score
$\frac{5}{5+4} = 0.555$	$\frac{5}{5+4} = 0.555$	$2 \times \frac{0.555 * 0.555}{0.555 + 0.555} = 0.555$

計算 macro-F1-score 時，則需要分別計算三個分類的指標。這裡就不畫混淆矩陣了，我們直接參考上方表格的紀錄。

動物	貓	狗	魚
真陽性樣本數	1	3	1
偽陽性樣本數	1	1	2
精確率	0.5	0.75	0.333
偽陰性樣本數	2	1	1
召回率	0.333	0.75	0.5
F1-score	0.399	0.75	0.399
總體 F1-score	$\frac{0.399 + 0.75 + 0.399}{3} = 0.516$		

兩種 F1-score 的差異，通常會發生在不同分類間的樣本數不平衡的時候。因為 micro F1-score 將所有樣本列入計算，樣本數較多的分類會大幅影響整體的指標；macro F1-score 因為給予每個分類的 F1-score 相同的權重，所以樣本數少的分類狀況仍能反映在這個數值上。

◉ 物件偵測的 mAP（mean Average Precision）

在物件偵測問題中，有個會經常用到精確率和召回率的指標，我們稱為 mAP。這個部分會在第 11 章的實作中再次看到，也因為這個段落的數學並不影響程式實作，有興趣了解相關概念的話可以在閱讀該章節時再來參考。

這個部分我們將直接舉例說明，利用下方 10 個物件偵測結果的預測信心與物件的存在與否（以 0 和 1 表示）來計算這組預測的 AP（Average Precision）。這裡的 AP 並非字面上將精確率取平均，這點需要特別留意。

預測編號	預測信心	物件的存在與否
1	0.88	0
2	0.32	0
3	0.78	0
4	0.98	1
5	0.38	0
6	0.57	1
7	0.35	0

預測編號	預測信心	物件的存在與否
8	0.70	0
9	0.75	1
10	0.95	1

我們如果照預測信心由高至低排序，可以得到下列的表格。

預測編號	預測信心	物件的存在與否
4	0.98	1
10	0.95	1
1	0.88	0
3	0.78	0
9	0.75	1
8	0.70	0
6	0.57	1
5	0.38	0
7	0.35	0
2	0.32	0

在物件偵測結果的選擇上，我們會將預測信心超過一個閾值的預測項目作為一個物件，畢竟不可能將預測信心不及 0.8 的預測項目忽略，卻又認定預測信心 0.5 的項目為物件。這時，我們計算考慮當前 k 項為預測結果時，算得的精確率 P 與召回率 R。這時被選擇的 k 項分別因物件的存在與否而被視為真陽性 TP 或偽陽性 FP，未被選擇的物件則可被分為真陰性 TN 和偽陰性 FN。

前 k 項	預測信心	物件存在	TP 數	FP 數	FN 數	P	R
1	0.98	1	1	0	3	1	0.25
2	0.95	1	2	0	2	1	0.5
3	0.88	0	2	1	2	0.67	0.5
4	0.78	0	2	2	2	0.5	0.5
5	0.75	1	3	2	1	0.6	0.75
6	0.70	0	3	3	1	0.5	0.75
7	0.57	1	4	3	0	0.57	1
8	0.38	0	4	4	0	0.5	1

前 k 項	預測信心	物件存在	TP 數	FP 數	FN 數	P	R
9	0.35	0	4	5	0	0.44	1
10	0.32	0	4	6	0	0.4	1

　　如果以精確率為 y 軸，召回率為 x 軸，將這 10 組 P 和 R 畫在座標上，並將其連線，即可得到精確率-召回率曲線（precision-recall curve，在此簡稱 P-R 曲線）。我們將計算的 AP，則是這個曲線與兩軸所圍成的面積。

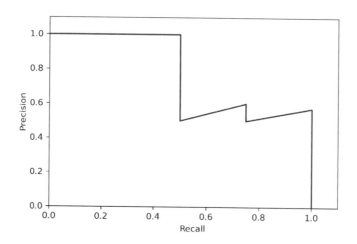

　　透過上表的觀察，會發現作為 x 軸的召回率，因為偽陰性逐漸變成真陽性而逐項上升，而作為 y 軸的精確率會因為真陽性的增加而有所變化，但主要的趨勢還是偽陽性的增加導致其逐漸下降。假設我們能讓非物件的預測信心降低，且讓實際為物件的預測信心提高，精確率的下降速度就不會這麼快，圖形所圍區域也會更向右上角擴張。舉個例子，假設我們的模型進步了，能使預測編號 6 的信心從 0.57 提升到 0.8，P-R 曲線就會變為下圖的虛線，所圍區域的確有所增加。那麼這也是為什麼這塊面積具有重要意義，因為只要這塊面積在右上角的涵蓋區域越大，就代表這是個越能兼顧精確率和召回率的模型。

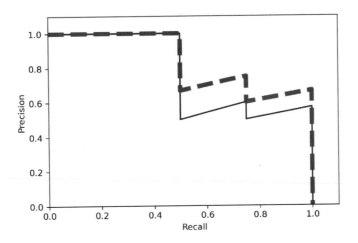

実際在計算 AP 時，我們會將 Z 字型補成階梯狀，對於每個 x 座標（召回率）的精確率取其右側的最高者，如下圖的點線所示。這時我們可以看到面積可以拆解成三個矩形來計算，則AP $= 0.5 \times 1 + 0.25 \times 0.6 + 0.25 \times 0.57 = 0.7925$。

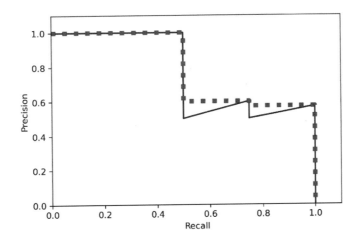

由於物件偵測問題通常涉及多種不同分類的物件，所以常將不同分類的 AP 取平均為 mAP，以作為這個模型的綜合指標。

1.3 建置開發環境

1.3.1 安裝 Anaconda

接下來我們要安裝日後進行程式實作的環境。Anaconda 是 Python 一個免費開源發行版本,附帶許多資料科學相關的模組和工具,方便我們進行機器學習的開發。本書會以 Windows 系統進行示範,Mac 和 Linux 的使用者請參考官方的說明文件(網址:https://docs.anaconda.com/anaconda/install/)。

首先,透過以下連結進入 Anaconda 的下載頁面(網址:https://www.anaconda.com/download/)。頁面右側就有最新的 Windows 64 位元版的安裝程式,點選「Download」按鈕即可下載。

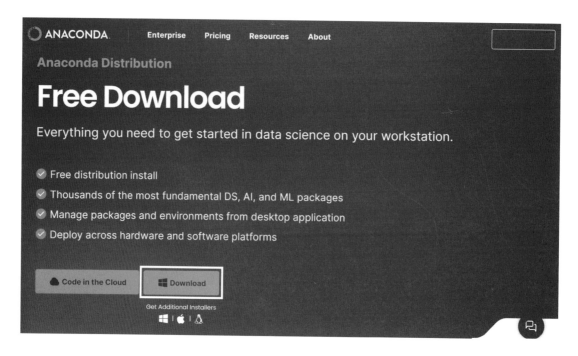

頁面的下端亦有 Windows 32 位元、MacOS 與 Linux 使用者的安裝程式,讀者可依照作業系統選擇下載連結。

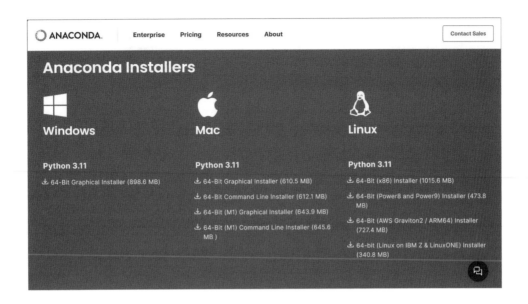

下載後，請執行安裝程式。如
果有安全性警告，請點選「執行」
按鈕。

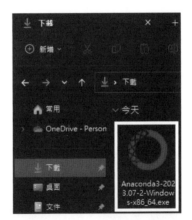

開啟安裝程式後，請點選
「Next」按鈕。

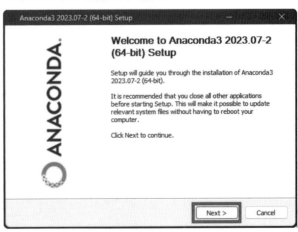

出現授權協議頁面後,請點選
「I Agree」按鈕。

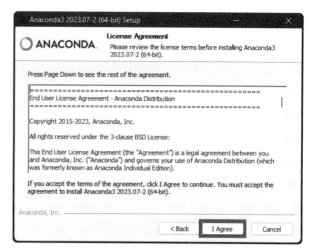

安裝用戶建議選擇「本使用
者」。

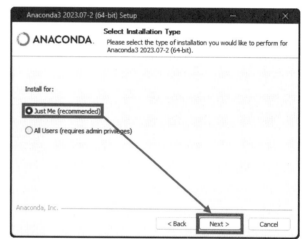

預設的安裝路徑在 C 磁碟下,
點選「Next」按鈕。

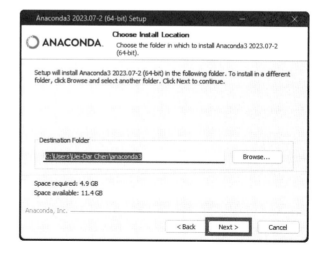

接著會問你要不要把 Anaconda 加入環境變數 PATH，或是設成 Python 的預設使用版本。筆者建議勾選讓安裝程式完成這兩項操作，並點選「Install」按鈕進行安裝。

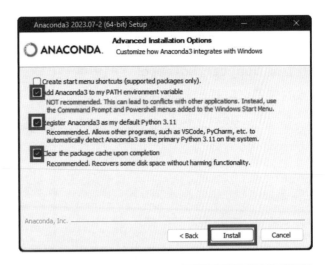

安裝過程如右圖所示。

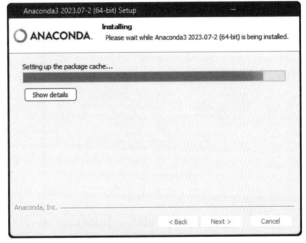

安裝結束後，點選「Next」按鈕。

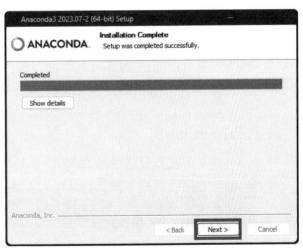

安裝頁面可能會推廣 Anaconda 的部分工具，如圖中的雲端 Jupyter Notebook。有興趣的讀者可以透過相關連結查看。接著按下「Next」按鈕。

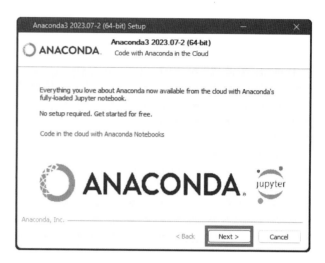

最後，點選「Finish」按鈕結束整個安裝程式。

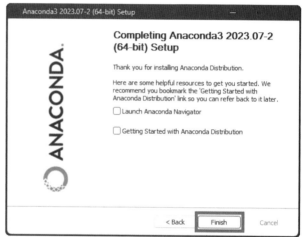

1.3.2 Jupyter Notebook 環境

接下來會介紹使用 Python 進行機器學習時，相當實用的 IPython 架構，與其所衍伸而來的檔案格式 Jupyter Notebook。與一般程式碼是一個一個檔案，且一次同時執行不同，notebook 以程式格（cell）來區分各段程式碼，而且可以獨立執行，所以如果某段程式碼出問題，重新執行那段程式碼就好，不需要整個重跑。Notebook 還能用 markdown 屬性的程式格打上文字註記，和程式碼間穿插筆記十分相似。如果讀者習慣用單一的原始碼檔案編寫程式，可以略過這一段的介紹。

◎ 啟動 Jupyter Notebook

我們先選定要當 Jupyter Notebook 執行主目錄的資料夾，筆者在桌面上新開一個資料夾「Python AI」。

在檔案路徑列的地方，輸入 jupyter notebook 後按下「Enter」鍵。

電腦會跳出 jupyter.exe 的執行檔視窗。

```
C:\ProgramData\Anaconda3\Scripts\jupyter.exe
[I 2021-07-16 04:10:19.525 LabApp] JupyterLab extension loaded from C:\ProgramData\Anaconda3\lib\site-packages\jupyterla
b
[I 2021-07-16 04:10:19.525 LabApp] JupyterLab application directory is C:\ProgramData\Anaconda3\share\jupyter\lab
[I 04:10:19.525 NotebookApp] Serving notebooks from local directory: C:\Users\Uei-Dar Chen\Desktop\PythonAI
[I 04:10:19.525 NotebookApp] Jupyter Notebook 6.3.0 is running at:
[I 04:10:19.525 NotebookApp] http://localhost:8888/?token=f8d3e07a1e12932b543cf0a914aa64b294929e080f4ff7b0
[I 04:10:19.525 NotebookApp]  or http://127.0.0.1:8888/?token=f8d3e07a1e12932b543cf0a914aa64b294929e080f4ff7b0
[I 04:10:19.525 NotebookApp] Use Control-C to stop this server and shut down all kernels (twice to skip confirmation).
[C 04:10:19.557 NotebookApp]

    To access the notebook, open this file in a browser:
        file:///C:/Users/Uei-Dar%20Chen/AppData/Roaming/jupyter/runtime/nbserver-11968-open.html
    Or copy and paste one of these URLs:
        http://localhost:8888/?token=f8d3e07a1e12932b543cf0a914aa64b294929e080f4ff7b0
     or http://127.0.0.1:8888/?token=f8d3e07a1e12932b543cf0a914aa64b294929e080f4ff7b0
```

接著，瀏覽器便會開啟 Jupyter Notebook 的目錄。如果不小心把瀏覽器關掉了，可以打開瀏覽器，在網址列輸入「localhost:8888」重新存取目錄，此方式所開啟的 jupyter notebook 預設路徑為我們所建立的資料夾「Python AI」。

另外，也可以選取執行開始功能表的「Anaconda3 (64-bit) /Jupyter Notebook (anaconda3)」選項，來開啟 jupyter notebook，以此方式開啟時，其預設路徑為「C:\Users\使用者名稱」。

新增 Notebook

選取頁面右上的「New」，再點選下拉式選單上的「Python 3」，就能建立一個新的 Python notebook。

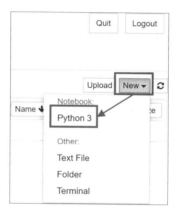

點開後的主要介面如下。可以發現，已經有一個開好的程式窗格。

我們先修改 Notebook 的檔名。點選上方的「Untitled」，在對話方塊中輸入自己想要的檔名，再按下「Rename」，就能完成 notebook 檔案的重新命名。

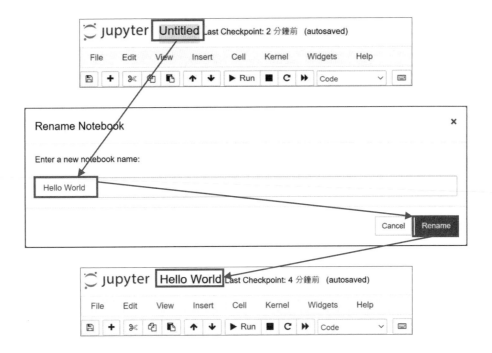

程式碼的執行

我們可以在下方的程式窗格中輸入程式碼 print('Hello World!')，並在鍵盤上同時按下 Ctrl + Enter 鍵，或是點擊上排的「Run」鍵執行。

可以發現程式窗格底下馬上輸出了「Hello World!」的字樣，也就是這段程式碼的輸出。左側的中括號中出現了 1，表示這是啟動 Notebook 後第一次執行的程式窗格。

我們點擊上方工具列的「＋」號鍵，便能新增一個程式窗格。

我們在新增的程式窗格裡輸入並執行程式碼 print('Hello AI!')，下方也的確秀出「Hello AI!」的字樣，左側的數字則是 2，表示是第二次被執行的程式窗格。

創建文字窗格

我們一樣點擊上方工具列的「＋」號鍵，新增的會是預設的程式窗格。但創建程式窗格後，點擊工具列右方的「Code」字樣，得到一個下拉式選單。下拉式選單中，選擇「Markdown」就能把程式窗格變成「文字窗格」。

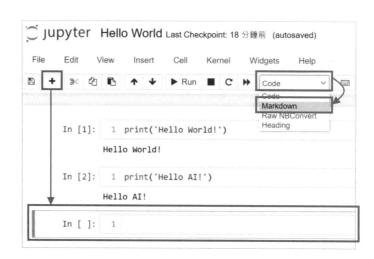

如下圖我們可以發現窗格旁邊的左括號不見了，表示此窗格將用以顯示文字，而非執行程式碼。

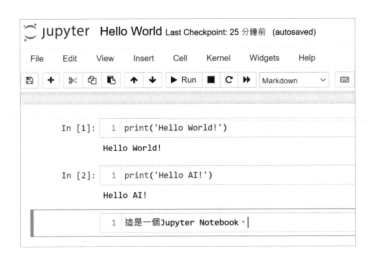

這時我們在窗格裡打入一些文字，並按下 `Ctrl` + `Enter` 鍵，就能以文字的形式呈現一段程式碼的說明了。

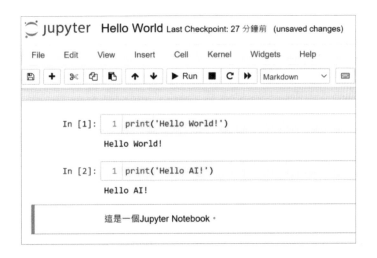

Jupyter Notebook 的文字窗格是以 Markdown 語法進行排版的，有想把文字排成什麼樣的格式，可以參考官方的語法表（網址：https://www.markdownguide.org/cheat-sheet/）。

⬡ 重啟虛擬環境

Jupyter Notebook 是在虛擬環境下執行，所以有時如果程式碼多次運行後，記憶體佔據過大或是程式的執行出錯停不下來，我們可以中斷程式碼的運作或是重啟虛擬環境。點選上方工具列的「Kernel」，可以看到下拉式選單中的幾個選項，我們可以在 notebook 執行出問題時進行操作。

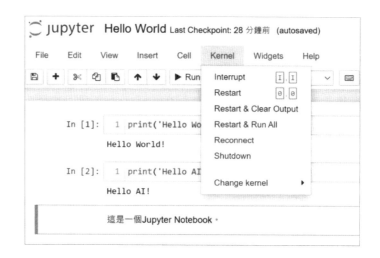

- Interrupt：中斷目前執行中的程式碼。

- Restart：重新啟動虛擬環境。

- Restart & Clear Output：重新啟動虛擬環境並清除各程式窗格的輸出。

- Restart & Run All：重新啟動虛擬環境並依序執行各個程式窗格。

- Reconnect：部分執行結果沒有更新到 notebook 上，重新連上虛擬環境即可顯示。

- Shutdown：關閉虛擬環境。

1.3.3 pip 套件安裝　　　　　　　　　　　■ 檔案：ch1/Installation.ipynb

有些比較大型的機器學習套件，如 Pytorch 或 Tensorflow 並不會跟著 Anaconda 同步安裝，所以我們要用 pip（package installer for Python，Python 的套件安裝程式）安裝這些比較大的機器學習套件。Anaconda 可以用 conda 把套件安裝在虛擬環境上，但本書不會探討，讀者可以自行研究。

⬡ 安裝 Pytorch

請先到 Pytorch 官網的安裝頁面（網址：https://pytorch.org/get-started/locally/）。

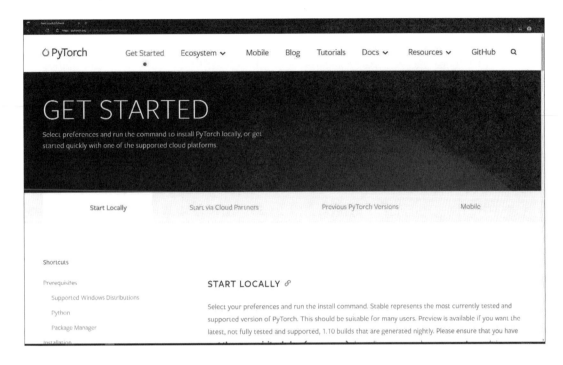

往下滑到「Start Locally」的區段，依照 Python 版本、作業系統、安裝模組、程式語言、CUDA 版本依序選取，得到網頁下方的安裝指令列。筆者所用的設定如圖所示。

把剛剛得到的安裝指令列複製到 Windows 的命令提示字元程式上，就能完成 Pytorch 套件的安裝。因為 Pytorch 套件所佔空間較大，可能在安裝套件時發生記憶體不足的問題，因此建議在安裝指令最後補上「--no-cache-dir」參數，避免系統暫存安裝檔。

```
命令提示字元                                    ×    +    ⌄                 —    □    ×

Microsoft Windows [版本 10.0.22621.2283]
(c) Microsoft Corporation. 著作權所有，並保留一切權利。

C:\Users\Uei-Dar Chen>pip3 install torch torchvision torchaudio --index-url
https://download.pytorch.org/whl/cu118 --no-cache-dir
```

除了使用命令提示字元，我們也能利用 Jupyter Notebook 的虛擬環境安裝。當程式窗格中的程式碼前面打一個驚嘆號（！）時，虛擬環境會把後面的指令傳到終端機上執行。

```
In [ ]:    1  # 安裝Pytorch
           2  !pip3 install torch torchvision torchaudio --index-url https://download.pytorch.org/whl/cu118 --no-cache-dir
```

把剛剛複製的指令貼到 Jupyter Notebook 的程式窗格上，前面加一個驚嘆號，執行程式窗格即可安裝 Pytorch 套件。左側的中括弧中可能會有個「*」號，表示程式碼仍在執行，需要稍待片刻。如果程式窗格輸出文字的最後一行顯示「Successfully installed」的訊息，就表示 Pytorch 套件已被成功安裝。

```
Installing collected packages: torch, torchvision, torchaudio
Successfully installed torch-2.0.1+cu118 torchaudio-2.0.2+cu118 torchvision-0.15.2+cu118
```

◎ 安裝其他套件

本書除了 Pytorch 套件外，還需要安裝 apyori、gymnasium、opencv 和 jieba 四個套件。安裝指令也很簡潔，輸入「pip3 install apyori gymnasium[classic_control] opencv-contrib-python jieba」，然後前面加一個驚嘆號後執行程式窗格，就能安裝這四個套件。

```
In [ ]:    1  # 安裝其他套件
           2  !pip3 install apyori gymnasium[classic_control] opencv-contrib-python jieba
```

如果出現「Successfully installed」的訊息，就表示電腦上已經裝好這四個套件了。

```
Installing collected packages: jieba, apyori, opencv-contrib-python, gymnasium
Successfully installed apyori-1.1.2 gymnasium-0.29.1 jieba-0.42.1 opencv-contrib-python-4.8.0.76
```

實作資源中所提供的 Install.ipynb 已有和本書相同的安裝指令參數，直接執行整份 notebook，就能安裝所有本書需要的機器學習套件。

1.4 習題

( ) 1. 下列何者的機制是將利益最大化的機器學習方法？

(a) 監督式學習（Supervised Learning）

(b) 非監督式學習（Unsupervised Learning）

(c) 強化學習（Reinforcement Learning）

(d) 半監督式學習（Semi-Supervised Learning）

( ) 2. 下列哪部機器有通過圖靈測試？

(a) 與人類正常對答，在未知身分下被認定是人類

(b) 與人類正常對答，但仍在未知身分下被認定是機器

(c) 不回應人類

(d) 與人類無法正常對答

( ) 3. 已知 $f(x, y) = 3x^2 + 5x^2 y^2 + 7y^2$，試問 $\frac{\partial f(x,y)}{\partial y} = ?$

(a) $6x + 10xy^2$ 　　　　　　(b) $10x^2 y + 14y$

(c) $6x + 10y$ 　　　　　　　(d) $10x + 14y$

( ) 4. 下列哪個算式用 Σ 函數正確表示了兩向量 $\vec{x} = (x_1, x_2, \ldots, x_n)$ 和 $\vec{y} = (y_1, y_2, \ldots, y_n)$ 的內積？

(a) $\sum_{i=1}^{n} x_i y_i$ 　　　　　　(b) $\sum_{i=1}^{n} x_i \sum_{i=1}^{n} y_i$

(c) $\sum_{i=1}^{n} x_i \sum_{j=1}^{n} y_j$ 　　　　(d) $\sum_{i=1}^{n} \sum_{j=1}^{n} x_i y_j$

( ) 5. 下列何者是人工智慧的應用？

(a) Siri 　　　　　　　　　(b) 車流監控

(c) Youtube 影片推薦 　　　(d) 以上皆是

( ) 6. 下列哪一個與深度學習的崛起無關？

(a) 反向傳播算法 　　　　　(b) GPU 運算

(c) Lisp 機器被淘汰 　　　　(d) 摩爾定律

補充：libiomp5md.dll 相關問題

　　如果 Jupyter Notebook 的執行環境意外中止，且在終端機上跳出以下警告，可能是 Pytorch 與 numpy 兩套件間出現衝突，建議以指令「pip3 install --upgrade --force-reinstall numpy」重新安裝 numpy 套件。

警告內容

OMP: Error #15: Initializing libiomp5md.dll, but found libiomp5md.dll already initialized.

OMP: Hint This means that multiple copies of the OpenMP runtime have been linked into the program. That is dangerous, since it can degrade performance or cause incorrect results. The best thing to do is to ensure that only a single OpenMP runtime is linked into the process, e.g. by avoiding static linking of the OpenMP runtime in any library. As an unsafe, unsupported, undocumented workaround you can set the environment variable KMP_DUPLICATE_LIB_OK=TRUE to allow the program to continue to execute, but that may cause crashes or silently produce incorrect results. For more information, please see http://www.intel.com/software/products/support/.

02
chapter

機器學習的 Python 基礎

Python 是個相對簡單的程式語言,再加上方便匯入許多開發者推出的機器學習套件,本書的後續章節也會以這個程式語言進行實作。在探討各項應用前,以下將會練習一些 Python 的常用語法。若讀者對於 Python 程式語言有一定程度的熟悉,可以跳過這個部分。

2.1 Python 語法練習

■ 檔案：ch2/Python_Tutorial.ipynb

⬡ 輸出和變數儲存

　　*print()*函式是 Python 最主要的輸出方式。我們可以用引號標示想輸出的文字，也可以存成變數的形式再輸出。我們也可以一次輸出多個變數，預設的方式是以半形空白分隔這幾個變數的輸出。*print()*函式預設每次輸出後都會換行，也可以把輸出結尾 *end*，從換行符號「*\n*」換成別的控制字元，進行簡單的輸出格式修正。

```
01   print('Hello World!') # 輸出字串
02   # 存成變數
03   str_a = 'Hello'
04   str_b = 'World!'
05   print(str_a, str_b) # 輸出多個變數
06   # 兩變數間輸出換行
07   print(str_a)
08   print(str_b)
09   # 兩變數間輸出空格
10   print(str_a, end = ' ')
11   print(str_b)
```

▼ 輸出

```
Hello World!
Hello World!
Hello
World!
Hello World!
```

⬡ 變數改值

　　我們可以用指定運算子「=」改變變數的內容，甚至能進行一些變數間的加減法。Python 的語法中「=」兩側不一定只能放一個變數，也可以同時修正多個變數，所以我們能以「*a, b = b, a*」一行敘述，交換兩個變數的內容。

```
01    a, b = 1, 2
02    print(a, b) # 宣告變數
03    a = a + 2
04    print(a, b)
05    b = a + b
06    print(a, b)
07    a, b = b, a # 交換變數
08    print(a, b)
```

▼ 輸出

```
1 2
3 2
3 5
5 3
```

數學運算

　　數字的變數間支援基本的數學運算，如果是字串的話僅支援加法，也就是把兩個字串併成一個長字串。

```
01    print(a + b) # 加
02    print(a - b) # 減
03    print(a * b) # 乘
04    print(a / b) # 除
05    print(a // b) # 整除
06    print(a % b) # 取餘數
07    print(a ** b) # 冪次(a 的 b 次方)
08    print(str_a + str_b) # 字串合併
```

▼ 輸出

```
8
2
15
1.6666666666666667
1
2
125
HelloWorld!
```

字串格式化

我們有時會希望用一定的格式呈現資訊，比對上也會方便許多。我們可以在字串的左引號「'」前，打一個小寫的 *f* 字母，便能進行字串的格式化，稱為 f-字串（f-string）。

在 f-字串中，我們可以把程式中的變數名稱或運算式，鍵入成對的大括號中，實際的字串則會用這些變數的內容或運算結果，取代它的名稱。我們也可以在大括號內鍵入一些參數，調整字串靠左或靠右，以及浮點數（小數）的輸出精確度等。格式化參數和實際輸出的運算式，在大括號中以冒號（:）分隔。須注意以字串作為大括號內變數時，要用和 f-字串不同的引號（例：f-字串用單引號的話，變數字串用雙引號），才不會被解讀成兩個不完整的字串。

註：f-字串為 Python 版本 3.8 以後才出現的語法。本書會以 f-字串進行大部分的格式輸出，所以建議讀者安裝 Python 3.8 或更新的版本，或是改用 *format()* 等函式進行字串的格式化。Anaconda 在 2020 年 7 月後的發行版本即是以 Python 3.8 運行，安裝最新版本 Anaconda 的讀者不用顧慮相關問題。

```
01  print(f'{a} + {b} = {a + b}') # 三個大括號中依序輸出 a, b, a + b
02  print(f'{a / b}') # 浮點數輸出
03  print(f'{a / b :.2f}') # 輸出至小數點後兩位
04  print(f'{a / b :8.2f}') # 輸出八個字元，小數點後兩位，小數點前五位
05  print(f'|{"Left" :7s}|') # 輸出七個字元，字串靠左
06  print(f'|{"Right" :>7s}|') # 輸出七個字元，字串靠右
```

▼ 輸出

```
5 + 3 = 8
1.6666666666666667
1.67
    1.67
|Left   |
|  Right|
```

條件判斷

如同大部分的程式語言，我們可以使用 *if*（如果）和 *else*（否則）來區分不同條件下執行的程式碼。在 Python 的條件式之後，需搭配冒號「:」，並且將其下方的程式區塊做縮排，在 Python 中的縮排作法，通常是用 4 個空白字元，最方便的方式

就是使用「Tab」鍵來進行程式區塊的縮排，在冒號之下的同一層縮排，視為同一個程式區塊。須注意在同一份 Python 程式碼中，所有的縮排必須統一選用「四個半形空白」或「一個 Tab」，否則會出現程式碼的執行錯誤。

```
01   a = 5
02   if a % 2 == 0:
03       str_a = 'even'
04   else:
05       str_a = 'odd'
06   print(f'{a} is {str_a}.')
07   b = 4
08   str_b = 'even' if b % 2 == 0 else 'odd' # 一行賦值
09   print(f'{b} is {str_b}.')
```

▼ 輸出

```
5 is odd.
4 is even.
```

串列

與大部分程式語言使用陣列（array）作為儲存大量同性質變數的資料結構不同，Python 是用串列（list）儲存變數，並用 *append()* 函式進行補項。串列將元素置於中括號「[]」中，它可以包含不同型態的資料或是空集合，中間以逗號分隔元素，存放在串列中的資料是以有序的方式排列，從 0 開始編號。

我們可以用 *len()* 函式取得一個 list 的長度，也可以用索引值取出其中個別的元素，甚至能指定一個區間的索引值，取出它的子 list。請留意 list 和字串都是序列化的變數結構，所以後者也能用索引值取得個別的字元。當要判斷某個數值是否在一個 list 中，我們可以用 *in* 這個關鍵字來確認。

和多數程式語言的陣列最大的異處是可以在同一個 list 中，放入型別不同的變數，例如：整數、字串、甚至一個 list。這與 Python 屬於宣告時，不須指定變數型態的弱型別語言（weak typing language）相關，但通常程式開發者會把型別相同的元素放在一起，所以這裡也不會示範放入不同型別元素的 list。

```
01   list1 = [1, 4, 3]
02   print(list1, len(list1)) # 輸出 list 和 list 長
03   list1.append(0) # list 補項
04   print(list1, len(list1))
```

```
05    print(list1[1], list1[3]) # list 元素取值
06    list2, list3, list4 = list1[1: 3], list1[2: ], list1[: -1] # 取得子 list
07    print(list2, list3, list4) # 輸出子 list
08    names = ['Alfa', 'Bravo', 'Charlie', 'Delta'] # 字串 list
09    print(names[3], names[3][3]) #
10    print('Charlie' in names, 'Charles' in names) # list 中確認元素存在與否
```

▼ 輸出

```
[1, 4, 3] 3
[1, 4, 3, 0] 4
4 0
[4, 3] [3, 0] [1, 4, 3]
Delta t
True False
```

迴圈

　　程式語言中最主要的迴圈結構通常都是 *for* 和 *while*，本書後續實作只會運用前者，所以這裡介紹一些用 *for* 迴圈迭代陣列的方法。

　　Python 當中最主流的用法是用元素迭代，但每次執行迴圈時的操作只會修改元素，而不會修改原本 list 的內容。一個做法是用 *range()* 函式用迴圈迭代一個整數區間，再拿它當作索引值改值；另一個方法是套用 *enumerate()* 函式，同時以索引值和元素迭代 list，不需要每次都用索引值指定變數，但需要改值時也能用索引值修改 list。

```
01    for name in names: # 元素迭代
02        print(name)
03        name = name[0] # 元素改值，無效
04    print(names)
05    for i in range(5): # 迭代 0, 1, 2, 3, 4
06        print(i)
07    for i in range(len(names)): # 索引值迭代
08        names[i] = names[i][0] # 串列改值，有效
09    print(names)
10    for i, name in enumerate(names):
11        print(i, name)
12        name = 'Echo' # 改元素
13        names[i] = name # 串列內容改成新元素
14    print(names)
```

```
Alfa
Bravo
Charlie
Delta
['Alfa', 'Bravo', 'Charlie', 'Delta']
0
1
2
3
4
['A', 'B', 'C', 'D']
0 A
1 B
2 C
3 D
['Echo', 'Echo', 'Echo', 'Echo']
```

串列推導

當我們要從舊的 list 依照某些條件構成新的 list 時，一個方法是用上述的 *for* 迴圈，一個一個把元素加到新的 list 中，但是串列推導（list comprehension）會是更快的作法。

在數學當中，假設我們有個整數集合$X = \{1,2,3,4,5\}$，並要以這些元素構成平方小於10的新集合Y，我們可以這樣表示。

$$Y = \{x^2 : x \in X \land x^2 < 10\}$$

在 Python 中，我們能用 *for* 和 *if*，以類似的表達式建構一個新的 list。下方的例子用一般迴圈和串列推導，分別從原本的 list 算出元素的平方和立方，再從原本的 list 取出奇數和偶數，可以看到後者的程式碼簡潔許多，在大量數據的實測中，也發現串列推導會比一般迴圈的運算速度快。

```
01  nums = [42, 7, 3, 66, 20, 95, 33, 24, 28, 13]
02  square = []
03  for num in nums:
04      square.append(num ** 2)
05  print(square)
```

```
06    cube = [num ** 3 for num in nums]
07    print(cube)
08    odd = list()
09    for num in nums:
10        if num % 2 == 1:
11            odd.append(num)
12    print(odd)
13    even = [num for num in nums if num % 2 == 0]
14    print(even)
```

▼ 輸出

```
[1764, 49, 9, 4356, 400, 9025, 1089, 576, 784, 169]
[74088, 343, 27, 287496, 8000, 857375, 35937, 13824, 21952, 2197]
[7, 3, 95, 33, 13]
[42, 66, 20, 24, 28]
```

元組

在 Python 當中，和 list 類似的資料結構便是元組（tuple）。兩者唯一的差別在於 tuple 不能修改資料，但也因為這個特性，使得元組的資料結構較為精簡，實際運算上的速度比較快。

```
01    num_list = [1, 2, 3]
02    num_tuple = (1, 2, 3)
```

例外處理

我們可以用以下的程式碼，驗證 tuple 的不可修改性，練習程式執行的例外處理。Python 屬於直譯語言，所以在執行的當下才會變成電腦方便運算的機器碼，同樣的也是會在執行到一半時，才跳出錯誤訊息結束程式。為了避免程式意外中止，我們可以事先擬定「B 計畫」，在 *try* 的程式區段中，放入原本正常執行的程式碼，如果中途有任何錯誤，再到 *except* 的程式區塊執行備案的程式碼。以下方的例子來說，list 可以修改元素，在 *try* 的程式區段能正常執行，便不會執行 *except* 區段的程式碼；tuple 則是無法修改內容，所以會去執行 *except* 區段的程式碼。

```
01   try:
02       print('List Modification Test...')
03       num_list[2] = 4
04       print('Modifiable')
05   except:
06       print('Fixed')
07   try:
08       print('Tuple Modification Test...')
09       num_tuple[2] = 4
10       print('Modifiable')
11   except:
12       print('Fixed')
```

▼ 輸出

```
List Modification Test...
Modifiable
Tuple Modification Test...
Fixed
```

⬡ 集合

　　如果想確認某個元素是否存在，我們可以用 *in* 這個關鍵字；而在運算效率上，使用集合（set）會是比 list 來得快的變數結構。我們可以用 *add()* 函式，把元素加入一個 set，或是用 *update()* 來加入一個陣列的所有元素。Python 的 *set* 和數學上的集合一樣，不會有重複的元素。

```
01   num_set = set()
02   print(num_set, len(num_set))
03   num_set = set([3, 4, 5])
04   print(num_set, len(num_set))
05   print(0 in num_set)
06   num_set.add(0)
07   print(0 in num_set)
08   num_set = {1, 2, 3, 4, 5}
09   num_set.update([4, 8, 6, 10, 7, 9])
10   print(num_set)
```

```
set() 0
{3, 4, 5} 3
False
True
{1, 2, 3, 4, 5, 6, 7, 8, 9, 10}
```

封裝

假設有兩個 list，一個存有學生的名字，另一個則是他們的考試成績，我們要如何將學生和各自的分數綁定呢？一個方法是兩者交錯置入一個新的 list，但如此處理會造成元素的型別相對混亂。既然各自是不會變動的資料，我們可以把它們包成一個 tuple，逐一放入 list 中。更簡潔的做法是，我們可以運用 *zip()* 函式，將兩個相同長度串列的元素，一一配對在迴圈中迭代，再用串列推導構成新的 list。

```
01  names = ['David', 'Zack', 'Mike', 'Harry']
02  scores = [80, 95, 77, 59]
03
04  name_score_list = []
05  for i in range(4):
06      name_score_list.append(names[i])
07      name_score_list.append(scores[i])
08  print(name_score_list)
09
10  name_score_pair = []
11  for i in range(4):
12      name_score_pair.append((names[i], scores[i]))
13  print(name_score_pair)
14
15  name_score_zip = [(name, score) for name, score in zip(names, scores)]
16  print(name_score_zip)
```

▼ 輸出

```
['David', 80, 'Zack', 95, 'Mike', 77, 'Harry', 59]
[('David', 80), ('Zack', 95), ('Mike', 77), ('Harry', 59)]
[('David', 80), ('Zack', 95), ('Mike', 77), ('Harry', 59)]
```

🔷 串列排序和匿名函式

如果串列裡的元素都是同型別且具有可比較性的變數（例：數字、字串），我們可以用 *sort()* 函式排序陣列。tuple 雖然不是最基本的變數型態，但其中的各類元素具有可比較性時，就會依照字典序逐步比出大小，所以我們會看到名字依照英文字母排序的學生和他們各自的成績。

如果我們想用自訂的排序方式呢？我們可以改變排序的參數 *key 值*，並用 Python 中的匿名函式（lambda function）取得 list 元素 *x*，再指定我們要以 tuple 的哪一項進行排序。如果是想用分數排序，就指定以 *x[1]* 的大小排序。因為預設的排序方式是由小到大運算，所以可以把 *reverse* 參數設成 *True*，變成由大到小來排序。

```
01  name_score_pair.sort()
02  print(name_score_pair)
03  name_score_pair.sort(key = lambda x: x[1], reverse = True)
04  print(name_score_pair)
```

🔻 輸出

```
[('David', 80), ('Harry', 59), ('Mike', 77), ('Zack', 95)]
[('Zack', 95), ('David', 80), ('Mike', 77), ('Harry', 59)]
```

🔷 字典

既然每個學生和成績是一個映射，我們也可以直接用字典（dictionary）的資料結構，儲存學生的成績資料，這樣可以直接以學生的名字查詢。方便起見，一樣可以用推導式來建構一部字典。查詢字典內容時，我們可以用類似取索引值的方式指定字串，或是用 *get()* 函式取得函數值，*get()* 函式可以設定一個預設值，當字典中沒有這個元素時，改回傳這個預設值，而不會讓程式因存取錯誤中止，例如：範例字典中沒有「Arthur」鍵值，所以會回傳預設值「-1」。

```
01  score_dict = {name: score for name, score in name_score_pair}
02  print(score_dict)
03  print(f'Zack\'s score: {score_dict["Zack"]}')
04  print(f'Arthur\'s score: {score_dict.get("Arthur", -1)}')
```

```
{'Zack': 95, 'David': 80, 'Mike': 77, 'Harry': 59}
Zack's score: 95
Arthur's score: -1
```

串列數學函式

如果一個串列全是數字，我們可以分別用 *sum()*、*any()* 和 *all()* 三個函式，得到 list 的總和，list 各項是否都是 *True*，以及 list 中是否存在 *True* 的元素。後兩者在 list 內容的判斷上非常方便，如我們可以檢驗一個 list 的數字元素，是否存在奇數或是否都是奇數。

```
01  nums = [1, 2, 3, 4, 5]
02  print(sum(nums))
03  print(all([num % 2 == 1 for num in nums]))
04  print(all([num < 6 for num in nums]))
05  print(any([num % 2 == 1 for num in nums]))
06  print(any([num > 6 for num in nums]))
```

▼ 輸出

```
15
False
True
True
False
```

自定義函式

對於一些比較複雜且重複性高的操作，我們可以寫一個函式來幫我們完成，並回傳對應的變數。

```
01  def f(x):
02      return x ** 2 + 3 * x + 2
03  nums = [1, 2, 3, 4, 5]
04  f_nums = [f(x) for x in nums]
05  print(f_nums)
```

▼ 輸出

```
[6, 12, 20, 30, 42]
```

自定義類別

Python 是個物件導向程式語言，我們可以宣告一些自定義型別，方便我們操作許多同類型的複雜資料。以下我們定義了 *Dog* 和 *Cat* 兩個函式，分別當作狗和貓的簡單物件類別。狗通常比貓活潑一些，所以我們可以給予兩者不同的活潑指數。也因為兩種動物叫聲不同，所以我們分別寫了 *bark()* 和 *meow()* 兩個物件函式模擬同一類行為。

```
01  class Dog:
02      def __init__(self):
03          self.active = 100
04      def bark(self):
05          print('Bark!')
06
07  class Cat:
08      def __init__(self):
09          self.active = 50
10      def meow(self):
11          print('Meow!')
12
13  dog = Dog()
14  print(dog.active)
15  dog.bark()
16
17  cat = Cat()
18  print(cat.active)
19  cat.meow()
```

▼ 輸出

```
100
Bark!
50
Meow!
```

物件的繼承

貓和狗都是動物，兩者有很多性質是重複的，例如都是四隻腳的動物。在兩個物件中，重複定義同一種變數實在不方便，所以我們可以定義一個 *Animal* 的類別，儲存一些共同的性質，再分別繼承給 *Dog* 和 *Cat* 兩個類別，這樣兩個子類別也能調

用父類別 *Animal* 的參數或函式。狗和貓都有四隻腳,所以我們可以把 *leg_count* 變數放在 *Animal* 的定義中,再藉由繼承取得變數的內容。為了取得父類別的變數預設值,在__*init*__()函式中需要加入一行 *super().__init__()*,才能把繼承而來的變數也初始化。

```python
01  class Animal:
02      def __init__(self):
03          print('Animal created.')
04          self.leg_count = 4
05
06  class Dog(Animal): # 繼承 Animal
07      def __init__(self):
08          super().__init__() # 初始化 Animal 的參數
09          self.active = 100
10      def bark(self):
11          print('Bark!')
12
13  class Cat(Animal): # 繼承 Animal
14      def __init__(self):
15          super().__init__() # 初始化 Animal 的參數
16          self.active = 50
17      def meow(self):
18          print('Meow!')
19
20  dog = Dog()
21  print(dog.leg_count) # 調用 Animal 的變數 leg_count
22  print(dog.active)
23  dog.bark()
24
25  cat = Cat()
26  print(cat.leg_count) # 調用 Animal 的變數 leg_count
27  print(cat.active)
28  cat.meow()
```

▼ 輸出

```
Animal created.
4
100
Bark!
Animal created.
4
```

```
50
Meow!
```

讀寫檔案

Python 的 *open()* 函式可以讓程式開啟資料夾內的檔案進行讀寫，而用在 *with* 的程式區段進行讀寫時，檔案會在程式區段執行結束後關閉，所以沒有關閉檔案的問題。寫檔的時候，*open()* 函式的第二個參數要設為「*w*」，並用 *write()* 函式輸出文字，要注意的是 *write()* 函式不會補上換行，所以要自己加上換符號。讀檔的時候，*open()* 函式的第二個參數要設為「*r*」，並用 *for* 迴圈迭代檔案變數 *f* 逐行輸出。逐行讀檔時由於換行符號仍然存在，需要用 *strip()* 函式去除。

```python
01  # 寫檔
02  with open('text.txt', 'r') as f:
03      f.write('Hello\n')
04      f.write('World!')
05  # 讀檔
06  with open('text.txt', 'w') as f:
07      for i, line in enumerate(f):
08          print(f'Line {i + 1}: {line.strip()}')
```

▼ 輸出

```
Line 1: Hello
Line 2: World!
```

外部函式 *math*

Python 本身可用的函式和資料結構已經相當豐富，但我們可以再引用外部套件進行更進階的操作。*math* 函式就是一個非常實用的函式庫，我們可以取用其中的數學常數，並進行較為複雜的三角函數或對數函數等運算。

```python
01  import math
02  print(math.pi)
03  print(math.e)
04  deg = math.pi
05  print(math.sin(deg))
06  print(math.cos(deg))
07  print(math.log(deg))
```

```
3.141592653589793
2.718281828459045
1.2246467991473532e-16
-1.0
1.1447298858494002
```

⬡ *numpy* 陣列

　　如果是大量純數字的資料結構，使用架構精簡的 *numpy* 陣列，會比串列的效率快上不少，函式庫中也有許多線性代數或矩陣上方便的功能，會是後續實作中使用的主流資料結構。簡便起見，我們習慣用「*np*」為名，匯入這個套件。

```
01   import numpy as np
```

　　以下示範一個 numpy 二維陣列的基本操作。我們可以用兩組中括號取值或是 tuple 當索引值，但最常見的作法是一組中括號，但各維度的索引值用逗號分隔，也能用和 list 類似的方法取得其子陣列。numpy 陣列中非常方便的地方就是能把陣列名稱以變數的形式，放入一個運算式，就能讓每個元素經由這個運算得到一個新陣列，例如 *a* ** *2* 回傳的陣列，就是 *a* 當中每一項各自開平方的新陣列。我們也能用 *mean()*、*sum()*、*min()* 等函式，取得陣列中整群資料的平均、總和、最小值等統計數據。

```
01   a = np.array([[6, 0, 2, 0, 7],
02                 [9, 0, 4, 1, 5],
03                 [1, 4, 3, 2, 6],
04                 [8, 1, 6, 3, 5]])
05   print(a)
06   print(a[2][4], a[(1, 0)], a[3, 2]) # 取元素的不同方法
07   print(a[:, 2: 4]) # 取子陣列
08   print(a > 0)
09   print(a ** 2)
10   print(a.mean()) # 取平均
11   print(a.sum()) # 取總和
12   print(a.min()) # 取最小值
```

▼ 輸出

```
[[6 0 2 0 7]
 [9 0 4 1 5]
```

```
 [1 4 3 2 6]
 [8 1 6 3 5]]
6 9 6
[[2 0]
 [4 1]
 [3 2]
 [6 3]]
[[ True False  True False  True]
 [ True False  True  True  True]
 [ True  True  True  True  True]
 [ True  True  True  True  True]]
[[36  0  4  0 49]
 [81  0 16  1 25]
 [ 1 16  9  4 36]
 [64  1 36  9 25]]
3.65
73
0
```

⬡ 特定值陣列

　　有時我們的陣列需要特別的數值，例如全部元素相同的矩陣，或是亂數的樣本，也有可能會需要一個區間的等分點。我們可以用 *zeros()* 和 *ones()* 函式分別得到全部是0或1的矩陣，也能用 *random.rand()* 和 *random.randn()* 兩個函式分別得到均勻分布或常態分布的樣本，或是用 *linspace()* 函式得到各個區間的等分點。

```
01  zero_arr = np.zeros((2, 2)) # 2 x 2 的全零矩陣
02  print(zero_arr)
03  one_arr = np.ones(3) # 3 的全 1 向量
04  print(one_arr)
05  rand_arr = np.random.rand(3, 2) # 3x2 的均勻分布矩陣
06  print(rand_arr)
07  randn_arr = np.random.randn(3, 1) # 3x1 的常態分布矩陣
08  print(randn_arr)
09  lin_arr = np.linspace(0, 5, 6) # [0, 5]的 6 個等分點(0, 1, 2, 3, 4, 5)
10  print(lin_arr)
```

▼ 輸出

```
[[0. 0.]
 [0. 0.]]
```

```
[1. 1. 1.]
[[0.29243424 0.18118688]
 [0.74520174 0.55178044]
 [0.75821998 0.71780126]]
[[ 0.60487412]
 [ 0.40147979]
 [-0.43811623]]
[0. 1. 2. 3. 4. 5.]
```

有時我們得到兩個座標軸的座標，需要建立網格時我們可以用 *meshgrid()* 和 *ravel()* 函式，得到網格點上分別的 x 座標和 y 座標。

```
01   X = np.array([1, 2, 3])
02   Y = np.array([4, 5, 6])
03   xx, yy = np.meshgrid(X, Y)
04   for x, y in zip(xx.ravel(), yy.ravel()):
05       print(x, y)
```

▼ 輸出

```
1 4
2 4
3 4
1 5
2 5
3 5
1 6
2 6
3 6
```

⬡ 繪圖函式 *plt*

資料或模型結果的繪製是非常重要的，所以我們會匯入 *matplotlib.pyplot* 套件進行繪圖。最基本的繪圖方式就是用 *plot()* 函式，給定每個點的 x 座標和 y 座標陣列後，就能得到這些座標點的連線圖形。如果只是要顯示資料位置，也能用 *scatter()* 畫點即可。最後再用 *show()* 函式，就能將圖表內容顯示出來。

```
01   import matplotlib.pyplot as plt
02   x = np.linspace(-5, 5, 11)
03   y = x ** 2
04   plt.plot(x, y)
05   plt.show()
```

```
06   plt.scatter(x, y)
07   plt.show()
```

▼ 輸出

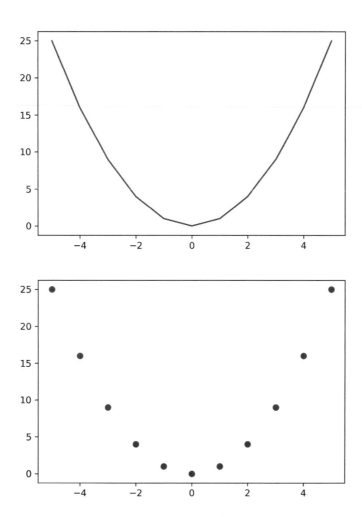

要在同一張圖上繪製兩種資料時，我們可以在 *plot()* 函式裡用 *label* 參數設定數據的名稱，再用 *Legend()* 函式畫出圖表與名稱文字。

```
01   x = np.linspace(-2, 2, 11)
02   y2 = x ** 2
03   y3 = x ** 3
04   plt.plot(x, y2, label = 'x^2')
05   plt.plot(x, y3, label = 'x^3')
06   plt.legend()
07   plt.show()
```

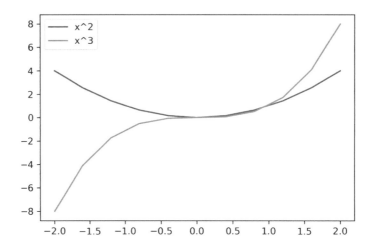

　　有時我們會想一次畫很多圖表互相比較，這時就能用 *subplots()* 函式分割輸出
介面。兩個變數 *fig* 和 *axes* 分別操作的是整張輸出圖的設定和個別圖形的內容，所
以我們用索引值選取 *axes* 中的各張子圖表，就一樣能用 *plot()* 函式進行繪圖。

```
01   fig, axes = plt.subplots(nrows = 2, ncols = 2)
02   x = np.linspace(-10, 10, 21)
03   y1, y2, y3, y4 = x, x ** 2, x ** 3, x ** 4
04   axes[0][0].plot(x, y1)
05   axes[0][1].plot(x, y2)
06   axes[1][0].plot(x, y3)
07   axes[1][1].plot(x, y4)
08   plt.show()
```

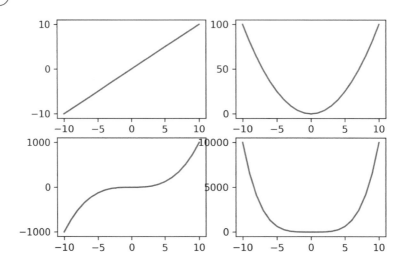

plt 套件中還有許多能幫助呈現資料或模型訓練的設定，我們需要調整相關參數時會再詳細介紹。

本書會盡可能地詳細解說程式實作中所運用的各個套件、函式及參數，如果仍有不清楚的地方，可以參考官方的說明文件。本書的實作以 numpy、torch 和 plt 三個套件為主，各自的說明文件連結如下：

- torch：https://pytorch.org/docs/stable/index.html

- numpy：https://numpy.org/devdocs/

- plt：https://matplotlib.org/2.0.2/api/pyplot_api.html

2.2 習題

( ) 1. 如果要輸出一個浮點數 a 的小數點前 8 位和小數點後 2 位，則在 *f-字串*中應該打入什麼樣的參數？

(a) {a}

(b) {a: 8.2f}

(c) {a: 10.2f}

(d) {a: 11.2f}

( ) 2. 試問下列程式碼的輸出？

```
01  # 寫檔
02  with open('text.txt', 'r') as f:
03      f.write('Hello')
04      f.write('World!')
05  # 讀檔
06  with open('text.txt', 'w') as f:
07      for i, line in enumerate(f):
08          print('Line {}: {}'.format(i + 1, line.strip()))
```

(a) Line 1: HelloWorld!

(b) Line 1: Hello World!

(c) Line 1: Hello

    Line 2: World!

(d) 以上皆非

( ) 3. 假設今天要用一個 list L 構成一個新的 set S，何者是正確的做法？

(a) S = set(L)

(b) S = set()

S.update(L)

(c) S = {item for item in L}

(d) 以上皆是

( ) 4. Python 中檢查是否存在某個元素時，應以哪種資料結構的運算最快？

(a) 串列（list）   (b) 元組（tuple）

(c) 集合（set）   (d) 字典（dictionary）

( ) 5. numpy 陣列以哪個函式構造左右端點固定的等差數列？

(a) random.rand   (b) linspace

(c) meshgrid   (d) random.randn

( ) 6. 使用 plt 繪製子圖表時，哪個物件代表第一行第一列的子圖？

(a) plt[0][0]   (b) axes[0][0]

(c) fig[0][0]   (d) matplotlib[0][0]

03
chapter

知識發現

為什麼我們需要機器學習?隨著科技發展,人腦的速度跟準確性已被電腦大幅超越,所以與其自己花上數年的時間分析未知事物的規律,善用電腦的運算能力,即使是相當暴力的算法,或許不用幾天就能得到讓人滿意的答案。人們進行機器學習的目的,就是要它探究我們所不知道的知識,並應用它改變我們的日常生活。這個章節將會探討各類機器學習演算法與知識發現手段,了解電腦怎麼看這個世界。

3.1 知識發現

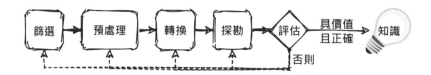

資料庫知識發現（Knowledge-Discovery in Databases，簡稱 KDD）是從大量資料裡找出各筆資料之間的關係，再運用這個潛在的知識實現目的過程，知識發現的流程，可大致分為上圖的幾個主要步驟。

我們蒐集來的資料大多五花八門，所以要**篩選**（selection）出主要的研究數據。選出來的資料很有可能存在缺失，為了不讓這些缺陷導致最後發現錯誤的知識，適當的剔除或補強資料等**預處理**（pre-processing）是必要的。將資料**轉換**（transformation）為適合程式處理的形式後，就能進行**資料探勘**（data-mining），不論是資料間的關聯或序列關係，或是把資料分類或分群，都能運用對應的演算法達成各個目的。最後**評估**（evaluation）探勘到的知識，有沒有正確性或能不能有所應用，有異狀的話就回到先前的步驟修正，沒有異狀就是具有價值的**知識**（knowledge）。

知識發現最關鍵的步驟是資料探勘，其中又能以希望得到的知識類型進行歸類，以下我們將逐一介紹「關聯規則探勘」、「序列樣式探勘」與「聚類」三種目的。

3.2 關聯規則探勘

3.2.1 尿布啤酒傳說

數據分析領域有一個「尿布啤酒傳說」，就是美國大型超市 Walmart 分析銷售資料時發現，星期五晚上常有尿布與啤酒同時購買的情形。原來是因為這個時段常有年輕父親來到超市，幫家裡的新生兒買尿布，同時為自己買啤酒。因此 Walmart 超市便將兩種看似毫不相關的商品一同陳列販售，最終也成功提升了銷售量。

過去幾乎沒有人看出這件事，Walmart 又是怎麼發現的呢？其實大多數人去超級市場採買時都有些規律，例如家庭主婦買菜的時候可能會順便買肉，當這樣的現象

很普遍時，大家也都習以為常。既然從購物籃看不出端倪，那就比較每個消費者的購物清單，看看哪些東西多數人會同時買。這就是知識發現的其中一種手段，稱為**關聯規則探勘（association rule mining）**，而這個情境又被稱作購物籃分析（market basket analysis）。

至於怎麼具體的描述兩個元素的關係，我們可以用數學的形式表示，用幾個指標數值判定這個關聯規則的強弱。最直觀的問題就是「**有尿布的購物清單裡，同時有買啤酒的比例是多少？**」，也就是算有尿布的清單裡有啤酒的條件機率，可以用「同時有尿布跟啤酒的購物清單」除以「有尿布的購物清單」求得。這個數值有個專有名詞，叫做**信賴度（confidence）**，代表的是一筆資料中出現目標元素A時，同時出現目標元素B的比率。

假設 A 是某交易資料庫的項目之一，B 是另一個項目，「A→B」為一條關聯規則，其信賴度的計算如下：

$$信賴度 = \frac{A與B同時出現的資料筆數}{A出現的資料筆數}$$

如果兩者同時出現的資料筆數越高，信賴度通常也不低。可以注意到如果反過來問「**有啤酒的購物清單裡，同時有買尿布的比例是多少？**」時，信賴度分子不會變，但分母可能不同，所以兩個方向的信賴度通常不會一樣。

若「B→A」為一條關聯規則，其信賴度的計算如下：

$$信賴度 = \frac{B與 A 同時出現的資料筆數}{B出現的資料筆數}$$

或許是因為買尿布的人比較少，同時買啤酒的比例才會比較高？信賴度固然是個簡單好用的指標，但其中一種元素在母群資料中的出現次數較少時，雖然因為分母較小，會得到比較高的信賴度，但也會讓關聯分析容易在整群資料中的代表性不足。我們需要再參考另一項指標，也就是兩種元素同時出現的資料比數在母群體中的比例，稱為**支持度（support）**，**也就是此關聯規則的代表性強度**。同樣地，「A→B」為一條關聯規則，其支持度的計算如下：

$$支持度 = \frac{A與B同時出現的資料筆數}{總資料筆數}$$

另外，有時候也會參考**提升度（lift）**這項指標。提升度代表的是兩元素在出現機率上的相關性。若提升度為1，根據數學定義兩者的出現與否為獨立事件；若提升度大於1表示兩個事件成正相關，反之則成負相關。

$$提升度 = \frac{A與B同時出現的比率}{A出現的比率 \times B出現的比率}$$

提升度的想像比較不直覺，我們用以下三張文氏圖來進行說明。我們舉個例子，假設賣場的所有購物單據中，40%的清單有購買尿布，同時也有40%的清單購買啤酒。

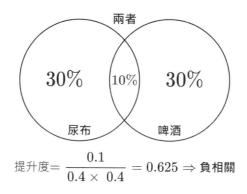

$$提升度 = \frac{0.1}{0.4 \times 0.4} = 0.625 \Rightarrow \textbf{負相關}$$

當僅10%的清單同時購買尿布和啤酒，提升度算下來只有0.625。這個狀況下，如果得到的推論是「買尿布就不太可能買啤酒」或「買啤酒就不太可能買尿布」都算合理，所以兩項商品的銷售可以說是呈現負相關。

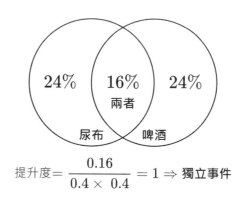

$$提升度 = \frac{0.16}{0.4 \times 0.4} = 1 \Rightarrow \textbf{獨立事件}$$

當16%的清單同時購買尿布和啤酒，提升度恰好是1。交集機率(0.16)等於個別機率相乘(0.4 × 0.4)時為數學上的獨立事件，也就是購買啤酒和尿布互不影響，沒有明顯的正相關或負相關。

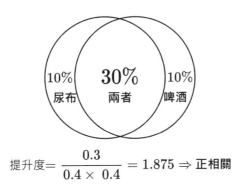

$$提升度 = \frac{0.3}{0.4 \times 0.4} = 1.875 \Rightarrow 正相關$$

　　當高達30%的清單同時購買尿布和啤酒，提升度為1.875。這個狀況下，得到的推論就會是「買尿布就很有可能買啤酒」或「買啤酒就很有可能買尿布」，兩項商品的銷售呈現正相關。

3.2.2　先驗演算法

　　當信賴度、支持度與提升度夠高時，這項關聯規則便具有足夠的正確性與代表性，兩個指標也衍伸出關聯規則探勘中相當經典的**先驗演算法**（Apriori Algorithm）。

　　這個算法一開始會先對三項指標訂一個門檻值，再從元素母群體中，枚舉任兩個互無交集的資料子集合，計算兩集合間的信賴度、支持度與提升度，當三項指標都比門檻值高，這兩個集合就會被探勘為潛在的關聯規則。注意這裡比較的是「兩集合」而非「兩元素」，因為有些關聯規則從細項不好觀察，例如「買菜的時候順便買肉品」的規律性，會比「買空心菜的時候順便買豬肉」來得顯而易見。

範例：購物籃分析

編號	購物清單紀錄
1	牛奶、麵包、果醬
2	蛋、豆漿
3	麵包、果醬、蛋
4	麵包、蛋
5	牛奶、麵包
6	麵包、蛋

假設上表是某個賣場的數筆交易紀錄，如果我們將信賴度、支持度與提升度的最低門檻分別定為30%、30%與1.2時，由先驗演算法我們可以探勘得「買麵包時會買牛奶」、「買麵包時會買果醬」、「買牛奶時會買麵包」、「買果醬時會買麵包」四項待驗證的資訊。

食品 A	食品 B	信賴度	支持度	提升度
麵包	牛奶	$\frac{2}{5} = 40\% > 30\%$	$\frac{2}{6} \cong 33\% > 30\%$	$\frac{\frac{2}{6}}{\frac{5}{6} \times \frac{2}{6}} = 1.2$
麵包	果醬	$\frac{2}{5} = 40\% > 30\%$	$\frac{2}{6} \cong 33\% > 30\%$	$\frac{\frac{2}{6}}{\frac{5}{6} \times \frac{2}{6}} = 1.2$
牛奶	麵包	$\frac{2}{2} = 100\% > 30\%$	$\frac{2}{6} \cong 33\% > 30\%$	$\frac{\frac{2}{6}}{\frac{2}{6} \times \frac{5}{6}} = 1.2$
果醬	麵包	$\frac{2}{2} = 100\% > 30\%$	$\frac{2}{6} \cong 33\% > 30\%$	$\frac{\frac{2}{6}}{\frac{2}{6} \times \frac{5}{6}} = 1.2$

從表格可以發現「買麵包時會買蛋」或是「買蛋時會買麵包」也看似是個潛在趨勢，但因為其提升度僅有0.9，故在這個門檻下不易被篩選出來。

食品 A	食品 B	信賴度	支持度	提升度
麵包	蛋	$\frac{3}{5} = 60\% > 30\%$	$\frac{3}{6} \cong 50\% > 30\%$	$\frac{\frac{3}{6}}{\frac{5}{6} \times \frac{4}{6}} = 0.9 < 1.2$
蛋	麵包	$\frac{3}{4} = 75\% > 30\%$		

這樣的演算法用程式要怎麼實現？先驗演算法本質上就是子集合的枚舉問題，不用太複雜的遞迴函式就能寫出來。不過 Python 有個名為 apyori 的套件，可以直接套用函式運算，那我們就進行一個簡單的實作。

程式實作 先驗演算法函式運用　　　■ 檔案：ch3/Apriori.ipynb

■ 訓練資料檔案：ch3/ Market_Basket_Optimisation.csv

```
01   # 匯入套件
02   import pandas as pd
03   from apyori import apriori
```

讀入試算表並觀察資料

　　我們將使用的是機器學習網站 Kaggle 上的 Market Basket Optimization 資料集，更多的相關研究可以參考下方的網址。儲存資料的試算表已在章節實作的壓縮檔中，先用 pandas 套件讀入 csv 中的資料集並輸出觀察，可以發現每一列就是一筆筆長短不一的購物清單。這份試算表沒有標題列，故要指定 header = None 參數才能取用第一筆資料。

　　資料集來源：https://www.kaggle.com/datasets/hemanthkumar05/market-basket-optimization

```
01   df = pd.read_csv('Market_Basket_Optimisation.csv', header = None) # 讀入 csv 檔
02   df   # 輸出試算表
```

▼ 輸出

	0	1	2	3	4	5	6	7	8	9	10	11	12	13	14	15	16	
0	shrimp	almonds	avocado	vegetables mix	green grapes	whole weat flour	yams	cottage cheese	energy drink	tomato juice	low fat yogurt	green tea	honey	salad	mineral water	salmon	antioxydant juice	s
1	burgers	meatballs	eggs	NaN	NaN	NaN	NaN	NaN	NaN	NaN	NaN	NaN	NaN	NaN	NaN	NaN	NaN	
2	chutney	NaN	NaN	NaN	NaN	NaN	NaN	NaN	NaN	NaN	NaN	NaN	NaN	NaN	NaN	NaN	NaN	
3	turkey	avocado	NaN	NaN	NaN	NaN	NaN	NaN	NaN	NaN	NaN	NaN	NaN	NaN	NaN	NaN	NaN	
4	mineral water	milk	energy bar	whole wheat rice	green tea	NaN	NaN	NaN	NaN	NaN	NaN	NaN	NaN	NaN	NaN	NaN	NaN	
...	...	...	...	...	...	...	...	...	...	...	...	...	...	...	...	...	...	
7496	butter	light mayo	fresh bread	NaN	NaN	NaN	NaN	NaN	NaN	NaN	NaN	NaN	NaN	NaN	NaN	NaN	NaN	
7497	burgers	frozen vegetables	eggs	french fries	magazines	green tea	NaN	NaN	NaN	NaN	NaN	NaN	NaN	NaN	NaN	NaN	NaN	
7498	chicken	NaN	NaN	NaN	NaN	NaN	NaN	NaN	NaN	NaN	NaN	NaN	NaN	NaN	NaN	NaN	NaN	
7499	escalope	green tea	NaN	NaN	NaN	NaN	NaN	NaN	NaN	NaN	NaN	NaN	NaN	NaN	NaN	NaN	NaN	
7500	eggs	frozen smoothie	yogurt cake	low fat yogurt	NaN	NaN	NaN	NaN	NaN	NaN	NaN	NaN	NaN	NaN	NaN	NaN	NaN	

7501 rows × 20 columns

資料預處理

再來將這個試算表轉為二維 list。因為不是每個購物清單都一樣長，所以要將空項(nan)去除。

```
01  # 資料預處理
02  data = df.values.tolist()
03  data = [[x for x in row if str(x) != 'nan'] for row in data]
```

資料探勘

將預處理後的資料集傳入 *apyori* 套件的 *apriori* 函式，就能得到對應的結果物件，此處我們可以調整三個門檻值的大小。我們輸出其中一組潛在規則，看看它的資料結構。

```
01  # apriori 函式運算
02  associations = apriori(data, min_support = 0.01,
03  min_confidence = 0.4, min_lift = 1.5)
04  rules = list(associations)
05  print(rules[0])
```

▼ 輸出

```
RelationRecord(items=frozenset({'ground beef', 'mineral water'}),
support=0.040933333333333335,
ordered_statistics=[OrderedStatistic(items_base=frozenset({'ground beef'}),
items_add=frozenset({'mineral water'}), confidence=0.41655359565807326,
lift=1.7482663499919135)])
```

探勘規則呈現

每組潛在規則的資料結構如下。

- RelationRecord 物件
  - items 元素集合
  - support 支持度
  - ordered_statistics 陣列
    - OrderedStatistics 物件
      - items_base 子集合 A

- items_add 子集合 B

- (items_base + items_add = items)

- confidence 信賴度

- lift 提升度

對於對應的資料，我們也要有存取對應的變數，才能整理各個潛在規則並清楚地呈現。

```
01    # 輸出潛在知識
02    for rule in rules:
03        for order_stat in rule.ordered_statistics:
04            set_A = set(order_stat.items_base)
05            set_B = set(order_stat.items_add)
06            if len(set_A) == 0 or len(set_B) == 0:
07                continue
08            print(f'{set_A} => {set_B}')
09            print((f'Confidence: {order_stat.confidence :.4f}'
10                  f' Support: {rule.support :.4f}'
11                  f' Lift: {order_stat.lift :.4f}'))
```

▼ 輸出

```
{'ground beef'} => {'mineral water'}
Confidence: 0.4166 Support: 0.0409 Lift: 1.7475
{'olive oil'} => {'mineral water'}
Confidence: 0.4190 Support: 0.0276 Lift: 1.7579
{'salmon'} => {'mineral water'}
Confidence: 0.4013 Support: 0.0171 Lift: 1.6833
{'soup'} => {'mineral water'}
Confidence: 0.4565 Support: 0.0231 Lift: 1.9150
{'chocolate', 'eggs'} => {'mineral water'}
Confidence: 0.4056 Support: 0.0135 Lift: 1.7017
{'chocolate', 'ground beef'} => {'mineral water'}
Confidence: 0.4740 Support: 0.0109 Lift: 1.9885
{'chocolate', 'milk'} => {'mineral water'}
Confidence: 0.4357 Support: 0.0140 Lift: 1.8278
{'chocolate', 'spaghetti'} => {'mineral water'}
Confidence: 0.4048 Support: 0.0159 Lift: 1.6981
{'ground beef', 'eggs'} => {'mineral water'}
Confidence: 0.5067 Support: 0.0101 Lift: 2.1256
{'milk', 'eggs'} => {'mineral water'}
```

```
Confidence: 0.4242 Support: 0.0131 Lift: 1.7798
{'frozen vegetables', 'milk'} => {'mineral water'}
Confidence: 0.4689 Support: 0.0111 Lift: 1.9672
{'frozen vegetables', 'spaghetti'} => {'mineral water'}
Confidence: 0.4306 Support: 0.0120 Lift: 1.8065
{'ground beef', 'milk'} => {'mineral water'}
Confidence: 0.5030 Support: 0.0111 Lift: 2.1103
{'ground beef', 'mineral water'} => {'spaghetti'}
Confidence: 0.4169 Support: 0.0171 Lift: 2.3947
{'ground beef', 'spaghetti'} => {'mineral water'}
Confidence: 0.4354 Support: 0.0171 Lift: 1.8265
{'spaghetti', 'milk'} => {'mineral water'}
Confidence: 0.4436 Support: 0.0157 Lift: 1.8610
{'olive oil', 'spaghetti'} => {'mineral water'}
Confidence: 0.4477 Support: 0.0103 Lift: 1.8781
{'spaghetti', 'pancakes'} => {'mineral water'}
Confidence: 0.4550 Support: 0.0115 Lift: 1.9089
```

可以調整 apriori 函式傳入的三個門檻值，看看會篩選出什麼樣的規則。當門檻值調太低時，會發現函式的運算比預期來得久。這是因為先驗演算法的執行時間是指數量級，可行的子集合大量增加，花費時間可能劇幅上升，以致後來出現不少改良先驗演算法，效率更高的關聯規則探勘手段。

3.3 序列樣式探勘

出門前往窗外看，發現烏雲密布時，總是會決定帶把傘，因為這是接下來很有可能下雨的徵兆；當某個人讀了著名系列小說的第一本後，很有可能會接著讀第二本；當出乎人們意料的政治活動發生時，股票總是慘跌。這幾組事件有明顯的關聯性，但相較於關聯規則探勘，它們還能用上一個重要的性質——順序。運用這個特性，找出數個事件有沒有顯著的前後關係的方法，稱為**序列樣式探勘**（sequential pattern mining）。

序列樣式分析與關聯規則分析稍微不同。關聯規則分析注意的是同一筆資料中兩種資訊的關聯性，序列樣式分析則是觀察同一個單位上的複數個事件（例如一位消費者的消費紀錄，或是一間公司的股票漲跌）中，某些事件前後發生。以先前賣場的例子來說，關聯規則探勘看的是同一筆購物清單中有A類商品跟B類商品是不是常見的情形，序列樣式探勘看的是同一個消費者，這次購買A類商品後有沒有下次購買B類商品的趨勢。

跟關聯規則探勘一樣，序列樣式探勘需要一些數學上的指標才能客觀地找潛在規則，但前者所用的三項指標都沒有考慮事件的順序，所以我們需要定義新的數據作為判別規則的參考。

假設攝影器材行的顧客中，有30%的顧客買了攝影機後下次會來買腳架，那麼這家店向買過攝影機的顧客推銷腳架，可能會有不錯的業績；但如果這個比例只有5%，或許不用當作推銷重點。由此可見，假設有兩個事件A與B，如果感覺A事件後，很有可能發生B事件，表示有一定比例的經驗支持這個論點，這個比例可以當作其中一個指標，稱為支持度。與關聯規則探勘的支持度不同，序列樣式探勘的支持度關注事件的先後順序，用序列數而不是資料筆數作為統計單位。這裡的序列指的是依發生順序排列的一系列事件，例如{買攝影機 → 買腳架}就是一個攝影器材行顧客消費紀錄的序列。

$$支持度 = \frac{A事件與B事件先後發生的序列數}{序列數}$$

範例：串流平台影音推薦

序列樣式探勘的實際應用類似先驗演算法，訂好最小支持度後，枚舉任兩事件前後發生的支持度，並篩選出支持度較高的數種組合進行知識評估。許多如 Netflix 等串流平台會記錄用戶的觀影紀錄，以對其他用戶進行影音的推薦。除了用關聯規則探勘找出用戶喜歡哪個類型的電影，序列樣式探勘也常用來分析多數用戶的觀影順序。如果發現某兩部電影有特定的先後順序，則可以在用戶看完順序在前的電影時，推薦順序在後的電影。

觀影紀錄	用戶	觀看電影	觀影紀錄	用戶	觀看電影
1	A	鋼鐵人	9	B	美國隊長
2	B	玩命關頭	10	E	與神同行
3	A	金牌特務	11	A	美國隊長
4	C	哈利波特	12	C	玩命關頭
5	D	鐵達尼號	13	E	鋼鐵人
6	E	星際大戰	14	D	美國隊長
7	D	鋼鐵人	15	C	美國隊長
8	B	鋼鐵人	16	B	鐵達尼號

舉例來說，上表是一個串流平台的電影觀看紀錄。用這幾筆資料進行序列樣式探勘時，我們可以列出五位用戶分別的觀影序列。

- A：{鋼鐵人 → 金牌特務 → 美國隊長}
- B：{玩命關頭 → 鋼鐵人 → 美國隊長 → 鐵達尼號}
- C：{哈利波特 → 玩命關頭 → 美國隊長}
- D：{鐵達尼號 → 鋼鐵人 → 美國隊長}
- E：{星際大戰 → 與神同行 → 鋼鐵人}

根據這五個序列，我們會發現當我們將最小支持度定為 50%時，「先看鋼鐵人，再看美國隊長」的支持度會是 $\frac{3}{5} = 60\%$，故該資訊會被探勘出來。觀察表格可以發現「先看玩命關頭，再看美國隊長」亦非個案，但其支持度為 $\frac{2}{5} = 40\%$，所以這個序列關係會因為支持度不足而不被探勘。

3.4 聚類

如果我們蒐集到的資料具有標籤，那機器學習的主要目標就是建構分類器。不過並不是每次都能得到標籤完整的資料，甚至完全沒有標籤的資料更為常見。雖然如此，但還是可以利用各項數據，找出同質性高的資料點，並將它們分成點群。這樣的資料分析，稱為**聚類**（Clustering），其中以 k-平均聚類和凝聚式階層聚類為較著名的演算法。

3.4.1 k-平均聚類

k-平均聚類（k-means clustering）如其英文名稱，目標就是找出 k 個重心，再讓每個重心分別代表一個點群。不過要怎麼找到這 k 個重心？

假設我們要把下面這張分布圖的資料點用 k-means 分成三群，剛開始可以隨機選擇 k 個點作為各群重心，此處我們選擇 3 個點，圖上以三角形表示。

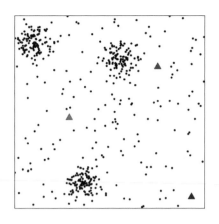

接著進行「將資料點重新分配給最近的重心」以及「計算出新的群重心」兩個步驟，如左下方及右下方的兩張圖。每個重心被分配到的點，以圖上的線段作區隔。可以發現右下角的重心重新計算位置大幅移動。

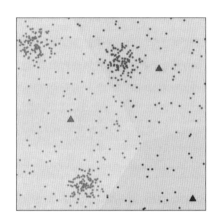 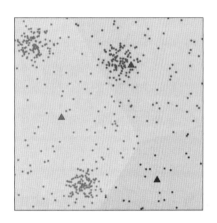

分布圖左下角比較密集的點群，看起來離右下角的群重心比較近，卻被分到圖片左方的群重心。這個情況在 k-means 運算初期很常見，但多次重新分配資料點跟移動重心後，每個點會逐漸被分配到距離比較近的群集。下圖是第二輪運算後的點群劃分，可以從重心的移動看出資料點分配的趨勢。

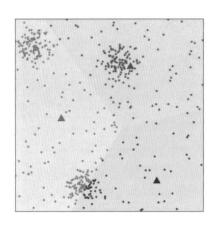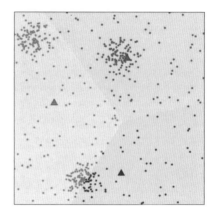

　　當所有資料點所屬點群不再變動時，與各個重心距離最近的點集就是各個重心代表的資料群，*k-means* 也就執行完成了。

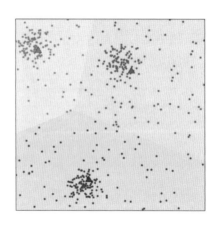

K-means 聚類應用　　　　　　　　　　■ 檔案：ch3/K-Means.ipynb

　　學完 K-means 演算法的基本理論後，我們就來實際操作看看。

◇ scikit-learn 套件

　　首先，我們介紹一下機器學習領域中著名的 *scikit-learn* 套件。這個套件涵蓋許多基本的機器學習模型與評估模型表現的統計函數，讓相關研究者不用耗費時間實作，而是直接應用這些經過多次檢驗的工具。

　　使用 *scikit-learn* 套件時，一行簡單的 *import sklearn* 即可引入所有模型與函式，但通常不需每個模型都用，比較常見的是用 *from sklearn import <子套件>* 取得自己要用的物件。

⬡ 鳶尾花資料集

　　這次的聚類實作中，我們會運用鳶尾花數據集(Iris Dataset)。這些資料最初由美國植物學家安德森進行形態學研究時採集而來，後來被英國統計學家費雪投入統計學領域，現今則是分類和聚類問題中相當經典的資料集。鳶尾花資料集共有150筆資料，每筆資料有該朵鳶尾花的花瓣長度、花瓣寬度、花萼長度、花萼寬度4項資訊，以及其屬於山鳶尾(setosa)、變色鳶尾(versicolor)或維吉尼亞鳶尾(virginica)的分類，每一種類型的花朵有 50 筆資料，經常作為機器學習演算法的簡單應用。我們將用這個資料集進行兩種聚類法的實作。

```
01   # 匯入套件
02   from sklearn import cluster, datasets
03   import itertools
04   import numpy as np
```

⬡ 讀入資料

　　首先，我們載入 Iris 資料集，並計算資料筆數。

```
01   iris = datasets.load_iris()  # 載入 Iris 資料
02   data_count = len(iris['data'])  # 取得資料筆數
```

⬡ 資料分群

　　機器學習套件 scikit-learn 中有許多已實作完成的聚類函式，決定好特定參數後，再用 fit()函式就能進行資料分群。以 K-means 來說，決定好聚類的群數就能得到聚類結果。

```
01   kmeans = cluster.KMeans(n_clusters=3)  # 建構聚類器
02   kmeans.fit(iris.data)  # 資料分群
03   # 輸出預測標籤
04   print('Clustered Labels:')
05   print(kmeans.labels_)
06   # 輸出正確標籤
07   print('Iris Labels:')
08   print(iris.target)
```

```
Clustered Labels:
[1 1 1 1 1 1 1 1 1 1 1 1 1 1 1 1 1 1 1 1 1 1 1 1 1 1 1 1 1 1 1 1 1 1 1 1 1 1
 1 1 1 1 1 1 1 1 1 1 1 0 0 2 0 0 0 0 0 0 0 0 0 0 0 0 0 0 0 0 0 0 0 0 2 0
 0 0 0 0 0 0 0 0 0 0 0 0 0 0 0 0 2 0 2 2 2 2 0 2 2 2 2 2 0 0 2 2 2
 0 2 0 2 0 2 2 0 0 2 2 2 2 2 0 2 2 2 2 0 2 2 2 0 2 2 2 0 2 2 0]
Iris Labels:
[0 0 0 0 0 0 0 0 0 0 0 0 0 0 0 0 0 0 0 0 0 0 0 0 0 0 0 0 0 0 0 0 0 0 0 0 0 0
 0 0 0 0 0 0 0 0 0 0 0 1 1 1 1 1 1 1 1 1 1 1 1 1 1 1 1 1 1 1 1 1 1 1 1 1
 1 1 1 1 1 1 1 1 1 1 1 1 1 1 1 1 1 1 1 1 1 1 1 2 2 2 2 2 2 2 2 2 2 2 2 2
 2 2 2 2 2 2 2 2 2 2 2 2 2 2 2 2 2 2 2 2 2 2 2 2 2 2 2]
```

◎ 計算聚類準確率

　　由輸出結果會發現分群上預測值與實際值大同小異，但分類標籤可能有所不同。這是因為聚類時僅考慮同一群為同一數字，這個數字與實際分類沒有關聯。若要讓預測結果與實際結果的標籤對應或是計算聚類準確率，可能要將預測結果的標籤重新排列，再用聚類準確率較佳的排列作為新的預測標籤。我們用 *itertools* 套件中的 *permutations* 函式生成0,1,2的所有排列，並運用這個排列重新標籤模型輸出再和目標分類比對，就能算出真正的聚類準確率。

```
01  accuracy = 0
02  for perm in list(itertools.permutations(range(3))):
03      labels = kmeans.labels_
04      for i in range(data_count):
05          labels[i] = perm[kmeans.labels_[i]]   # 重排標籤
06      accuracy = max(accuracy, np.sum(labels == iris.target) / data_count)
07  print(f'Match Accuracy: {100 * accuracy :.2f}%')
```

▼ 輸出

```
Match Accuracy: 89.33%
```

3.4.2 凝聚式階層聚類

　　凝聚式階層聚類（Agglomerative Hierarchical Clustering）則是更為直覺的方法，把每個點視為一個點群，再將距離比較近的群逐步合併，直到剩下的群數達到目標為止。這裡的距離有很多種定義方法，計算端點可以用兩群最近點、最遠點、

重心等，長度定義上也可分為歐基里德距離或曼哈頓距離。但現在看起來只有點群的凝聚，階層又是什麼概念？

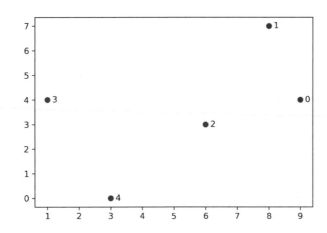

上面的散佈圖有編號0~4的五個點。用這五個點進行凝聚式階層聚類的話，肯定是0, 1先併成一群，3, 4併成一群，0, 1的點群再與2的點群合併，最後再和3, 4的點群合二為一。依據合併順序與合併時的點群距離，我們可以畫出下面這張樹狀圖。橫軸是各筆資料，縱軸是合併距離。

因為凝聚式階層聚類是從距離最近的點群開始合併，很自然地越大的點群合併距離就會越長，於是各個點群會因為合併時的大小而在合併距離上有階層之分。這樣的階層有什麼好處？假如要將這些資料分成k個點群，只要在樹狀圖上找到恰好有k條鉛直線段的高度切割，便會將整張樹狀圖分割為k個部分，每個部份就是一個透過凝聚式階層聚類構成的資料群，相當方便。例如把想要把上面散佈圖的資料分成兩群的話，從合併距離6的地方切割，就能得到{0, 1, 2}跟{3, 4}兩個資料群。

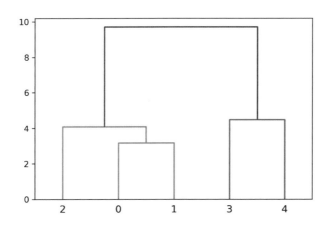

理解凝聚式階層聚類的運作方式後，我們來用程式碼實作看看。

我們一樣使用 *scikit-learn* 套件和 Iris 資料集，來嘗試凝聚式階層聚類的實作。

```
01    # 匯入套件
02    from sklearn import cluster, datasets
03    import itertools
04    import numpy as np
05
06    iris = datasets.load_iris()  # 載入 Iris 資料
07    data_count = len(iris['data'])  # 取得資料筆數
```

資料分群

相較於 K-means 聚類，凝聚式階層聚類需要再定義兩個參數：

● linkage：聚類依據。此處我們使用沃德法 ward，計算任兩群合併前各點至各自重心的距離和，與合併後各點至共同重心的距離和，每次合併兩者之差最小的群。

● metric：距離定義。本處使用歐基里德距離 euclidean，也有曼哈頓距離 manhattan 等定義方式。

ward 和 *euclidean* 是普遍來看比較推薦的參數，但用平均點對距離 *average* 來當聚類依據，在這個資料集的聚類準確率更高。兩個參數如何選用，應該考量手邊的資料分布。

```
01    hierarchy = cluster.AgglomerativeClustering(
02        linkage='ward', metric='euclidean', n_clusters=3) #  建構聚類器
03    hierarchy.fit(iris.data) #  資料分群
04    # 印出預測標籤
05    print('Clustered Labels:')
06    print(hierarchy.labels_)
07    # 印出正確標籤
08    print('Iris Labels:')
09    print(iris.target)
```

```
Clustered Labels:
[1 1 1 1 1 1 1 1 1 1 1 1 1 1 1 1 1 1 1 1 1 1 1 1 1 1 1 1 1 1 1 1 1 1 1 1 1
 1 1 1 1 1 1 1 1 1 1 1 0 0 0 0 0 0 0 0 0 0 0 0 0 0 0 0 0 0 0 0 0 0 0 0 2 0
 0 0 0 0 0 0 0 0 0 0 0 0 0 0 0 0 0 0 0 0 2 0 2 2 2 2 0 2 2 2 2 2 0 0 2 2 2
 0 2 0 2 0 2 2 0 0 2 2 2 2 0 0 2 2 2 0 2 2 2 0 2 2 2 0 2 2 2 0 2 2 0]
Iris Labels:
[0 0 0 0 0 0 0 0 0 0 0 0 0 0 0 0 0 0 0 0 0 0 0 0 0 0 0 0 0 0 0 0 0 0 0 0 0
 0 0 0 0 0 0 0 0 0 0 0 0 0 1 1 1 1 1 1 1 1 1 1 1 1 1 1 1 1 1 1 1 1 1 1 1 1
 1 1 1 1 1 1 1 1 1 1 1 1 1 1 1 1 1 1 1 2 2 2 2 2 2 2 2 2 2 2 2 2 2 2 2 2 2
 2 2 2 2 2 2 2 2 2 2 2 2 2 2 2 2 2 2 2 2 2 2 2 2 2 2 2 2 2 2 2 2 2 2]
```

計算聚類準確率

因為輸出標籤的編號一樣沒有對應到目標標籤，所以我們用排列再算一次聚類準確率。輸出的聚類準確率跟前面 K-means 的實作一樣，這是因為 Iris 的資料集較為單調，即使用不同演算法，聚類結果也不會差太多。

```
01  accuracy = 0
02  for perm in list(itertools.permutations(range(3))):
03      labels = hierarchy.labels_
04      for i in range(data_count):
05          labels[i] = perm[hierarchy.labels_[i]]   # 重排標籤
06      accuracy = max(accuracy, np.sum(labels == iris.target) / data_count)
07  print(f'Match Accuracy: {100 * accuracy :.2f}%')
```

▼ 輸出

```
Match Accuracy: 89.33%
```

3.5 習題

( ) 1. 下表是一個六個消費者到大賣場的購物清單。如果僅以信賴度 30%為門檻，請問下列哪些關聯規則會被探勘出來？

編號	購物清單紀錄
1	牛奶、麵包、果醬
2	蛋、豆漿
3	麵包、果醬、蛋
4	麵包、蛋
5	牛奶、麵包
6	麵包、蛋

(a) 牛奶→麵包   (b) 蛋→麵包

(c) 以上皆是   (d) 蛋→豆漿

( ) 2. 承上題，如果補上支持度 50%的門檻，請問下列哪些關聯規則會被探勘出來？

(a) 牛奶→麵包   (b) 蛋→麵包

(c) 以上皆是   (d) 蛋→豆漿

( ) 3. Python 當中較常用哪個套件讀入 csv 檔？

(a) pandas 套件

(b) 不匯入套件，用 open()函式讀檔

(c) csv 套件

(d) 以上皆是

( ) 4. 下圖是某個資料點群進行凝聚式階層聚類後得到的樹狀圖，圖表的y座標對應的是點群距離。如果要分割成三個點群，應以哪個點群距離進行分割較為恰當？

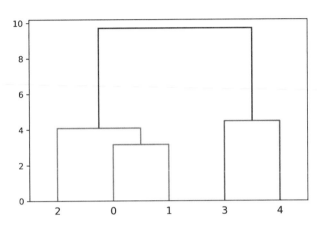

(a) 2

(b) 3

(c) 6

(d) 以上皆非

( ) 5. 下表是數名觀影平台用戶的觀看紀錄。使用序列樣式分析時，如果要探勘到「先看金牌特務，再看美國隊長」這項知識，支持度至多可以是多少？

次序	用戶	觀看電影	次序	用戶	觀看電影
1	A	鋼鐵人	9	B	美國隊長
2	B	玩命關頭	10	E	與神同行
3	A	金牌特務	11	A	美國隊長
4	C	哈利波特	12	C	玩命關頭
5	D	金牌特務	13	E	鋼鐵人
6	E	星際大戰	14	D	美國隊長
7	D	鋼鐵人	15	C	美國隊長
8	B	鋼鐵人	16	B	鐵達尼號

(a) $\frac{1}{5}$

(b) $\frac{2}{5}$

(c) $\frac{3}{5}$

(d) $\frac{4}{5}$

（　）　6.　Iris 資料集中不包含花朵的哪一種資料？

　　　　(a)　花瓣長度　　　　　　　　　(b)　花瓣寬度

　　　　(c)　花萼長度　　　　　　　　　(d)　花瓣顏色

04
chapter

分類問題

上一個章節的資料探勘中，我們沒有探討機器學習的各類方法中，屬於監督式學習的重要任務——分類（Classification）。分類是機器學習最常見的任務，相關的算法也遠比聚類或其他規則分析來得多。以下我們會先討論分類問題的主要架構和目標，再介紹一些現今常見的分類演算法，並進行簡單的實作。

4.1 分類問題的形式和目標

4.1.1 詐騙郵件

電子郵件問世至今，時常有大量廣告或詐騙郵件，收 email 時總要確認是不是垃圾郵件，相當耗費心力。垃圾郵件越來越多，但近年來這個問題大幅改善，因為這類郵件的初步篩選不再是用戶的問題，而是交由電子郵件平台上的程式來處理。這便是分類問題在現今生活的一個重要應用。

電子郵件平台發現垃圾郵件氾濫的問題後，建立了回報垃圾郵件的機制。透過使用者的回饋，他們可以輕鬆取得被認定有問題的郵件，並假設大部分沒有被回報的文章是正常的郵件。接下來程式就能比較被眾多使用者歸類的垃圾郵件與正常郵件有什麼不一樣（例如：詐騙郵件可能有 ATM 轉帳相關的敘述），最後運用垃圾郵件的特性，建立一些分類原則，就能得到一個郵件分類器。

4.1.2 分類器

在分類問題中，我們稱每筆資料的數據部分叫做資料（data），分類名稱叫做標籤（label）。分類問題的目標，就是從資料中的各項數據，找出這筆資料有其對應標籤的原因，並運用一些判別規則構成分類器（classifier），盡可能區隔不同標籤的資料，讓沒有標籤的資料點輸入分類器時，能有正確的分類歸屬。

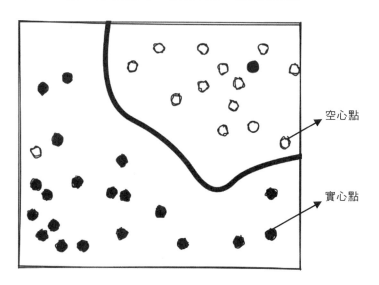

空心點

實心點

我們用前面的例子跟上方的示意圖，描繪分類問題的運作目的。在一個平面上有數個點代表每一封 email，空心點與實心點分別代表正常郵件與垃圾郵件，可以發現它們各自聚成一群。圖上的曲線代表的就是分類器，我們稱為分類線，當一封 email 輸入分類器時，它所代表的資料點如果落在分類線右側就會被當作正常郵件，否則會被當作垃圾郵件。

分類線不一定會成功判別每一個數據點，畢竟有些非典型的垃圾郵件仍會騙過分類器，但機器學習的目的通常是獲得一個一般化的分類器，圖上的分類線落在兩個點群的正中間，便是相當理想的學習成果。

接著來介紹一些常見的分類演算法。每種算法各有長短，重要的是針對眼前的資料，選擇最適當的模型，才能有期望的結果。

4.2 決策樹

4.2.1 二分法與決策樹

生物課曾提過依據動植物外貌或生存特性逐一分類的二分法，機器學習也有個幾乎相同的分類結構，稱為**決策樹（Decision Tree）**。決策樹利用特定性質的資訊，將資料不斷地分為數個群，直到每個子群大都屬於同一類別為止，通常以分類樹上該層變異數最大的單項數據作為分類依據，但有顯而易見的規律時，也可參雜人工的分類規則。決策樹適用在大原則的歸納，太細的分類規則與分類標籤的相關性通常不高，新資料的歸類結果也未必正確，假設某間保險公司的客戶資料如表格所示。

編號	年齡層	投保年份	身患重病	保險風險
1	壯年	2018	無	低
2	老年	2018	無	高
3	兒童	2019	有	高
4	老年	2019	有	高
5	壯年	2020	有	高
6	壯年	2020	無	低

假設某間保險公司要依照客戶性質，用決策樹評估保險的風險。從表格可以推論身患重病或非壯年者，保險風險比較高，且看不出投保年份與風險之相關性，於是歸納出下圖的決策樹。

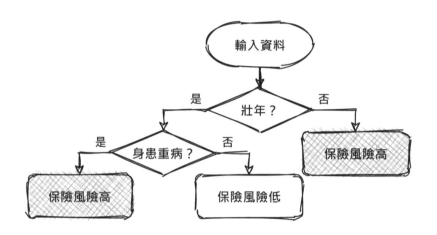

程式實作 決策樹應用 　　　　　　　　　　　　　　　■ 檔案：ch4/Decision_Tree.ipynb

了解決策樹的架構後，我們用 *scikit-learn* 套件和 Iris 資料集實際分類一次，再從決策樹的資訊了解決策樹的判別算法。

```
01 | # 匯入套件
02 | from sklearn import tree, datasets
03 | import matplotlib.pyplot as plt
```

載入資料集

這次的實作和先前聚類的實作一樣都會使用 Iris，不一樣的是我們把 *return_X_y* 參數設成 *True*，直接把資料集分成資料部分和標籤部分。

```
01 | X, y = datasets.load_iris(return_X_y=True)  # 載入資料
```

模型學習

我們使用 *DecisionTreeClassifier()* 建立一個決策樹物件，並用 *fit()* 函式擬合 **X** 和 **y**，讓對應的資料都能有對應的標籤。為了得到比較一般化的決策樹，我們使用 max_depth 參數控制決策樹的深度，讓模型不會為了處理特例繼續細分，而是在有限的決策樹深度下，找到最佳的二分方式。

```
01 │ clf = tree.DecisionTreeClassifier(max_depth=3)   # 建立決策樹模型
02 │ clf = clf.fit(X, y)  # 模型訓練
```

◎ 結果視覺化

在 *scikit-learn* 的 *tree* 子套件中，我們可以用 *plot_tree* 函式直接把學習完的決策樹畫出來，但要先用 *plt* 的 *figure()* 函式調整圖表框架變大，才會得到比較大張的樹狀圖。

```
01 │ plt.figure(figsize=(10,10))  # 圖框放大
02 │ tree.plot_tree(clf)  # 繪製決策樹
03 │ plt.show()  # 圖像輸出
```

 輸出

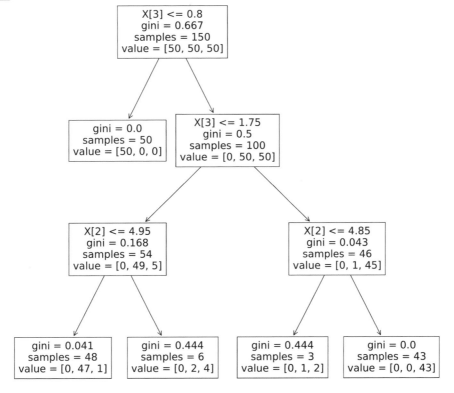

4.2.2 決策樹架構和數學原理

我們可以從上方的決策樹圖形中，理解這個算法的運作方式。首先，我們要先能理解每個方框的內容。

有些方框的第一行寫著一個小於等於的判斷式，也就是這個點向下將資料分為兩群的方式。如果某筆資料符合上述的條件，就會被分到左下方的決策樹，反之會被分到右下方的決策樹。

Iris 資料集中，*X[0]* ~ *X[3]* 分別是花朵的花萼長度、花萼寬度、花瓣長度和花瓣寬度，所以從樹的頂端的判斷式來看，如果花瓣寬度小於0.8，就會被分到左下方只有一個方框的決策樹，否則會被分到右下方較為複雜的決策樹。

方框最下方的 *samples* 和 *value* 就是訓練資料中，*samples* 是符合這個方框上方所有分類條件的樹，而 *value* 就是每一個分類個別的資料筆數。如果我們能讓某個方框內的 *values* 中的某一項數字特別高，表示符合這個決策樹分支上所有條件的資料集，有很高的機率都是同一個類別，這個也會被視為是相當成功的分類結果。以這顆決策樹頂端的分類來說，左下方的子樹全都是第一類的山鳶尾，能在決策樹的上端直接排除其中一個分類，是非常成功的二分條件。

吉尼不純度

雖然剛剛說 Iris 決策樹頂端 *X[3] <= 0.8* 是個很好的分類條件，但怎麼量化這個分類條件有多好？細心的讀者可能留意到每個方框中，都會有一個名為 *gini* 的參數，這是決策樹選擇二分條件的重要指標。

假設有J個分類，且資料群中每個分類所占的比例為p_i，則我們可以求出吉尼不純度（Gini Impurity）。吉尼不純度的定義就是資料集當中一個隨機樣本在子集中被分錯的可能性高低，其計算方法為樣本被選中的機率乘以被分錯的機率，吉尼不純度的數值範圍為 0 到 1。

以第i個分類來說，他的分類占比為p_i，則這個分類的吉尼不純度就是p_i乘上其他分類的占比，也就是$p_i \sum_{j \neq i} p_j$。也就是說，一整個資料群的吉尼不純度，可以用下列的算式表示。

$$I_G(p) = \sum_{i=1}^{J} \left(p_i \sum_{j \neq i} p_j \right)$$

因為其他分類的占比就是$1 - p_i$，所以我們又能繼續簡化成以下的算式。

$$I_G(p) = \sum_{i=1}^{J} \left(p_i(1 - p_i) \right) = \sum_{i=1}^{J} \left(p_i - p_i^2 \right) = \sum_{i=1}^{J} p_i - \sum_{i=1}^{J} p_i^2 = 1 - \sum_{i=1}^{J} p_i^2$$

也就是說，一個資料群中的吉尼不純度就是1減去各個分類比率的平方和。這個指標有什麼性質呢？

假設一個資料群集中，某一個分類比率特別突出，占了絕大部分的資料，那吉尼不純度就會接近 $1 - 1^2$，也就會趨近於0，如圖中的左下節點，當一個節點中所有樣本都是同一類時，吉尼不純度數值為 0；反之如果 J 種分類都平均分布，每個類別的資料比率都是 $\frac{1}{J}$，那麼吉尼不純度就會接近 $1 - J \times (\frac{1}{J})^2 = 1 - \frac{1}{J}$，如圖中的頂點，3 種分類平均分布，每個類別的資料比率是 $\frac{1}{3}$，其吉尼不純度數值為 $1 - 3 \times (\frac{1}{3})^2 = 1 - \frac{1}{3} = 0.667$；圖中右下節點的吉尼不純度為 $1 - (\frac{0}{100})^2 - (\frac{50}{100})^2 - (\frac{50}{100})^2 = 1 - \frac{1}{4} - \frac{1}{4} = 0.5$。

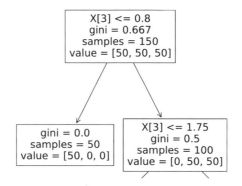

也就是說吉尼不純度越低的資料群，個別的資料屬於同一個類別的機率越大。

吉尼增量

決策樹的二分條件之所以參考吉尼不純度，就是希望能夠在分群的過程降低吉尼不純度。當今天有一個資料群C，且根據某個條件分成兩個資料群A和B，如何算出吉尼不純度的變化量？

首先我們可以算出三個資料群的吉尼不純度I_{GC}、I_{GA}和I_{GB}。再來，我們根據資料群的大小，算出資料群A和B的加權吉尼不純度I_{GAB}。

$$I_{GAB} = \frac{|A|}{|C|} \times I_{GA} + \frac{|B|}{|C|} \times I_{GB}$$

此處I_{GC}和I_{GAB}的差，就是分群後吉尼不純度的減少量，也被稱為吉尼增量（Gini Gain）。所以每次要二分一個資料群時，決策樹會選用吉尼增量最大的條件二分資料，讓下一層的決策樹逐步趨向同一個分類。

我們以 Iris 資料決策樹頂端的三個資料群當作C、A、B實際算一次吉尼增量。

$$I_{GC} = 0.667, I_{GA} = 0, I_{GB} = 0.5$$
$$\Rightarrow I_{GAB} = \frac{|A|}{|C|} \times I_{GA} + \frac{|B|}{|C|} \times I_{GB} = \frac{50}{150} \times 0 + \frac{100}{150} \times 0.5 \approx 0.333$$
$$\Rightarrow I_{GC} - I_{GAB} = 0.667 - 0.333 \approx 0.333$$

吉尼增量是原本吉尼不純度的一半，所以我們從數學上也說明了第一個二分條件有多好，畢竟它能直接消去一半的不純度，從 0.667 降為 0.333。

4.3 支持向量機

4.3.1 分類線與支持向量機

前面提過如果把分類問題視覺化，可以想像成用分類線，將資料點隔成同標籤的點群。不過相較於精確的分類曲線，找一條與不同點群距離相當的直線相對容易許多。用直線區分各類資料點的演算法，稱為**支持向量機**（Support Vector Machine，簡稱 SVM）。

SVM 的目標是找一條直線分出兩類資料點的區域。當然這樣的直線有很多條，但比較理想的解是距離兩個點群相等的直線。在這裡分類線與點群的距離定義是點群到直線的最近點之最短法向量，而這個法向量就是支持向量（Support Vector）。以下面這張圖來說，支持向量就是通過圈起來的點的分類線法向量。既然希望分類線與兩點群距離相等，SVM 要找的就是長度相等、方向相反、且長度最大化的支持向量，如同下方的示意圖。學習完畢後，當分類器輸入一筆新的資料，它會視資料點落在哪個半平面，將該筆資料分給那個半平面的點群對應的分類。

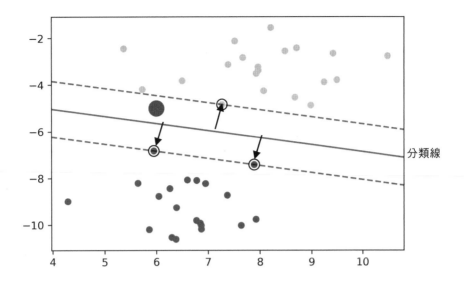

分類線

以上面這張圖為例，如果小的資料點是訓練集，那麼 SVM 會用被圈起來的三個點決定出圖上的實線作為分類線。假設輸入的測試資料對應到圖上的大點，即使它落在兩個點群之間的模糊地帶，也會因為它在分類線的右上半平面，而被視為與右上方的點群同類。對 SVM 有初步的概念後，我們來用 Python 實作看看，觀察這個算法的運作。

程式實作 **支持向量機視覺化**　　　　　　　　■ 檔案：ch4/SVM.ipynb

```
01  # 引入套件
02  import numpy as np
03  import matplotlib.pyplot as plt
04  from sklearn.svm import SVC
05  from sklearn.datasets import make_blobs
```

生成隨機資料

　　支持向量機大多會運用在資訊相對複雜且難以繪圖表示，本實作使用隨機生成的兩類資料點，數據相對單調，以便視覺化與理解觀念。首先，我們將 centers 和 n_samples 參數分別設為 2 和80，隨機生成具2種分類標籤的80個點。建議把 random_state 參數設為7，用固定的亂數種子確保散佈圖一致且線性可分。make_blobs 函式的回傳值 X 為 80 × 2 之座標點矩陣，y 為 80 × 1 之分類矩陣。將點散佈在座標平面上之後，我們可以發現兩個分類的點分別聚於圖上兩側，參數 c=y 就是

將點的顏色依 y 的數值來區分；將 cmap 參數設為 plt.cm.Paired 代表要以 Paired 的顏色輸出點圖（colormaps 顏色請參考網址：https://matplotlib.org/stable/tutorials/colors/colormaps.html）。

```
01  # 構造資料
02  X, y = make_blobs(n_samples=80, centers=2, random_state=7)
03  # 資料點分布圖
04  plt.scatter(X[:, 0], X[:, 1], c=y, cmap=plt.cm.Paired)
05  plt.show()
```

▼ 輸出

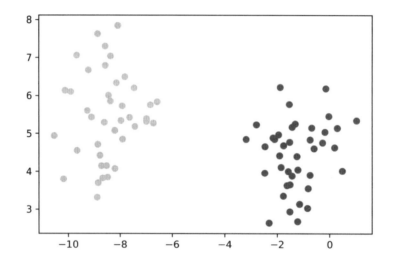

⬡ SVM 學習

運用 *scikit-learn* 的 *SVC* 物件，創造支持向量分類器 *clf*，並將分類模式 *kernel* 設為線性('linear')，再用 *fit* 函式擬合先前生成散佈點的分類。

```
01  # 建構分類器
02  clf = SVC(kernel='linear')
03  clf.fit(X, y)
```

▼ 輸出

```
SVC(kernel='linear')
```

構造採樣格點

接下來我們要以散佈點的上下左右界，構造平均分布的格點。先分別使用 *np.min* 和 *np.max* 函式，找到兩軸的最大值與最小值後，用 *np.linspace* 分別以兩軸的極值為首項及末項，構造5項的等差數列，當作座標的採樣點。若兩數列分別為 *sample_x* 與 *sample_y*，則從兩個數列各取一點就是其中一個採樣格點的座標。

套用函式 *np.meshgrid* 後，我們可以把所有採樣格點的座標展開成兩個5×5的矩陣 *grid_x* 與 *grid_y*。把兩個矩陣的內容輸出，可以發現兩者的對應項恰好形成一個座標點；我們可以進一步地把資料點和採樣點散佈在圖上，確認採樣點的確是以資料點在兩軸極值的等分點。為了方便觀察，繪製採樣點時可以設定參數 *c='k'*，把這些格點標示為黑色。

```
01  # 構造格點
02  sample_x = np.linspace(np.min(X[:, 0]), np.max(X[:, 0]), 5)
03  sample_y = np.linspace(np.min(X[:, 1]), np.max(X[:, 1]), 5)
04  grid_x, grid_y = np.meshgrid(sample_x, sample_y)
05  print(grid_x)
06  print(grid_y)
07  # 散佈資料點
08  plt.scatter(X[:, 0], X[:, 1], c=y, cmap=plt.cm.Paired)
09  # 散佈採樣點
10  plt.scatter(grid_x, grid_y, c='k')
11  plt.show()
```

▼ 輸出

```
[[-10.53824902  -7.64665386  -4.7550587   -1.86346354   1.02813162]
 [-10.53824902  -7.64665386  -4.7550587   -1.86346354   1.02813162]
 [-10.53824902  -7.64665386  -4.7550587   -1.86346354   1.02813162]
 [-10.53824902  -7.64665386  -4.7550587   -1.86346354   1.02813162]
 [-10.53824902  -7.64665386  -4.7550587   -1.86346354   1.02813162]]
[[2.63687759 2.63687759 2.63687759 2.63687759 2.63687759]
 [3.93915092 3.93915092 3.93915092 3.93915092 3.93915092]
 [5.24142424 5.24142424 5.24142424 5.24142424 5.24142424]
 [6.54369757 6.54369757 6.54369757 6.54369757 6.54369757]
 [7.8459709  7.8459709  7.8459709  7.8459709  7.8459709 ]]
```

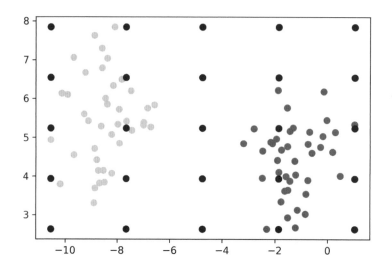

🔷 決策函數

　　SVM 模型輸入的資料必須跟擬合時的資料點維度相同，所以我們要把格點座標從兩個5×5的矩陣變成一個25×2的矩陣才能輸入模型，完成25個格點的分類。我們可以先用 *ravel()* 函式把 *grid_x* 與 *grid_y* 攤平為一維矩陣，再以 *vstack()* 函式堆疊成2×25的矩陣，轉置後就是可以輸入模型的採樣資料 *sample_xy*。我們輸出 *sample_xy*，與上方的 *grid_x* 和 *grid_y* 對照，可以看出的確是由兩矩陣的對應項構成一組座標。

　　我們把上述矩陣傳入 *decision_function()*，並調整維度為格點的5×5後，得到各個格點的決策函數值矩陣 *z*。這些數值便是各個點與分類線，以支持向量長為單位的有向距離。我們把格點以 *z* 值進行色彩映射散佈在圖上，可以發現兩側的顏色較深，對應兩個資料點群的主要分布。注意到這裡用的是以數值的連續變化呈現暖色和冷色的 *coolwarm* 顏色映射，與離散顏色映射的 *Paired* 不同。

```
01   # 矩陣維度轉換
02   sample_xy = np.vstack([grid_x.ravel(), grid_y.ravel()]).T
03   print(sample_xy)
04   # 決策函數
05   z = clf.decision_function(sample_xy).reshape(grid_x.shape)
06   plt.scatter(grid_x, grid_y, c=z, cmap=plt.cm.coolwarm)
07   plt.show()
```

▼ 輸出

```
[[-10.53824902    2.63687759]
 [ -7.64665386    2.63687759]
 [ -4.7550587     2.63687759]
 [ -1.86346354    2.63687759]
 [  1.02813162    2.63687759]
 [-10.53824902    3.93915092]
 [ -7.64665386    3.93915092]
 [ -4.7550587     3.93915092]
 [ -1.86346354    3.93915092]
 [  1.02813162    3.93915092]
 [-10.53824902    5.24142424]
 [ -7.64665386    5.24142424]
 [ -4.7550587     5.24142424]
 [ -1.86346354    5.24142424]
 [  1.02813162    5.24142424]
 [-10.53824902    6.54369757]
 [ -7.64665386    6.54369757]
 [ -4.7550587     6.54369757]
 [ -1.86346354    6.54369757]
 [  1.02813162    6.54369757]
 [-10.53824902    7.8459709 ]
 [ -7.64665386    7.8459709 ]
 [ -4.7550587     7.8459709 ]
 [ -1.86346354    7.8459709 ]
 [  1.02813162    7.8459709 ]]
```

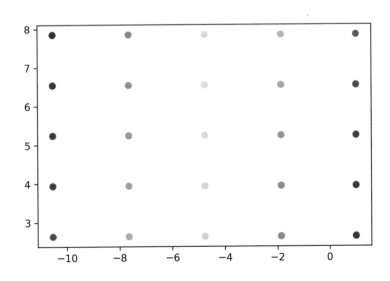

🔷 等高線圖

我們可以用 *z* 矩陣的數值，繪製一個以分類線為單位原點，支持向量長為單位高度的等高線圖。接下來我們要利用 *plt.contour()* 函式，在高度0單位的地方畫黑實線，高度1單位與 −1 單位的地方畫上黑虛線，並依照距離分類線遠近用 *plt.contourf()* 以 *coolwarm* 顏色映射完成漸層上色。

因為等高線圖的高度單位是支持向量長，所以兩條虛線上至少各有一個資料點。*SVC* 模型中以 *support_vectors_* 陣列儲存。我們在圖上分別畫上圓圈標示，設定點面色 *c='none'* 和點邊色 *edgecolors='k'*，分別調整為無色與黑色。

```
01   # 繪製資料點分布
02   plt.scatter(X[:, 0], X[:, 1], c=y, cmap=plt.cm.Paired)
03   # 繪製等高線
04   plt.contour(grid_x, grid_y, z, colors='k',
05               levels=[-1, 0, 1], linestyles=['--', '-', '--'])
06   # 繪製漸層圖
07   plt.contourf(grid_x, grid_y, z, alpha=0.5, cmap=plt.cm.coolwarm)
08   # 支持向量點標示
09   plt.scatter(clf.support_vectors_[:, 0],
10               clf.support_vectors_[:, 1],
11               s=100, facecolors='none', edgecolors='k')
12   plt.show()
```

🔻 輸出

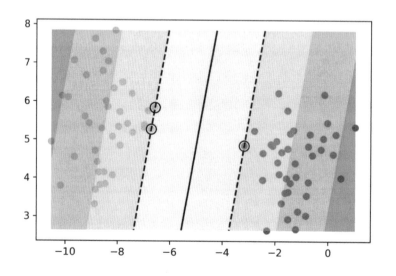

◎ 模型預測

用 scikit-learn 的支持向量機進行預測時，僅需用 *predict* 函式並傳入一個含有大量資料點的二維陣列即可。以下三筆資料的分類可得其中兩個點為1號分類（深色點），一個點為0號分類（淺色點）。將三個資料點（大點）放在座標上，可以發現三個點的確在分類線上的對應側。特別注意中間的點落在兩個點群之間，但是因為其在分類線右側，故和深色點群歸為同一類。

```
01  # 分類模型
02  plt.scatter(X[:, 0], X[:, 1], c=y, cmap=plt.cm.Paired)
03  plt.contour(grid_x, grid_y, z, colors='k',
04              levels=[-1, 0, 1], linestyles=['--', '-', '--'])
05  plt.contourf(grid_x, grid_y, z, alpha=0.5, cmap=plt.cm.coolwarm)
06  plt.scatter(clf.support_vectors_[:, 0],
07              clf.support_vectors_[:, 1],
08              s=100, facecolors='none', edgecolors='k')
09  # 預測結果
10  test_points = np.array([
11      [-4, 5],
12      [0, 6],
13      [-10, 3]])
14  print(clf.predict(test_points))
15  plt.scatter(test_points[:, 0], test_points[:, 1], s=200, color='green')
16  plt.show()
```

▼ 輸出

```
[1 1 0]
```

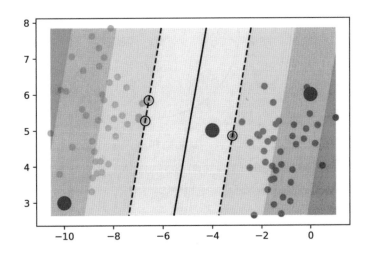

4.3.2 核方法

　　大部分的資料不可能只有兩個數據，那麼在更一般化情況中，假設每筆資料有N種資訊，SVM 又要如何運作？

　　我們可想像各筆資料為散佈在N維空間上的點。若我們能找到一個N − 1維的超平面（hyperplane）區隔兩相異類別，則類似二維的情況，可以透過尋找最大的支持向量微調線性分類器。另外，有些數據點較為混雜，用超平面或直線沒有辦法直接分類，這類資料需要透過核方法（Kernel Method），將資料點變換成線性可分，可以用超平面分類的形式。

　　假設兩個二維平面上的點群恰好成同心圓，絕對不是線性可分的資料，那麼我們怎麼利用核方法來成功地分類呢？

　　既然資料的分布呈同心圓，我們一定能找到一個適當切割兩個點群的圓，圓外是一個點群，圓內則是另一個。高中數學學過，任何平面上以(h, k)為圓心的圓都能以$(x - h)^2 + (y - k)^2 = r^2$表示，也就是說對於平面上的資料點$(x, y)$，如果$(x - h)^2 + (y - k)^2 < r^2$，代表這個資料點落在圓內，否則這個資料點落在圓外。

　　以下圖的資料點來說，$x^2 + y^2 = 0.5^2$就是個很恰當的分類圓。

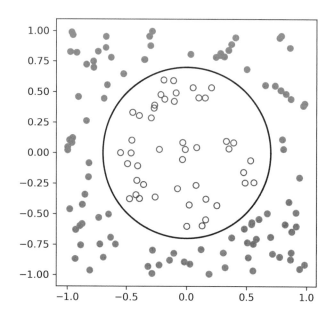

既然這樣，我們可以增加一個維度，把這些資料點移到三維空間上，並透過一個核函數（Kernel Function）把座標從(x, y)變成$(x, y, (x-h)^2 + (y-k)^2)$。這樣的話，我們可以在三維空間中用$z = r^2$的平面區分兩個點群，而超平面的資料二分是線性 SVM 分類器做得到的，所以當一群資料在一個維度下難以區分，我們可以升高一個維度，並把新的維度用一個函數值運算，使得兩個資料群能以超平面進行分割。

$$(x, y) \rightarrow (x, y, x^2 + y^2)$$

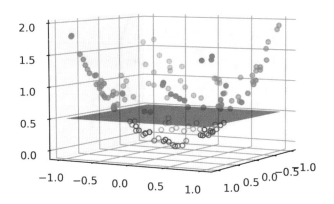

　　原先相對容易分割但計算成本高的特徵，透過核方法降為線性運算的複雜度，因此也作為其他機器學習模型的常用技巧。核方法涉及較難的數學理論，本書不會進行相關實作，讀者可自行探究。

4.4 KNN

　　SVM 的支持向量由少數幾個在點群外圍的點控制，如果這些點跟同類別的資料偏差太大，找到的分類直線可能效果不理想。有沒有參考靠近點群中心資料的方法呢？

我們可以選擇不找出任何的分類線，只用無標籤資料跟已標籤資料的距離，得到對應的分類，而這個方法就是 KNN（K-Nearest Neighbor）。當有一筆待分類的資料時，這個演算法會找與這個資料距離最近的k個點，並依照這幾個點的標籤，投票決定新的這筆資料屬於哪個類別。其中k值通常設定為奇數，避免同票。

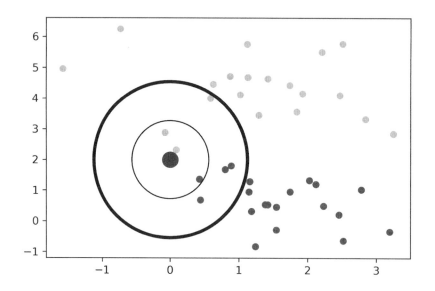

假設拿上面這張圖的40個小點當作已標籤資料的話，今天有一個無標籤資料對應到圖上的大點。從我們的角度來看這張散佈圖，會覺得它應該被分到和深色點同一類。但 KNN 會把它分到哪一群呢？

如果$k = 3$，KNN 只會取離輸入資料距離最近的3個點，也就是細線圓圍住的2個淺色點和1個深色點，於是大點會被認定與淺色點同類；如果$k = 7$，KNN 會取離輸入資料距離最近的7個點，也就是粗線圓圍住的4個深色點和3個淺色點，因此大點會被分類到深色點的一群，與我們肉眼判斷差不多；如果$k = 21$，因為超過訓練集大小的一半，投票結果會逼近兩類別訓練集資料數目的比例，偏離原本參考附近點群的概念，反而類似整個資料母群的抽樣。

從這個例子可以看出k值的大小對分類結果相當關鍵，那這個值有沒有一個公式化的最佳解？雖然不少資料科學家會用標籤資料數目的平方根當作k值，但每組資料集的離散程度各異，k值大小也要隨之調整，這也是 KNN 相當困難的部分。

程式實作 **KNN 的應用**

理解 KNN 的算法後，我們可以用 *scikit-learn* 套件和 Iris 資料集再進行一次實作。

```
01    # 匯入套件
02    from sklearn import datasets
03    from sklearn.model_selection import train_test_split
04    from sklearn.neighbors import KNeighborsClassifier
05    import numpy as np
```

資料集的載入與分割

我們一樣用 *datasets* 套件載入訓練資料。

如同實作決策樹時的想法，我們希望得到的是一個一般化模型，不希望模型處理特例。KNN 的算法沒有辦法像決策樹算法控制樹的深度，但我們可以不把全部的資料給予模型進行機器學習，而是把資料切割成訓練集和測試集，用前者訓練模型，後者驗收模型成效。這裡我們用 *model_selection* 子套件中的 *train_test_split* 分割資料，並把測試集比例設定為30%。

```
01    X, y = datasets.load_iris(return_X_y = True)   # 載入資料
02    train_X, test_X, train_y, test_y = train_test_split(
03        X, y, test_size=0.3)   # 分割資料集和測試集
```

模型學習

接著宣告 KNN 分類模型物件 *clf*，使用預設的*k*值5，並用 *fit()*函式擬合訓練資料。

```
01    clf = KNeighborsClassifier()
02    clf.fit(train_X, train_y)
```

結果呈現與分類準確率計算

模型學習完畢後，我們可以用 *predict()*函式測試模型，得到預測結果 *predict_y*。將預測結果和實際分類輸出後發現，兩者的相似度頗高，表示模型具有一定的訓練成效。

```
01   predict_y = clf.predict(test_X)
02   print(predict_y)
03   print(test_y)
```

```
[0 2 2 0 2 1 1 1 0 1 2 0 1 2 1 2 0 2 2 0 1 1 2 1 0 2 2 2 1 0 2 2 2 2 0 2 1
 2 2 0 1 2 2 2 2]
[0 2 2 0 2 1 1 1 0 1 2 0 1 2 1 1 0 2 2 0 1 1 2 1 0 2 2 2 1 0 2 2 2 2 0 2 1
 2 2 0 1 2 2 2 2]
```

運用 *np.sum()* 函式求出兩個陣列有幾項相同，就能算出分類準確率。每次執行的時候，準確率會稍有變動。

```
01   print(f'Accuracy: {100 * np.sum(predict_y == test_y) / len(test_y) :.3f}%')
```

```
Accuracy: 97.778%
```

4.5 神經網路

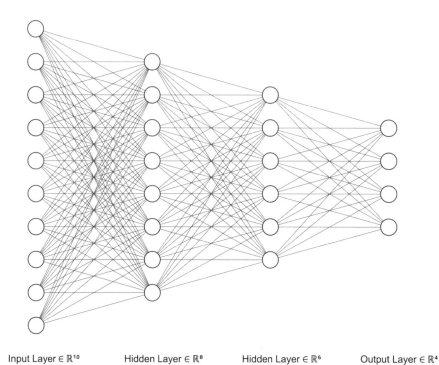

Input Layer ∈ ℝ¹⁰   Hidden Layer ∈ ℝ⁸   Hidden Layer ∈ ℝ⁶   Output Layer ∈ ℝ⁴

人的運算能力可能輸給電腦，但思考能力遠勝於電腦，模擬大腦結構進行機器學習會不會是個好方法？

機器學習剛出現時，有人提出了這樣的想法，建立模擬動物神經元傳遞並整合資訊的**人工神經網路**(Artificial Neural Network，**簡稱 ANN)**，取得輸入後並輸出一個最後的分類結果，概念如上方的圖片。不過如同人類身上有數億個神經細胞，運用大量參數的 ANN，因為所需運算資源太大而遇到一些發展的瓶頸。直到近年電腦硬體能力有顯著成長，模擬生物神經系統的機器學習再度被提出來，發展為近期相當熱門的**深度學習（Deep Learning）**，本書後半段也會針對這個部分多做討論。

4.6 習題

( ) 1. 下圖的二維資料分布若要使用 SVM 進行二元分類，應該用核方法把座標進行什麼樣的轉換比較恰當？

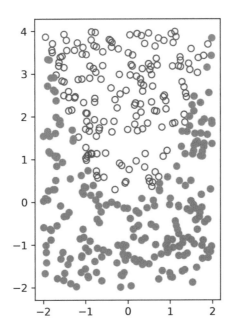

(a) $(x, y) \to (x, y, x^2 + y^2)$

(b) $(x, y) \to (x, y, x^2)$

(c) $(x, y) \to (x, y, x^3)$

(d) 不須使用核方法，直接輸入模型即可

( ) 2. KNN 演算法中，假設資料筆數是 N，多數資料科學家所推薦的 k 值是多少？

(a) N

(b) $\frac{N}{10}$

(c) $\sqrt{N}$

(d) $\frac{N}{\ln N}$

( ) 3. 決策樹的二分條件是怎麼決定的？

(a) 計算吉尼不純度

(b) 人為定義標準

(c) 以上皆是

(d) 隨機決定

( ) 4. 試計算這個決策樹分群的吉尼增量。

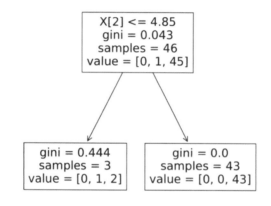

(a) 0.028

(b) 0.043

(c) 0.014

(d) 0.021

( ) 5. scikit-learn 套件的模型中以哪一個函式進行測試資料的預測？

(a) fit()

(b) test()

(c) try()

(d) predict()

( ) 6. 下列的分類演算法中，何者需要最多的運算資源？

(a) 神經網路

(b) 決策樹

(c) 支持向量機

(d) KNN

05
chapter

強化學習

很多人開始關注人工智慧這個領域，是從 2016 年 3 月那場 AlphaGo 與世界棋王李世乭的圍棋大戰開始的。前兩個章節談的知識發現，大多用在尋找或運用資料的一些特性，但這些演算法看起來不適合下棋或玩遊戲等需要累積經驗並即時決策的人工智慧。既然如此，究竟 AlphaGo 是怎麼變成可以大勝李世乭的 AI 程式？這個章節，我們將介紹另一種機器學習方法，它能用來訓練一個可以根據當下狀態的選擇策略，能最佳化最後成果的模型。這種方法就是 AlphaGo 背後的重要基礎——強化學習。

5.1 心理學與強化學習

5.1.1 行為主義

20 世紀初期美國有一個心理學流派，他們假設所有行為的起因，是來自環境的刺激或過去經驗，同時主張心理學應該以可觀測的「行為」作為研究依據，而不是無科學根據的「意識」，也就是所謂的行為主義（Behaviorism）。

行為主義之下的操作制約（operant conditioning），則是一種心理學中動物接受刺激和進行學習的過程或方法。動物在進行主動行為後，會感知這個行為所帶來的獎勵或懲罰等刺激，進而控制這個行為，使獎勵最大化、懲罰最小化。

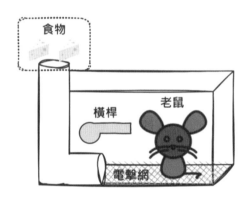

一個著名的例子是美國心理學家史金納（B. Skinner）的研究——史金納箱實驗。史金納設計了一個箱子，箱底鋪電擊網，側面裝上一個橫桿，如同上圖的裝置。史金納在箱子裡放入一隻白老鼠，運用這個設備進行數個動物實驗，其中兩個實驗是「如果老鼠壓下橫桿，就在箱子裡投入食物」以及「如果老鼠不壓下橫桿，就在電擊網上放電」。

兩個實驗過程大同小異，老鼠剛開始對環境一無所知，就開始隨機嘗試任意行為，接著受到獎勵或懲罰等刺激後調整行為，最後分別學到了「壓橫桿就會有食物」以及「不壓橫桿會被電擊」兩件事，成功驗證了行為主義與操作制約的相關理論。設計簡明的史金納箱中同時具備獎勵與懲罰機制，現今仍是行為學家研究動物行為的常用裝置。有趣的是，史金納還進行了一項實驗，就是「若老鼠壓下橫桿，則讓食物在一定機率下掉入箱中」，有些老鼠學到要不斷壓橫桿，還有一些老鼠發展出，壓橫桿前撞箱子等特殊習慣。

5.1.2 強化學習

計算機科學家受到行為主義等心理學研究的啟發，以這些理論為基礎，提出新的機器學習方法，稱為**強化學習（Reinforcement Learning）**。這個學習模型中有兩個角色，分別是智能體（agent）跟環境（environment）；有三種資訊，分別是智能體的行動（action）、環境的回饋（reward）和狀態（state）。這些角色和資訊的關係，可以參考下方的示意圖。

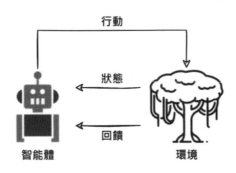

智能體和環境怎麼互動？首先，智能體取得環境的狀態資訊。

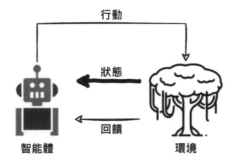

智能體參考環境狀態，依據目的和當下條件，做出最適當的行動。

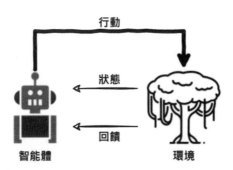

智能體不只可能改變環境的狀態，環境也會反過來給智能體回饋。這個回饋有可能是獎勵，也有可能是懲罰，可以視為某個行動的後果。

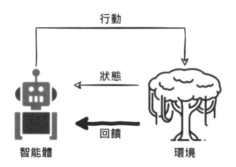

依序進行這三個步驟，稱為一個階段（step）。在智能體進行任何行動之前，環境會在它的初始狀態（initial state），隨著一次又一次的行動，環境狀態會逐步變換，智能體的行動也可能因此受限。如果進行多個 step 後，某個狀態下智能體無法進行任何行動，則這個狀態稱為終止狀態（terminal state）。在初始狀態與終止狀態間的過程，稱為一個回合（episode）。

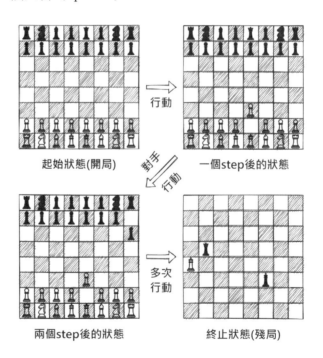

以西洋棋對弈來說，棋盤和棋子就是環境，開局時黑白兩方棋子排列於棋盤兩側是初始狀態，終止狀態則是其中一方必敗的殘局。強化學習的目的，就是最大化一回合的回饋；以西洋棋來說，就是透過一步棋提高對弈結果的勝率。

5.1.3 史金納箱與強化學習模型

　　我們把強化學習的架構，套用到剛剛提到的兩個史金納箱實驗。其中老鼠和史金納箱在這個模型下，分別是智能體和環境。老鼠不管做什麼，史金納箱都不會有什麼變化，所以我們可以當作只有一種環境狀態，忽略這項環境狀態資訊。

　　為了表示強化學習的成果，我們會用箭頭的粗細，來代表各個行動的執行機率，如圖為實驗的初始狀態，行動有兩條線，上面的行動線代表進行壓下橫桿，下面的行動線代表對箱子採取其他動作，虛線代表沒有改變或沒有回饋。

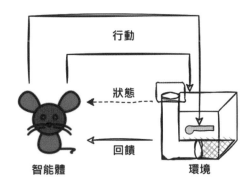

　　在第一個實驗中，老鼠剛開始會採取隨機行動，然後發現壓下橫桿時，會有食物掉入箱中，但進行其他行為時不會有任何回饋。

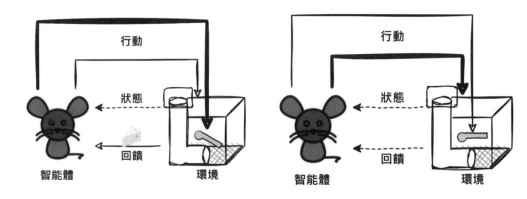

因此老鼠學習到在這個狀態下，只要壓下橫桿就會有食物——也就是獎勵，進而提高壓橫桿這個行動的執行機率。

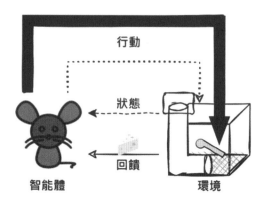

在第二個實驗中，老鼠剛開始會採取隨機行為，然後發現壓下橫桿時，不會有任何回饋，但進行其他行為時，腳下的電擊網就會放電。

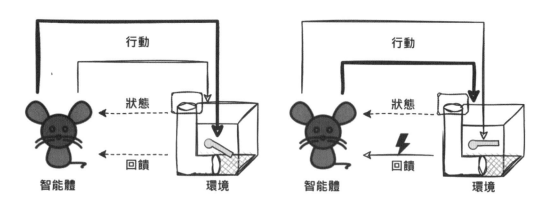

因此老鼠學習到在這個狀態下，只要不壓下橫桿就會遭受電擊，也就會為了避免懲罰，提高壓橫桿這個行動的執行機率。

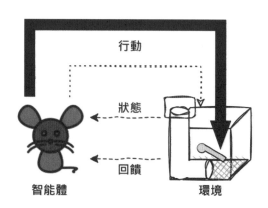

5.2 Q-Learning 與貝爾曼方程式

小時候拿到零用錢時，你會馬上拿去買零食享受當下，還是先存起來，等錢夠了再買可以玩個幾年的玩具呢？

我們面對事物時，常會選擇當下利益較大的方法，殊不知原本看來相對吃虧的方法，可能會導向更大的收穫。美國計算機科學家華金斯（C. Walkins）運用這個想法，在 1989 年提出「延後獎勵的學習」，也就是後來的 Q-Learning 演算法。

Q-Learning 演算法重視的就是未來獎勵——選擇時不應完全取決於當下的利益，也要同時考慮後續的情況。這個強化學習的經典算法，受到兩個概念的啟發。

5.2.1 貝爾曼方程式

1957 年，美國應用數學家貝爾曼（R. Bellman）曾經提出一種叫做動態規劃的最佳化方法。貝爾曼把複雜的規劃問題，分解成時間軸上各自獨立的選擇，每個選擇都要考慮當下的狀態變數（state variable）與控制變數（control variable）。前者是跟最佳化目標相關的一些背景資訊，可以看作狀態；後者則是當下的決策，可以看作行動。當下的狀態和行動會決定回饋和下一個狀態，這些對應可以看作回饋函數（reward function）和策略函數（policy function）。

貝爾曼方程式的目的是最大化終止狀態時的回饋，既然下個狀態和即時回饋可以表示為狀態和行動的函數，於是可把整體回饋用價值函數表示，列出動態規劃方程式（又稱貝爾曼方程式）來說明這些函數之間的關係。

$$V(x) = \max_{a \in \Gamma(x)} \{F(x,a) + \beta V(T(x,a))\}$$

x:狀態(時間點) a:行動 β:折價率

$\Gamma(x)$:可採取行動集合 $V(x)$:價值函數 $F(x,a)$:回饋函數 $T(x,a)$:策略函數

當下狀態價值函數的值，會是採取各個行動後的回饋加上未來狀態的價值函數值取最大值。可以注意到未來狀態的價值函數被乘上一個參數β，稱為折價率。由於環境的變動，無法保證在未來的幾個狀態是否還能獲得對應的回饋，因此把價值打個折會是比較正確的估算。

◎ 記憶矩陣

在一篇發表於 1981 年的機器學習論文中，提出了記憶矩陣的觀念。記憶矩陣記錄了每個狀態下，各個採取行動的意向。假設智能體在狀態s，選擇記憶矩陣中意向最高的行動a後，轉換到了狀態s'。但是每次都選意向最高的行動，不一定能獲得最好的結果，在學習初期更是如此。因此轉換到s'後，我們要用下一步所有行動的意向，來判斷在狀態s進行行動a是否妥當，再去修正記憶矩陣上對應的意向數值。這個過程可以歸納成以下的數學式。

$$W'(a,s) = W(a,s) + v(s')$$

$W'(a,s)$: 新行動意向 $W(a,s)$: 舊行動意向 $v(s')$: 意向修正

5.2.2 Q-Learning 演算法

Q-Learning 沿用了記憶矩陣，並改稱為 Q 表（Quality），代表一個行動對未來獎勵的價值。當強化學習的智能體遇到一個狀態時，會參考那個狀態採取各個行動的期望回饋，選擇期望回饋最高的行動來完成這個 step，再以回合的最後獎勵更新這個行動的期望回饋。

套用到 Q-Learning 後，貝爾曼方程式被修改成如下式子。

$$Q'(s,a) = Q(s,a) + \alpha\left(R(s,a) + \gamma \max Q(s',a') - Q(s,a)\right)$$

s: 狀態 a: 行動 α: 學習率 γ: 折價率

$Q'(s,a)$: 新期望回饋 $Q(s,a)$: 舊期望回饋 $R(s,a)$: 回饋函數

右式的後半部是 Q 表函數值變化量，類似記憶矩陣的意向修正。這種表示在程式編寫上較為方便，但為了方便說明，我們改寫成以下的形式。

$$Q'(s,a) = \alpha\left(R(s,a) + \gamma \max Q(s',a')\right) + (1-\alpha)Q(s,a)$$

在這個算式比貝爾曼方程式多一個參數α，稱為學習率。我們把這個方程式拆解成兩個部份來說明。$R(s,a) + \gamma \max Q(s',a')$就是原來的貝爾曼方程式，行動的即時回饋加上下個狀態價值函數折價後的最大值；$Q(s,a)$則是原本的價值函數值。兩個部份分別乘上α跟$1-\alpha$的加權和，就是新的價值函數值$Q'(s,a)$。

為何不是直接取貝爾曼方程式的值呢？

　　剛開始 Q 表是零矩陣，學到的可能都是有用的經驗，期望回饋會不斷地修正；但當訓練幾乎要完成時，選到不好的行動反而會意外降低 Q 表的數值。因此取兩個數值進行線性組合，在訓練後期不易造成 Q 表的浮動。利用 Q-Learning 進行強化學習的一個小技巧，是將學習率α設為一個依回合數遞減的函數，Q 表到最後也容易收斂。

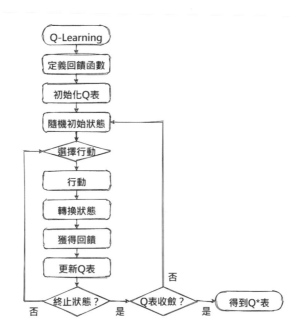

　　實際操作 Q-Learning 演算法時，首先我們會先定義即時回饋函數，設定學習率和折價率，初始化一張長寬分別為狀態數S與行動數A的 Q 表，接著以回合為單位進行強化學習。每個回合開始時會隨機選擇一個狀態，並在每個 step 視 Q 表的期望回饋選擇一個行動，轉換狀態的同時，根據這個行動所獲得的獎勵更新 Q 表。遇到終止狀態時，這個回合結束，重新開始下一個回合。經過多個回合的訓練，Q 表的各個數值收斂後即完成訓練，並得到一張 Q*表，也就是訓練完成的 Q 表。

　　為了加強訓練成效，我們還要利用一個稱為ε－greedy的技巧。學習前先設定隨機率ε（epsilon），使得在每次行動時有一定機率會進行隨機行動，不只有利於前期快速建立 Q 表，也容易找到更好的行動選擇。但是這個隨機率與剛剛提到的學習率有類似的問題，就是後期 Q 表數值逐漸收斂後，過度的隨機行動反而會改掉原本較為正確的 Q 表，因此ε的數值有許多人選用依回合數遞減的函數。

◎ 範例：走迷宮

　　找到從下圖迷宮中的任意處走出迷宮的路徑，相信對多數人來說不是難事，接下來我們將用 Q-Learning 演算法，學習走出這個迷宮的方法。

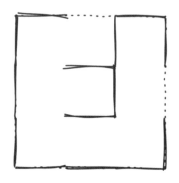

　　首先我們要定義狀態、行動與回饋函數。在這個例子中，回饋函數以矩陣形式表示，以下為方便說明稱之為 R 表。在這個例子中，狀態就是人的位置，我們以1~9表示這個3×3迷宮各個格子，並以10作為走出迷宮的結束狀態；行動則有向上、向下、向左、向右移動四種。不管是從 2 號出口或 6 號出口走出去，都算是走出迷宮。

　　進行 Q-Learning 演算法時，智能體的決策傾向是價值函數值較高者，因此設計 R 表的時候，我們要設計目標的價值，不可行的行動應設為負回饋以避免這樣的行動。故在 R 表中，我們定義走出迷宮的那步回饋值為100、在迷宮內走動的回饋值為0，不可移動的方向回饋值為−1。R 表與初始化的 Q 表如下。

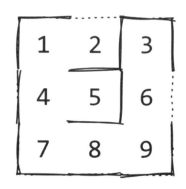

R表	1	2	3	4	5	6	7	8	9	10
上	-1	100	-1	0	-1	0	0	-1	0	0
下	0	-1	0	0	-1	0	-1	-1	-1	0
左	-1	0	-1	-1	0	-1	-1	0	0	0
右	0	-1	-1	0	-1	100	0	0	-1	0

Q表	1	2	3	4	5	6	7	8	9	10
上	0	0	0	0	0	0	0	0	0	0
下	0	0	0	0	0	0	0	0	0	0
左	0	0	0	0	0	0	0	0	0	0
右	0	0	0	0	0	0	0	0	0	0

以下我們以學習率 0.8、折價率 0.8，模擬一次 Q-Learning 演算法。

第一回合

◎ 演算法過程

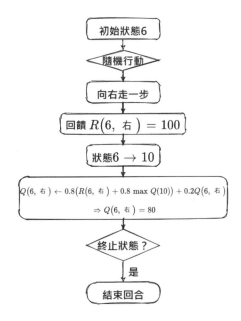

◎ 移動路徑

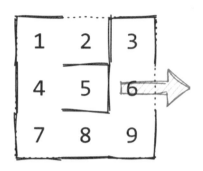

◎ Q 表變化

Q 表	1	2	3	4	5	6	7	8	9	10
上	0	0	0	0	0	0	0	0	0	0
下	0	0	0	0	0	0	0	0	0	0
左	0	0	0	0	0	0	0	0	0	0
右	0	0	0	0	0	80	0	0	0	0

第二回合

◎ 演算法過程

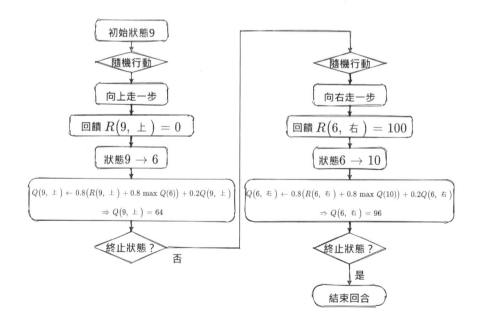

◊ 移動路徑

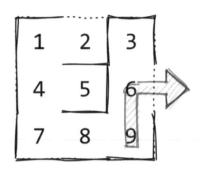

◊ Q 表變化

Q表	1	2	3	4	5	6	7	8	9	10
上	0	0	0	0	0	0	0	0	64	0
下	0	0	0	0	0	0	0	0	0	0
左	0	0	0	0	0	0	0	0	0	0
右	0	0	0	0	0	96	0	0	0	0

　　完整的強化學習可能需要上百個回合的訓練才能得到收斂的 Q*表，所以後續的演算步驟就不再贅述，讀者可以自己算算看。收斂後的 Q*表如下，不難看出當一個位置有多個移動方向時，往最近出口方向的行動在 Q*表上會有比較高的期望回饋。

Q*表	1	2	3	4	5	6	7	8	9	10
上	0	100	0	64	0	64	51.2	0	80	0
下	51.2	0	80	40.96	0	64	0	0	0	0
左	0	64	0	0	51.2	0	0	40.96	0	0
右	80	0	0	40.96	0	100	51.2	64	0	0

5.3 運用 OpenAI 遊戲模組實作 Q-Learning 演算法

■ 檔案：ch5/Cartpole.ipynb

前兩個小節介紹了強化學習與 Q-Learning，這個小節我們將針對一個情境實際應用這個機器學習手段。

有個稱為倒單擺（inverted pendulum）的物理系統，就是質心在旋轉中心上方的單擺。若將旋轉中心固定在一個定點上，而且不施加其他外力，倒單擺會受重力倒下。於是科學家決定將倒單擺固定在一個有動力的台車上，用木棍作為倒單擺，試著用台車的移動讓木棍保持平衡，稱為木棍台車平衡問題（Cart-pole balancing problem）。除了力學上的討論，這類研究也進入計算機科學的領域，成為各類控制演算法的測試模型。

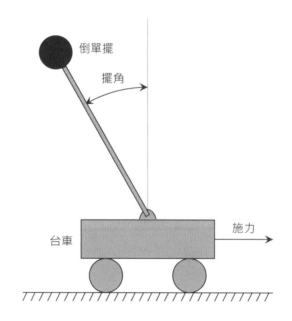

人工智慧開發商 OpenAI 所開發的 gymnasium 套件，其中設計了多種遊戲環境，讓開發者可以藉由這些遊戲比較或訓練不同的強化學習方法。其中的 Cartpole 模組，就是木棍台車平衡問題的模擬器，我們拿它來進行 Q-Learning 演算法的實作。

在實作之前，由於我們使用的 gymnasium 套件中的部分函式底層，實作呼叫了 pygame 的套件，故需以 *pip install gymnasium[classic_control]* 指令安裝 gymnasium 套件。使用 pip 安裝套件的方法，可以參考本書 1-3-3 小節中「安裝其他套件」的段落。為了方便後續說明，以下將稱 gymnasium 套件為 gym 套件，程式碼中也會以 gym 的短稱匯入套件。

```
01   # 匯入套件
02   import gymnasium as gym  # OpenAI Gym 套件
03   import math
04   import numpy as np
05   import matplotlib.pyplot as plt
06   from IPython import display
```

5.3.1 測試環境

首先，我們看一下一個 gym 的環境物件裡有什麼內容，並實際運用幾個函式。

- *gym.make(env_name, render_mode)*：產生 *env_name* 所代表的訓練環境物件
  - *render_mode*：環境的輸出形式，這裡我們選用 rgb_array 輸出圖形矩陣
- *reset()*：亂數初始化環境
- *action_space*：一個整數集合子物件 $\{0,1,\ldots,n-1\}$，其中n是行動總數
  - *sample()*：*action_space* 中的子函式，亂數選擇一個數字作為隨機行動
  - *n*：行動總數n
- *step()*：在環境中進行一次行動
- *render()*：輸出環境
- *close()*：關閉環境

此處使用 *IPython* 中的 *display* 套件輔助輸出。我們會用 *plt* 套件中的 *imshow()*函式，將環境的矩陣形式輸出在畫框上，再使用 *display* 套件中的 *display()*函式輸出在程式窗格的下方。因為 *display()*函式輸出後，並不會清空原本的畫框，所以我們會用兩個變數 *img* 和 *text* 分別把初始環境畫面和文字標示的物件存起來，每個時間點行動後再分別用 *set_data()*和 *set_text()*兩個函式更新資訊，呼叫 *gcf()*函式來取得目前畫面（get current figure）。為了更新而非輸出新畫面，我們需要用 *clear_output()*函式清除前一個時間點的畫面。

我們先執行 20 個 step，因為通常過程中木棍就會倒下了，所以執行時不必理會回合中止但持續行動的警告。

```
01  # 測試環境
02  env = gym.make('CartPole-v1', render_mode='rgb_array')  # 宣告環境
03  env.reset()  # 初始化
04  img = plt.imshow(env.render())  # 初始環境畫面
05  text = plt.text(0, 0, 'Timestamp    0', fontsize=20)  # 初始時間標示
06  plt.axis('off')  # 去除畫面軸線
07
08  for t in range(20):
09      action = env.action_space.sample()  # 隨機選擇行動
10      env.step(action)  # 行動
11      img.set_data(env.render())  # 更新環境畫面
12      text.set_text(f'Timestamp {t+1:>3d}')  # 更新時間標示
13      display.display(plt.gcf())  # IPython 輸出畫面
14      display.clear_output(wait=True)  # 清除畫面
15  env.close()  # 終止環境
```

▼ 輸出

Timestamp 20

5.3.2 單一行動測試

透過上一個程式碼區段的執行，應該比較清楚這個環境長什麼樣子。下方的黑色長方形就是 cart（台車），上方即是細長的 pole（木棍），其下端固定在台車上。除了運用台車的移動，使得木桿在一定傾斜度下保持平衡，台車只能在視窗範圍內平移，是相較於原版問題的附加規則。為了進行強化學習，我們需要透過環境物件獲取更多資訊。*reset()* 與 *step()* 兩個函式，回傳了進行強化學習時所需的資訊。

- *reset()* 回傳內容

  - *observation*：環境狀態參數陣列

- *step()* 回傳內容

  - *observation*：環境狀態參數陣列

  - *reward*：回饋值。在 Cartpole 的環境中，維持有效狀態越久越好，所以每個 step 結束後維持有效狀態的回饋值是1，反之是0

  - *terminated*：這個數值是 True 通常表示回合失敗和結束

  - *truncated*：這個數值是 True 通常表示被終止，在 Cartpole 環境中表示成功讓臺車平衡夠多個狀態（500 個 step）

  - *info*：debug 用資訊，學習時不會用到

在 Cartpole 這個環境中，*action_space* 的集合是{0,1}，兩個數字分別代表推動台車向左或向右。我們試一下 *action* 都是1的回合會有什麼結果？隨著台車加速向右，木棍顯然向左失衡。

```
01  # 單一行動測試
02  env = gym.make('CartPole-v1', render_mode='rgb_array')
03  observation, info = env.reset()  # 取得初始環境參數
04  episode_reward = 0  # 初始化獎勵
05  img = plt.imshow(env.render(mode='rgb_array'))
06  text = plt.text(0, 0, 'Timestamp   0', fontsize=20)
07  plt.axis('off')
08
09  for t in range(20):
10      action = 1  # 固定 action 為 1
11      observation, reward, terminated, truncated, info = env.step(action)
12      episode_reward += reward  # 更新獎勵
13      img.set_data(env.render(mode='rgb_array'))
14      text.set_text(f'Timestamp {t+1:>3d}')
15      display.display(plt.gcf())
16      display.clear_output(wait=True)
17      if terminated or truncated:  # 環境終止條件
18          break
19  env.close()  # 終止環境
20  print(f'Episode reward: {episode_reward}')  # 輸出獎勵
```

```
Episode reward: 10.0
```

Timestamp 10

環境參數

我們輸出狀態參數，看看到底有那些資訊。可以發現共有四個浮點數，根據 Cartpole 的 Github 文件（網址：https://github.com/openai/gym/wiki/CartPole-v0） 可以得到四個參數分別代表台車位置x（視窗中心為原點，向右為正），台車速度v（向右為正），木棍傾角θ（指向正上方為0°，順時針轉動傾角為正），木棍轉動角速度ω（順時針轉動為正）。

```
01  # 環境參數觀察
02  env = gym.make('CartPole-v1', render_mode='rgb_array')
03  observation, info = env.reset()
04  print(observation)
```

▼ 輸出

```
[ 0.00025775  0.02764655 -0.01333434  0.00421484]
```

5.3.3 工人智慧

我們先用自己的觀點進行一些簡單決策，不是機器學習而來的人工智慧，也就是眾人戲稱的「工人智慧」。當傾角為負，也就是木棍向左傾斜時，將木棍向右推，反之則向左推，看起來是個好策略，我們來看看這樣木棍能保持平衡多久。

將決策的各種條件判斷，寫成一個函數會有利於後續的修正，如以下 *decide_action* 函式。

```
01  # 自訂決策函式
02  def decide_action(observation):
```

```
03       x, v, theta, omega = observation
04       return 0 if theta < 0 else 1
```

接下來進行200回合的測試，看看我們所想的行動函數效果如何。基於時間考量，學習過程中不進行較耗時的環境輸出。因為上次模擬環境的 Cartpole 還在畫框上，所以我們要先用 *clf()* 函式清除畫框，才能把工人智慧執行結果的折線圖畫上去。

```
01   # 工人智慧測試
02   env = gym.make('CartPole-v1', render_mode='rgb_array')
03   episode_rewards = []
04
05   for i in range(200):
06       observation, info = env.reset()
07       episode_reward = 0
08       while True:
09           action = decide_action(observation)
10           observation, reward, terminated, truncated, info = env.step(action)
11           episode_reward += reward
12           if terminated or truncated:
13               break
14       episode_rewards.append(episode_reward)
15
16   plt.clf()  # 清空畫框
17   plt.plot(episode_rewards)  # 輸出執行折線圖
18   plt.show()
```

🔽 輸出

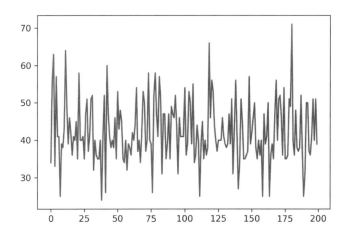

平均的回合回饋落在40附近，跟環境極限值的500差距有點大，果然工人智慧是行不通的。那要怎麼用機器學習方法提升決策成效？

Q-Learning 演算法這時就能派上用場，我們用上個小節提到的各個步驟實際演練一次。

5.3.4 建立 Q 表

◎ 環境分段

首先在 OpenAI Gym 所產生的環境中已經有回饋函數，所以不需要另外定義，比較麻煩的反而是狀態。四個狀態參數都是連續數值，任一個參數都有無限多種可能，沒辦法直接建立 Q 表，所以我們要把數值的可能出現範圍分段，把幾個環境參數差不多的不同狀態，看成同一個比較好處理。另外，速度跟角速度原來的範圍太大，沒有學習上的意義，所以還要縮小數值區間才能分段。四個狀態參數的分段方法如下。

- 位置x
  - 範圍$(-4.8, +4.8)$
  - 有效範圍$(-2.4, +2.4)$（台車位置容許極限）
  - 分為1段

- 速度v
  - 原範圍$(-\infty, +\infty)$ →新範圍$(-0.5, +0.5)$
  - 分為1段

- 傾角θ
  - 範圍$(-24°, +24°)$
  - 有效範圍$(-12°, +12°)$（木棍傾角容許極限）
  - 分為4段

- 角速度ω
  - 原範圍$(-\infty, +\infty)$ →新範圍$(-50°, +50°)$
  - 分為3段

有興趣的話，可以實驗看看這些參數會怎麼影響學習過程。可能有些讀者發現位置和速度沒有分段，無論數值是多少都是同一個狀態。為什麼呢？

Cartpole 是實作 Q-Learning 最常用的環境，經過很多人的實驗後發現一些像是「台車500次行動內不可能移出視窗」的性質。從這點來看，位置和速度在這個環境中可能不是那麼重要，如果在不重要的狀態上建立多餘的狀態，反而會增加完成學習所需的回合數和時間，甚至因為這個不必要的參數影響大原則的決策。我們在以下的 Q 表中保留這兩個維度，有興趣的讀者可以調整這兩個參數的分段並觀察學習過程。

```
01  # 定義狀態
02  env = gym.make('CartPole-v1', render_mode='rgb_array')
03  sections = (1, 1, 4, 3)  # (位置分段, 速度分段, 傾角分段, 角速度分段)
04  actions = env.action_space.n  # 行動總數(Cartpole 中為 2)
05
06  # 取得各參數範圍
07  state_bounds = list(
08      zip(env.observation_space.low, env.observation_space.high))
09  state_bounds[1] = [-0.5, 0.5]  # 調整速度範圍
10  state_bounds[3] = [-math.radians(50), math.radians(50)]  # 調整角速度範圍
```

◎ 環境參數轉 Q 表狀態

從環境獲取一組狀態後，需要把連續的數值轉換為離散的分段，才能對應到 Q 表上，所以我們用一個名為 *get_state* 的函式來完成這件事。如果兩個範圍的邊界值分別是min和max，分段數是k，我們可以找一個線性比例函數$f(s)$使得$f(min) = 0$且$f(max) = 1$。這樣的話對於一個實數s，我們就能用以下的方法分段。

- $f(s) > 1$：參數值大於邊界值，分入最右邊的分段

- $f(s) < 0$：參數值小於邊界值，分入最左邊的分段

- $0 \leq f(s) \leq 1$：參數值落在範圍內，依分數值分入對應的分段$\lfloor f(s) \times k \rfloor$，其中比例函數$f(s) = \frac{s-min}{max-min}$。

```
01  # 環境參數轉 Q 表狀態函式
02  def get_state(observation, sections, state_bounds):
03      state = [0] * len(observation)
04      for i, s in enumerate(observation):
05          mn, mx = state_bounds[i][0], state_bounds[i][1]
06          if s > mx:  # 超過左界
```

```
07            state[i] =sections[i] - 1
08        elif s < mn:  # 超過右界
09            state[i] = 0
10        else:  # 尋找分段
11            state[i] = int(((s-mn)/(mx-mn)) * sections[i])
12    return tuple(state)
```

決策函數則如前一個小節提到的，會需要一個參數ε代表進行隨機行動的機率，採用 epsilon-greedy 的手段探索更多可能的行動方法。

```
01  # 策略函式
02  def decide_action(state, q_table, action_space, epsilon):
03      return np.argmax(
04          q_table[state]
05      )if np.random.random_sample() > epsilon
06              else action_space.sample()
```

5.3.5 Q-Learning

接下來我們用 Q-Learning 進行300回合的學習。須注意隨機行動率ε與學習率α需要隨回合數遞減，所以每個回合開始前，會用一個函數重新設定這兩個參數。在這份程式碼中用的是對數函數，有興趣可以嘗試不同的遞減函數在學習時的效果。每個 step 結束後，需要用貝爾曼方程式更新 Q 表，才能累積學習經驗。基於時間考量，學習過程中不進行較耗時的環境輸出。

```
01  # Q-Learning
02  def q_learning(epochs):
03      env = gym.make('CartPole-v1', render_mode='rgb_array')
04      q_table = np.zeros(sections+(actions,)) # 建立空白 Q 表
05      episode_rewards = []
06
07      for i in range(epochs):
08
09          epsilon = max(0.01, min(1.0, 1.0 - math.log10((i+1)/25))) # 更新隨機率
10          lr = max(0.01, min(0.5, 1.0 - math.log10((i+1)/25))) # 更新學習率
11          gamma = 0.999 # 折價率不變
12          observation, info = env.reset()
13          episode_reward = 0
14          state = get_state(observation, sections, state_bounds)
15
16          while True:
```

```
17          action = decide_action(state, q_table, env.action_space, epsilon)
18          observation, reward, terminated, truncated, info = env.step(action)
19          next_state = get_state(observation, sections, state_bounds)
20          episode_reward += reward
21          q_next_max = q_table[next_state].max()
22          q_table[state][action] += lr * (
23              reward + gamma * q_next_max - q_table[state][action])  # 更新Q表
24          state = next_state
25          if terminated or truncated:
26              break
27      episode_rewards.append(episode_reward)
28
29  plt.plot(episode_rewards)
30  plt.show()
31  return q_table
```

　　定義了強化學習函式後，我們進行300回合的學習得到修正後的 Q 表，就是完成學習的 Q*表。

```
.01  q_star_table = q_learning(300) # 強化學習，得到 Q*表
```

▼ 輸出

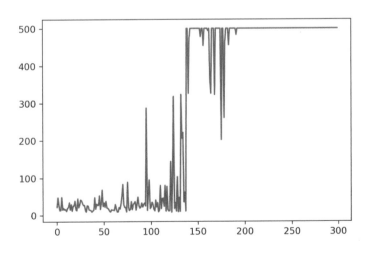

　　訓練完成後，我們看一下強化學習的成果，可以發現木棍的確保持平衡，台車的位移也在一定範圍內。

```
01  # 測試結果
02  env = gym.make('CartPole-v1', render_mode='rgb_array')
03  observation, info = env.reset()
04  episode_reward = 0
05  epsilon = 0
06  state = get_state(observation, sections, state_bounds)
07  img = plt.imshow(env.render(mode='rgb_array'))
08  text = plt.text(0, 0, 'Timestamp    0', fontsize=20)
09  plt.axis('off')
10
11  for t in range(500):
12      action = decide_action(state, q_star_table, env.action_space, epsilon)
13      observation, reward, terminated, truncated, info = env.step(action)
14      state = get_state(observation, sections, state_bounds)
15      episode_reward += reward
16      img.set_data(env.render(mode='rgb_array'))
17      text.set_text(f'Timestamp {t+1:>3d}')
18      display.display(plt.gcf())
19      display.clear_output(wait=True)
20      if terminated or truncated:
21          break
22  env.close()
23
24  print(f'Episode reward: {episode_reward}')
```

 輸出

```
Episode Reward: 500.0
```

Timestamp 500

5.4 習題

( ) 1. 下列何者不是心理學中操作制約的必要因素？

(a) 環境　　　　　　　　　(b) 行動

(c) 賞罰　　　　　　　　　(d) 意識

( ) 2. 華金斯在 1989 年的研究中，重視的是哪種獎勵的學習？

(a) 當下獎勵　　　　　　　(b) 最大獎勵

(c) 延遲獎勵　　　　　　　(d) 最小獎勵

( ) 3. 下列何者是 OpenAI 環境中的行動函式？

(a) action()　　　　　　　(b) step()

(c) move()　　　　　　　　(d) done()

( ) 4. 如果以 5-3 小節實作中 Q 表各類狀態的分段數來看，在 Cartpole 的訓練中何者可能是最重要的因素？

(a) 位置　　　　　　　　　(b) 速度

(c) 傾角　　　　　　　　　(d) 角速度

( ) 5. 以 Cartpole 的問題來說，什麼樣的策略屬於工人智慧？

(a) 木棍向一側傾斜時，台車向同側移動

(b) 台車向一側移動時，木棍朝另一側倒下

(c) 以上皆是

(d) 視環境狀態，查看 Q 表選擇行動

( ) 6. 如果某個與學習目標成正相關的環境狀態參數是連續的實數，有什麼方法可以轉換成 Q 表的狀態？

(a) 忽略這個狀態

(b) 將參數的連續分布區間分成數段，並以區間段別當作參數

(c) 在 Q 表上開大量的狀態代表所有實數

(d) 無法使用 Q-Learning

補充：AlphaGo Movie

回到章節一開始的問題：AlphaGo 是如何運作的？Q-Learning 嗎？顯然圍棋不是一條簡單方程式可以打發掉的遊戲，狀態數太多（假設 1 個位置可以放黑子、白子或不落子，一張 19×19 的棋盤總共有 3^{361} 種棋局）也不可能開 Q 表。雖然基礎的 Q-Learning 沒辦法直接實現圍棋 AI，但它的變形以及其他強化學習演算法，促成 AlphaGo 的誕生。

2015 年，英國人工智慧公司 DeepMind 結合 Q-Learning 跟深度學習，發表了用神經網路取代 Q 表，將狀態輸入後依輸出決定行動的 Deep Q Network，並在打磚塊遊戲上，經過 500 回合的訓練後，達到人類高階玩家的水平。隔年 DeepMind 再用深度學習和蒙地卡羅樹搜尋法，開發了著名的 AlphaGo 圍棋 AI，並與世界棋王李世乭大戰五盤。過程中 AlphaGo 出現不少異於人類觀點的下法，最後 AI 方以 4:1 獲勝，後來人類也未曾再勝過 AlphaGo。

本書不會深入探討這些演算法，但有興趣的話讀者可以到 DeepMind 的 Youtube 頻道上看「AlphaGo Movie」這部官方紀錄片（網址：https://www.youtube.com/watch?v=WXuK6gekU1Y）。片中呈現了 DeepMind 團隊挑戰人類棋藝最高境界的種種困難，以及雙方在對弈前、過程中以及面對結果的心境。筆者十分推薦這段人工智慧歷史中具有指標意義的背後故事。

06
chapter

深度神經網路理論

深度學習會成為近年的熱門話題，主要有兩個原因——簡單、有效。基本的神經網路不需要困難的統計學，只要會基礎的微積分和矩陣運算就能理解它的運作，模型也能藉由訓練資料逐步自我調整，甚至不用人工知識的校正，所以簡單；當神經網路規模夠大時，對輸入資料的特徵偵測會相當敏銳，即使差異很小也能區分出不同類別，進而提升分類準確率，所以有效。

深度學習的原理並沒有它名稱上來得深奧，我們接下來就來逐步介紹這個轟動 AI 領域的強大技術。

6.1 全連接神經網路

6.1.1 人工神經網路的發想

⬡ 人類的神經系統

先把電腦擺一邊,想一下我們人類或其他動物,平常怎麼應對外界環境變化呢?

動物的神經系統,可以透過皮膚或五官感知外界環境,由大腦綜合外界資訊進行決策,再透過肌肉或腺體做出反應。主要進行這三種功能的組織或器官,分別就是受器、中樞與動器,其概念如圖所示。

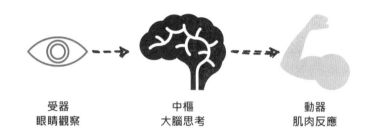

受器　　　　　　　中樞　　　　　　動器
眼睛觀察　　　　　大腦思考　　　　肌肉反應

從人工智慧草創的 1950 年代開始,有些計算機科學家試著模擬一個抽象的神經網路,他們嘗試模仿動物的神經系統,設計了輸入層、隱藏層和輸出層,分別對應受器、中樞與動器。這樣的架構奠定了至今人工神經網路(Artificial Neural Network,簡稱 ANN)的基礎。

⬡ 赫布理論

神經系統或許可以仿造,但這代表 ANN 具有可行性嗎?他們當然有更多立論基礎。再往回推 10 年的 1940 年代末期,加拿大心理學家赫布(D. Hebb)提出了赫布理論,其中描述了突觸的可塑性。神經元間藉由突觸來接收和發出訊號,突觸的可塑性說明的是,當一個神經元在訊號傳遞時,不斷地刺激另一個神經元,兩個神經元突觸間的傳遞效能也會提高。

世界上每個人的才能各有不同,就是突觸可塑性的例子,例如短跑選手可能會因為大量訓練起跑,使得聽覺神經、腿部肌肉或大腦運動區的活躍度會比其他神經細胞來得強,以加速其反應時間。

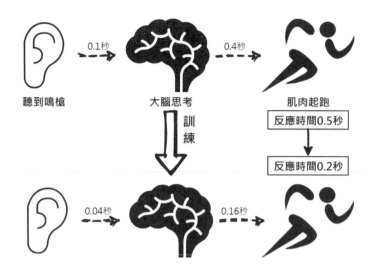

人剛出生時可能各類細胞的活躍度都差不多，但經過後天訓練會有各種面向的發展。這不只代表神經網路遇到錯誤可以進行自我修正，也因為這樣讓我們可以讓一個神經網路以想要的功能運作。

6.1.2 神經網路架構和運算

◎「層」的運算

在講自我修正等關鍵技術之前，我們先來認識 ANN 的架構和基本運算，首先要介紹神經網路「層」的概念。

人體全身上下大約有 860 億個神經元，來應對生活中大大小小的事，所以一個 ANN 的虛擬神經元個數自然也不會太少。動物的神經系統是用網狀架構相互連接，但套用在電腦運算上，我們需要對每個神經元個別處理，整體實作上會非常複雜。

因此在基本的 ANN 中，是以一層一層的神經元作為建構單位，每一層的神經元，只會連接到它上一層的所有神經元，以及它下一層的所有神經元；其中 ANN 的第一層和最後一層，分別就是與外界交流資訊的**輸入層**（input layer）和**輸出層**（output layer），中間則是只跟上下層進行數學運算的**隱藏層**（hidden layer）。這樣基本的 ANN，因為每個神經元和它上下兩層的所有神經元，因此又被稱為**全連結神經網路**（Fully Connected Neural Network，**簡稱 FCNN**），其概念如圖所示。

隱藏層
(可能不只一層)

輸入層　　　　　　　　　輸出層

神經元的運算

實際的數學運算呢？

我們回顧一下小時候生物課學過的內容。一個神經系統的基本單位是神經元，它的基本架構如圖所示，除了中心的細胞核，還有許多突觸。這些突觸又分兩種－－接收訊號的樹突和發出訊號的軸突。

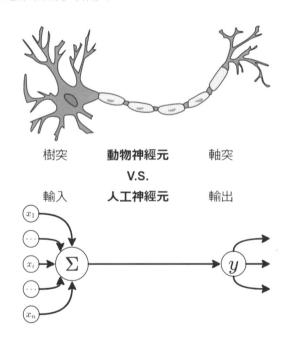

樹突　　　**動物神經元**　　　軸突
V.S.
輸入　　　**人工神經元**　　　輸出

我們要怎麼模擬一個神經元呢？我們可以把神經元想像成一個函數，接收前一層 n 個神經元的輸出 $x_1, x_2, ..., x_n$，計算後輸出 y 傳遞到下一層。一個神經網路中有大量的神經元，太複雜的運算會影響整體效率，所以應該盡量簡化單一神經元的運算。

神經元的運算有兩個大原則——每個輸入對輸出的影響力不同，以及神經元的基本輸出不一定是0。能做到這兩點的最簡單算法，就是加權運算。我們將n個輸入賦予權重$w_1, w_2, ..., w_n$，並假設基本輸出的偏差值（bias）為b，則一個神經元的運算就能寫成下列的式子。如果把權重和輸入表示成向量的話，又可以更簡單地寫成內積的形式。

$$y = \sum_{i=1}^{n}(w_i x_i) + b = \vec{w} \cdot \vec{x} + b$$

舉個例子，假設今天某個神經元有三個輸入分別是1,3,5，對應的權重是2,4,6，偏差值是7，則這個神經元的輸出$y = \vec{w} \cdot \vec{x} + b = (1,3,5) \cdot (2,4,6) + 7 = 51$。

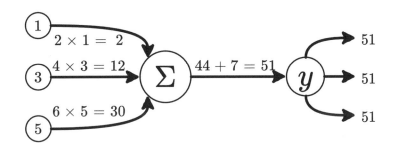

運算的矩陣表示

神經元的運算或許容易，但神經網路層之間的運算呢？

假定現在有兩個相互連接的神經網路層，前後兩層分別有n個和m個神經元。我們可以令x_i是前層第i個神經元的輸入，y_j是後層第j個神經元的輸出，W_{ji}是前層第i個神經元連接到後層第j個神經元的權重。後層第j個神經元的輸出，就能像單一神經元的運算，寫成下列的算式。

$$y_j = \sum_{i=1}^{n}(W_{ji} x_i) + b_j = \vec{W_j} \cdot \vec{x} + b_j$$

因為同一層的神經元不會相互連接，同時運算並不衝突，所以我們就能用矩陣表示兩個神經網路層的運算。下列的式子，也能更簡潔地用$\vec{y} = W\vec{x} + \vec{b}$。這時，我們就能看到以層為單位建構神經網路在運算上的方便性。

$$\begin{bmatrix} y_1 \\ y_2 \\ \vdots \\ y_j \\ \vdots \\ y_m \end{bmatrix} = \begin{bmatrix} W_{11} & W_{12} & \cdots & W_{1n} \\ W_{21} & W_{22} & \cdots & W_{2n} \\ \vdots & \vdots & \vdots & \vdots \\ \vdots & \vdots & W_{ij} & \vdots \\ \vdots & \vdots & \vdots & \vdots \\ W_{m1} & W_{m2} & \cdots & W_{mn} \end{bmatrix} \begin{bmatrix} x_1 \\ x_2 \\ \vdots \\ x_i \\ \vdots \\ x_n \end{bmatrix} + \begin{bmatrix} b_1 \\ b_2 \\ \vdots \\ b_j \\ \vdots \\ b_m \end{bmatrix}$$

實際來算一次，某兩層神經網路的權重、輸入及偏差值如下所示，則 $W = \begin{bmatrix} 1 & 2 \\ 3 & 4 \\ 5 & 6 \end{bmatrix}, \vec{x} = \begin{bmatrix} 1 \\ 2 \end{bmatrix}, \vec{b} = \begin{bmatrix} 3 \\ 4 \\ 5 \end{bmatrix}$，所以輸出 $\vec{y} = W\vec{x} + \vec{b} = \begin{bmatrix} 8 \\ 15 \\ 22 \end{bmatrix}$。

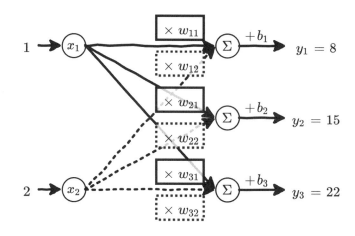

理解基本的運算後，我們可以用 Python 和矩陣乘法實作基本的神經網路運算。

程式實作 **Pytorch 基礎張量運算** ■ 檔案：ch6/ Pytorch_Tensor_Calculations.ipynb

深度學習通常不是一維的向量或二維的矩陣計算就能解決的，所以 Pytorch 等相關套件中，以張量（tensor）作為運算單位，*torch* 套件中所對應的類別為 *torch.Tensor*。以下我們會用一些基本的張量運算，熟悉幾個 Pytorch 中常用的函式。首先，我們匯入 torch 套件。

```
01  # 匯入 torch 套件
02  import torch
```

單一神經元的運算在前面有提到，一個神經元的運算結果可以看做兩個向量相乘再加上常數向量，即 $\overrightarrow{w}\overrightarrow{x} + b$。把得到的數值傳入非線性的激勵函數（Activation Function） *torch.sigmoid()* 後，就會是最後輸出的數字。激勵函數在之後的章節會再進一步地介紹。

運用 *torch.view()* 這個函式，可以把張量重新排列成適合矩陣乘法的大小，再用 *torch.mm()* 函式完成矩陣乘法。

```
01   torch.manual_seed(3)  # 固定亂數種子，方便對照結果
02   X = torch.randn((1, 6))  # 宣告亂數矩陣(常態分布，平均為 0、標準差為 1)
03   W = torch.randn_like(X)  # 宣告與 X 同大小的亂數矩陣
04   B = torch.randn((1, 1))
05   W = W.view(6, 1)  # 將 W 大小轉換為(6, 1)
06
07   # 輸入乘權重加偏差，傳入激勵函數 sigmoid 得到輸出
08   Y = torch.sigmoid(torch.mm(X, W) + B)
09   print(Y)
```

▼ 輸出

```
tensor([[0.0566]])
```

在深度學習中，*torch.view()* 常被用在張量的降維與升維上，也可以把其中一個維度設成 *-1*，讓它隨運算張量的大小變動。這個部分我們在之後討論卷積神經網路時會再有進一步的運用。以下列了幾個將具有 60 個元素的張量變形的範例。

```
01   X = torch.randn((3, 4, 5))
02   print(X.shape)  # 原張量大小
03   print(X.view(3, 4, 5, 1).shape)
04   print(X.view(6, 10).shape)
05   print(X.view(3, 2, -1).shape)
```

▼ 輸出

```
torch.Size([3, 4, 5])
torch.Size([3, 4, 5, 1])
torch.Size([6, 10])
torch.Size([3, 2, 10])
```

多層全連結神經網路的運算

以全連結神經網路來看，只要決定了每層有幾個神經元，就會有對應的張量大小。相鄰的神經網路層間，參數張量W的長寬設成前層神經元數 × 後層神經元數，就能正常進行矩陣乘法。輸入張量$\vec{X}$乘上W，再加上與$W\vec{X}$相同大小的偏差張量$\vec{B}$，即完成一層神經元的運算。訓練時有時候會訓練不只一筆資料，因此可以傳入多一個維度的張量來計算一筆資料的輸出。

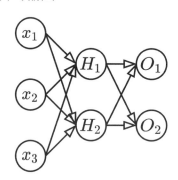

上圖是一個三層的神經網路，下面這段程式碼即是其所對應的正向傳播運算。

```
01   torch.manual_seed(3)
02   Data_Count = 2  # 資料量
03   N_Input = 3  # 單筆資料向量長(輸入層神經元數)
04   N_Hidden = 2  # 隱藏層神經元數
05   N_Output = 2  # 輸出層神經元數
06
07   X = torch.randn(Data_Count, N_Input)  # 輸入張量
08
09   W1 = torch.randn(N_Input, N_Hidden)  # 隱藏層權重張量
10   B1 = torch.randn((Data_Count, N_Hidden))  # 隱藏層偏差張量
11
12   W2 = torch.randn(N_Hidden, N_Output)  # 輸出層權重張量
13   B2 = torch.randn((Data_Count, N_Output))  # 輸出層偏差張量
14
15   Hidden = torch.sigmoid(torch.mm(X, W1) + B1)  # 輸入層傳至隱藏層
16   Output = torch.sigmoid(torch.mm(Hidden, W2) + B2)  # 隱藏層傳至輸出層
17
18   print(Output)
```

▼ 輸出

```
tensor([[0.5016, 0.2814],
        [0.7551, 0.6270]])
```

6.2 模型的量化、修正與優化

從前一個小節我們知道神經網路的相關數學運算，但機器學習模型不會只是簡單的矩陣乘法。以下我們將探討如何用適當的輸出量化模型表現，並透過與理想目標的差距進行修正，以及甚麼樣的機制能優化神經網路，讓神經元有類似生物的表現。

6.2.1 模型的輸出與損失

◎ 輸出形式

神經網路的輸入有很多類型。可能是一張圖片的各個像素，也有可能是一串文字，或者是一段音檔在各個時間點的訊號，不過它的輸出可能就沒這麼自由了。第四章我們曾提過，神經網路主要處理的是分類問題，因此它的輸出就是歸類結果。

那麼在輸出層放一個神經元，輸出值就是類別嗎？

輸出層的設計當然沒這麼容易。分類問題的類別數是離散的整數，神經網路的加權運算結果是連續的實數，兩者不能直接對應，這樣定義輸出入的方式，有時甚至會有意想不到的結果。舉個例子，假設我們今天要區分鳥、蘋果、車子跟飛機的圖片，分類編號依序是1~4。如果今天輸入一張看起來像鳥又像車的圖片，那它可能拍的是飛機，應該被分類在4號。可是直接輸出分類標籤的話，神經網路會覺得這張圖像1號又像3號，取個平均輸出了2號，也就是毫無關聯的蘋果！

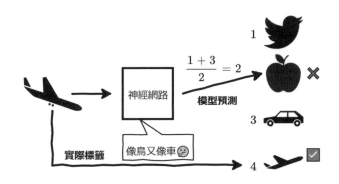

◎ 分類機率

看完錯誤示範後，我們來介紹比較理想的做法，也就是輸出分類機率。如果我們要分 C 個類別，輸出層就是 C 個元素的機率向量。神經網路的輸出目標，就是盡量讓正確分類所對應的機率趨近於1，其他數值趨近於0。以上述的例子來說，輸入飛

機圖片時，輸出向量就要趨近於$(0,0,0,1)^T$，如果是蘋果的圖片就要盡可能輸出接近$(0,1,0,0)^T$的向量。

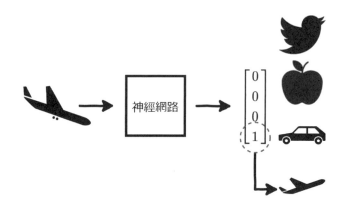

損失函數

但沒有神經網路一開始就能漂亮地區分各個類別，甚至可能輸出$(0.25,0.25,0.25,0.25)^T$，這種根本沒明確分類的向量。這時我們會運用實際輸出向量與理想輸出向量，計算一個差異指標，作為自我修正的依據。這個數值，我們稱為損失（loss）。

損失可以視為正確輸出和實際輸出的誤差，深度學習的目標就是盡可能讓誤差值趨近於零。損失有很多種計算方法，這些算法被稱為**損失函數**（loss function）。不同的 loss function 會有不同的數學性質，要看資料特性選用學習效果最好的那一個。本章節的補充介紹了常用的 loss function 和它們的運算原理，這裡不會進一步說明，知道神經網路的是利用損失進行自我修正即可。

損失可以視為現今模型預測與實際分類的差距，訓練神經網路就是要盡可能地降低損失，可是我們又要怎麼做，才能讓模型依據訓練資料與預測結果自我修正？

6.2.2 梯度下降法

如果我們今天將某筆資料x輸入神經網路，得到一個機率向量y，且它與正確的機率向量y'間的損失是E。如果我們不改變輸入的資料x，但選擇調整某個神經元的一個輸入權重w，那就會連帶地改變輸出的向量y和損失E。我們可以藉此畫出一張w與E的函數關係，例如下圖的曲線，其中紅點是w目前的值2。

如果我們想調整w讓E有最小值，顯然只要把w改成3.3附近的數字就行。不過現實的運算沒這麼簡單，這張函數圖形是以「上帝視角」在看神經網路，實際上不會

知道整體的函數長什麼樣子。如果對每個參數找出損失函數最小值的點，會是相當耗費時間的算法。

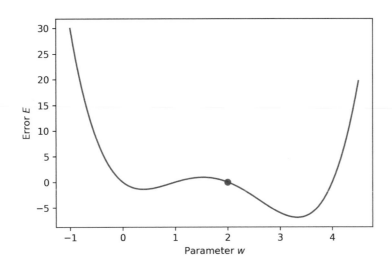

那到底怎麼算比較好呢？

我們先設想一個情境。假設你出門去爬山，但下山時沒有 GPS，查不到自己在哪裡又不知道路的你會怎麼辦？

當然是往低處走啊！

假如唯一的線索是周遭的地勢高低，大概也只能這麼做，而經歷一段「探險」後你也成功回到平地。同樣的道理，把移動的參數w看作下山的人，E的函數圖形看作山脈的地形圖，整個函數長什麼樣子或許我們不知道，但只要知道w當下所在點的斜率，就可以依循往低處走的原則，調整w使E逐漸減小。調整神經網路參數時，不用一步到位，逐步修正也能讓損失收斂。以上面的例子來說，w一次只加0.01，E也會下降到最低點。

這個算法在深度學習中被稱為梯度下降法（gradient descent），它不是個快速找最小值的公式解，而是單純利用函數斜率，逐步減小損失。求函數斜率在數學上簡單多了，不過就是損失E對參數w的微分，但神經網路不只一個參數，所以實際的運算需要用到偏微分，斜率可簡記為$\frac{\partial E}{\partial w}$。

逐次把參數w修正成$w_i = w - r\frac{\partial E}{\partial w}$，即沿梯度反方向修正梯度常數$r$倍的演算法，稱為隨機梯度下降法（Stochastic Gradient Descent, SGD）。但這種基本的算法，很容易在遇上各類函數參數的收斂速度不理想，甚至無法收斂。我們在本章節的附

錄會進一步介紹其他運用較多數學運算的梯度下降優化方法，包含下個章節實作所用到的 Adam 優化。

6.2.3 反向傳播演算法

可以用每個參數對損失的偏微分修正神經網路，但又要怎麼有效率地求出這些偏微分函數值？

尤其隱藏層前段的神經元的輸出，傳到輸出層的路徑可能有很多種，任一個參數對損失影響程度是很難估計的。1986 年，魯梅爾哈特、辛頓與威廉斯三位心理學家和計算機科學家，發表了一篇逆向傳播損失來修正神經網路的論文，也就是現在神經網路的基石——反向傳播演算法的原型。

測試一個神經網路時，我們會讓一筆資料依序傳入輸入層、隱藏層和輸出層，這樣的運算稱為正向傳播（forward propagation）或是前饋；而魯梅爾哈特為首的科學家們，則是提出可以把在輸出層算出來的損失，倒著傳回輸入層，並在過程中逐層修正參數。這樣的算法效率上來看是非常理想的，因為它的運算量與正向傳播在同一個數量級，只是運算的方向相反而已。

效率上固然好，但是實際來說要怎麼逐層算出每一個$\frac{\partial E}{\partial w}$？

我們以下圖的神經網路示範。這個神經網路有輸入層兩個神經元x_1, x_2，一層隱藏層的兩個神經元y_1, y_2和一個神經元的輸出層o，各個神經元間的運算可以寫成以下的函數，並把損失值令成$E(o) = o^2$。為了避免這個例子過於複雜，這邊先不考慮偏差值的運算。

$$y_1 = f_1(x_1, x_2) = w_{11}x_1 + w_{12}x_2$$

$$y_2 = f_2(x_1, x_2) = w_{21}x_1 + w_{22}x_2$$

$$o = g(y_1, y_2) = w_{31}y_1 + w_{32}y_2 = w_{31}(w_{11}x_1 + w_{12}x_2) + w_{32}(w_{21}x_1 + w_{22}x_2)$$

$$E(o) = (w_{31}(w_{11}x_1 + w_{12}x_2) + w_{32}(w_{21}x_1 + w_{22}x_2))^2$$

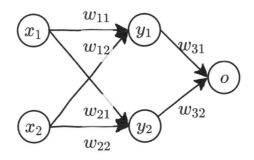

　　不難發現o的函數可以展開成只有參數w_{ij}和輸入值x_i的形式，便能輕易求得$\frac{\partial E}{\partial w_{ij}}$，但這僅在這種神經元數極少的神經網路上可行，在現今一個模型至少數百萬個神經元，數億個參數的條件下並不可行。我們這時可以用偏微分的一個重要性質來協助運算，也就是鏈鎖律（Chain Rule）。

　　稍微展開一下o的函數，可以看到$o = g(y_1, y_2) = g(f_1(x_1, x_2), f_2(x_1, x_2))$。神經網路的運算結果，能表示成各層間的合成函數，因此我們可以把偏微分式，用鏈鎖律拆解成每一層個別的函數運算。以下我們可以示範$\frac{\partial E}{\partial w_{11}}$的運算。

$$\frac{\partial E}{\partial w_{11}} = \frac{\partial E}{\partial g}\frac{\partial g}{\partial w_{11}} = \frac{\partial E}{\partial g}\left(\frac{\partial g}{\partial f_1}\frac{\partial f_1}{\partial w_{11}} + \frac{\partial g}{\partial f_2}\frac{\partial f_2}{\partial w_{11}}\right) = 2o(w_{31} \times x_1 + w_{32} \times 0) = 2ow_{31}x_1$$

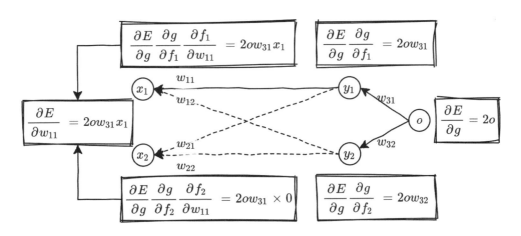

　　因此我們可以在前饋結束時算得$\frac{\partial E}{\partial g}$，反向傳播第一次時算$\frac{\partial g}{\partial f_1}$和$\frac{\partial g}{\partial f_2}$，再反向傳播到輸出層時算$\frac{\partial f_1}{\partial w_{11}}$跟$\frac{\partial f_2}{\partial w_{11}}$，傳播過程中把中間的偏微分值依序乘起來，就能得到$\frac{\partial E}{\partial w_{11}}$。上圖的虛線表示對更新$w_{11}$沒有意義的傳播路徑，也就是偏微分值為0的$\frac{\partial w_{12}x_1}{\partial w_{11}}$、$\frac{\partial w_{21}x_2}{\partial w_{11}}$和$\frac{\partial w_{22}x_2}{\partial w_{11}}$。可以注意到從$o$傳播到$y_2$的路徑仍為實線，因為我們要在反

向傳播到輸入層的路徑上，確定鏈鎖律展開式中沒有w_{11}，才會知道$\frac{\partial E}{\partial g}\frac{\partial g}{\partial f_2}$不影響$w_{11}$的梯度計算。

雖然不經過w_{11}的反向傳播路徑不能更新到這個參數，但過程中算得的梯度仍能更新路徑上所有參數；也就是說，當從輸入層沿所有路徑反向傳播，各個參數能在同一次反向傳播過程中求出偏微分值，藉此利用反向傳播演算法正確而有效率地求出每個參數應該調整多少；有了這些數值，一個能自我修正的神經網路模型就大致完成了。

6.2.4 激勵函數

不過這樣的神經網路有個問題，就是無論你的隱藏層再深，神經元和參數再多，它終究是個線性函數，但我們生活中的很多現象都不是線性的。因此我們要把每個神經元的加權運算結果，再加上一個非線性函數才能輸出，稱為激勵函數。如果以神經網路模擬人類大腦結構的角度來看的話，這類線性函數要盡量符合以下的兩個特性。

● 數值分布集中處的輸出值有明顯變化

以人體皮膚來說，被20°C的水跟30°C的水潑到，通常能明顯感受差異，但很難分辨90°C跟100°C的熱水，或是0°C跟−10°C的冰塊。在比較頻繁感知的範圍下，神經細胞是會非常敏感的；反之一些很可能造成感覺疲勞的極端值，相對來說比較難察覺微小變化。激勵函數需要符合這樣的特性，才能比較正確地模擬大腦或現實世界的預測模型。

● 輸出值域有明確限制

神經細胞所接受到的刺激可能有極端值，但軸突的輸出必定有生物上的限制，因此激勵函數要壓低前一步加權運算可能出現的極大值，將每個神經元的輸出控制在一個區間內。

綜合上述條件，有兩個深度學習上相當常用且基本的激勵函數。

- Sigmoid Function（S 函數）：$f(x) = \frac{1}{1+e^{-x}}$

    - 值域[0,1]，適用於二元分類問題（binary classification）

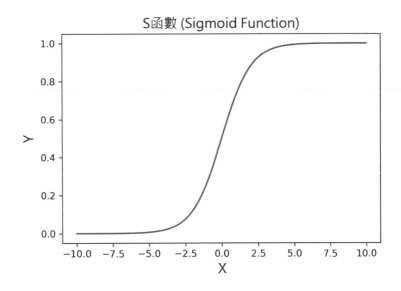

- Tanh Function （雙曲正切函數）：$f(x) = \tanh x = \frac{\sinh x}{\cosh x} = \frac{e^x - e^{-x}}{e^x + e^{-x}}$

    - 值域[−1,1]，$x = 0$附近的變化量較 Sigmoid 細膩

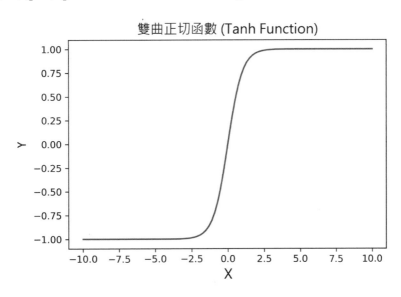

　　還有一個常用的激勵函數 ReLU，函數和圖形如下。雖然不符合上述的兩個條件，但是 ReLU 模擬出了生物神經細胞的一個特點，就是刺激過小時不會有訊號輸出。

另外，雖然 ReLU 不會改變加權運算的極大值，但它的斜率只有0或1，不僅相對單純，也能避免梯度消失問題（vanishing gradient problem）。Sigmoid 和 Tanh 函數的微分值是落在[0,1]之間的小數，經過多個隱藏層的反向傳播後，可能會因為梯度被乘上多個小數值而趨近於零，無法對靠近輸入層的神經元進行參數修正。ReLU 存在不小於1的微分值，所以損失能夠較有效地傳遞給模型前段的神經元。

- Relu Function（線性整流函數）：$f(x) = \max(x, 0)$

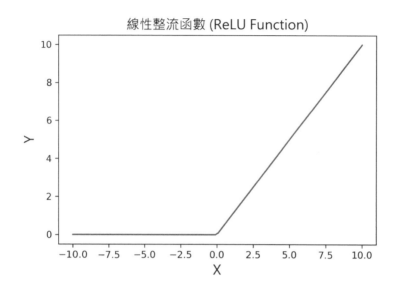

以上是三個較為常用的神經網路模型。當然有更複雜且更能模擬神經細胞輸出的激勵函數，但這三個函數就足以完成具一定準確率的深度學習。有了這個章節目前為止的所有先備知識，我們便能實際操作 Pytorch 套件，完成深度學習的「Hello World」，一個全連接神經網路模型。

6.3 習題

( ) 1. 類神經網路中，哪一個部分對應到生物體的大腦或中樞神經？
- (a) 輸入層
- (b) 隱藏層
- (c) 輸出層
- (d) 神經網路本身

( ) 2. 以神經網路當作分類模型時，輸出通常會是？
- (a) 分類機率
- (b) 分類類別數值
- (c) 分類名稱
- (d) 以上皆非

( ) 3. 神經網路以什麼方式調整參數降低損失？
- (a) 梯度下降法
- (b) 解出函數最小值
- (c) 隨機調整參數
- (d) 更換損失函數

( ) 4. 激勵函數中，何者較能減緩梯度消失問題？
- (a) Sigmoid
- (b) Tanh
- (c) ReLU
- (d) 以上皆非

( ) 5. 全連接神經網路總共用到了哪些數學技巧進行運算？
- (a) 矩陣乘法
- (b) 合成函數
- (c) 偏微分
- (d) 以上皆是

( ) 6. 何者不是神經網路中使用激勵函數的原因？
- (a) 增加非線性函數
- (b) 控制各個神經元的輸出
- (c) 增加模型學習參數
- (d) 模仿生物的神經元

補充：損失函數、梯度優化

1. 損失函數定義

損失函數有兩種相對簡單，但具有缺陷的定義方式。

- 錯誤率：$E = \frac{\sum_{i=1}^{N} k_i}{N}, k_i = \begin{cases} y'_i = y_i, 0 \\ y'_i \neq y_i, 1 \end{cases}$，其中 y'_i 跟 y_i 分別代表此次訓練的 N 筆資料中第 i 筆資料的輸出值與實際值。此種損失函數定義方式非常直觀，但同一種錯誤率下有誤差較大或誤差較小的模型預測結果，以錯誤率作為神經網路訓練時的修正依據是不夠的。

- 平均誤差：$E = \frac{\sum_{i=1}^{N} (y'_i - y_i)}{N}$，主要的問題在於可能訓練出整體輸出值和實際值平均差極小，但各組資料的輸出值和實際值差異極大的神經網路。舉個例子，如果一半的資料輸出值都遠大於實際值，另一半的資料則是實際值都遠大於輸出值，整體的平均誤差有可能接近 0，但實際上沒有一筆資料的預測結果足夠正確。

平均誤差定義方式的資訊量較為足夠，但最大的問題在於正偏差與負偏差可能會互相抵消，造成錯誤的損失估計。如果負偏差可以轉正就能解決這個問題，而常見的取絕對值和平方，分別衍伸出兩種常見的損失函數定義。

- 平均絕對誤差 MAE（Mean Aboslute Error）：$E = \frac{\sum_{i=1}^{N} |y'_i - y_i|}{N}$，函數圖形如下圖實線。取絕對值後的任何實數皆非負，所以解決了負偏差的問題，也因為沒有將差值平方，所以不容易受到離群的雜訊影響。但是 MAE 的斜率只有 +1 跟 −1，資料量少時參數容易在低點附近來回跳，很難收斂到極小的範圍或是定值。若把 y 和 y' 視為兩個向量，則 MAE 就是兩向量差的一級範數（L1 norm）$\|y - y'\|_1$，因此又被稱為 L1 誤差（L1 Loss）。

- 均方誤差 MSE（Mean Square Error）：$E = \frac{\sum_{i=1}^{N} (y'_i - y_i)^2}{N}$，其函數圖形如下圖虛線。平方後的任意實數皆非負，所以解決了負偏差的問題，也因為二次函數靠近頂點時的斜率會趨近於零，所以運用梯度下降法容易收斂。不過存在偏差大的極少數雜訊時，會為了這幾筆資料進行修正以降低均方誤差，但也會顧此失彼，提高原本主要資料群的誤差。MSE 容易受少數幾筆異常資料影響，資料量小時訓練出來的模型表現略差。若把 y 和 y' 視為兩個向量，則 MAE 就是兩向量差的二級範數（L2 norm）的平方 $\|y - y'\|_2^2$，因此又被稱為 L2 誤差（L2 Loss）。

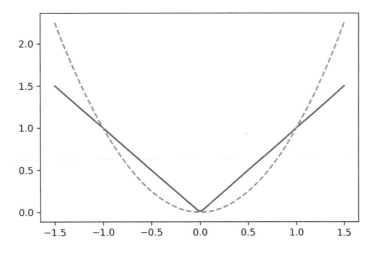

　　另一種定義方式，則是從「資訊量」的角度去考慮損失函數。若某些發生機率很高的事情發生了，我們稱為獲得較小的資訊量，因為是符合預期的事件；反之如果發生機率極低的事情發生了，我們稱為獲得較大的資訊量，因為是超乎預期的事件。資訊量的定義，在這邊我們定義為 $-\ln p$，用非線型函數放大不符預測的部分，如下圖所示。

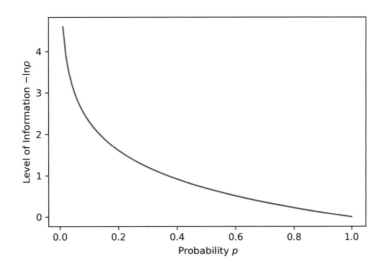

　　而 N 個事件中獲得資訊量的期望值稱為熵（Entropy），可以寫作 $\sum_{i=1}^{n} -p_i \ln p_i$。Entropy 可以視為一個系統或事件的混亂程度或不確定性，我們舉兩個極端的白努利隨機變數來說明。

- 中大樂透頭獎
  - 機率：49個數字選6個，$p = \dfrac{1}{C_6^{49}} = \dfrac{1}{13983816}$
  - Entropy：$(-p \log_2 p) + (-(1-p) \log_2 (1-p)) \approx 1.801 \times 10^{-6}$
- 擲硬幣人頭朝上
  - 機率：正反各半，$p = \dfrac{1}{2}$
  - Entropy：$(-p \log_2 p) + (-(1-p) \log_2 (1-p)) = 1$

在大樂透的例子中，$-\log_2 p \approx 23.74$，看似訊息量比較大，但因為中頭獎的機率實在太低了，Entropy 反而沒有想像中來得高，因為絕大多數的情況是沒中頭獎，所以這個系統是相對穩定的，Entropy 也比較低。

在擲硬幣的例子中，因為擲硬幣正反兩面出現的機率各半，正是最難估計的狀況，所以不確定性最高，Entropy 也是最大的可能值1，如下圖所示。

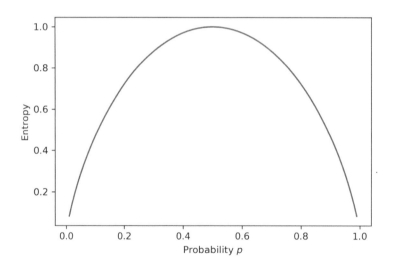

那要怎麼知道兩個狀態間的資訊量差距？

某組機率分布Q改變為另一組機率分布P，須補足的資訊增量，稱為相對熵或 KL 散度（Relative Entropy 或 KL divergence），定義為 $\sum_{i=1}^{n} p_i \ln \dfrac{p_i}{q_i}$。若機率分布P不變動，真正會變動的值只有 $\sum_{i=1}^{n} -p_i \ln q_i$，稱為交叉熵（Cross Entropy）。Cross Entropy 的損失函數，可以寫成以下的形式。

$$E = \sum_{i=1}^{N} \sum_{j=1}^{C} -p_{ij} \ln q_{ij}$$

其中p_i定義為第i筆資料中實際值在C種分類下的機率分布（目標為1、其餘為0），可以視為目標的機率分布；q_i則是預測機率，也就是目前的模型輸出。

既然我們重視的是正確標籤的預測機率，那其他標籤的對應資訊量我們也不用看了，所以能再簡化損失函數，只需關注q_{iL_i}，也就是第i筆資料中第L_i個分類（正確標籤）的預測機率。這個形式，便是現今深度學習主流的 Cross Entropy 損失函數。

$$\sum_{i=1}^{N} -\ln q_{iL_i}$$

2. 梯度優化方法

- 準確梯度下降法 SGD（Stochastic Gradient Descent）

  設定一個固定的學習率r，調整後使新的參數$w' = w - rE(w)$。缺點r為定值，所以r太大時無法收斂，太小時有可能僅找到局部最小值。

- Momentum 優化

  參考物理上動量的概念，設定一個常數β以及每次的速度$v' = \beta v - rE'(w)$，調整後$w' = w + v'$，所以w更新時左右移動的幅度會受上次的速度影響，故使用 Momentum 優化時，w的震盪在後期會比 SGD 來得小。

- AGD 優化（Adaptive Gradient Descent）

  設 n 為過去所有梯度的平方和，ϵ為一極小正數，調整後 $w' = w - r\frac{1}{\sqrt{n+\epsilon}}E'(w)$。訓練前期因為$\sqrt{n+\epsilon}$較小，故能放大移動梯度；訓練後期之$\sqrt{n+\epsilon}$較大，可以縮小移動梯度。$\epsilon$主要是處理剛開始訓練時，分母為零的情況。

- RMSProp 優化

  考慮最近一次的梯度與這次梯度的相關性，遠比過去其他梯度的影響力來得高，AGD 優化函數中改 n 為過去梯度與這次梯度的加權平均數，以利移動梯度因梯度大小而有所伸縮。

- Adam 優化

  綜合 Momentum 優化與 RMSProp 優化的優點，設 $m' = \beta_1 m + (1 - \beta_1)L'(w)$、$v' = \beta_2 v + (1 - \beta_2)E'(w)^2$，並進行偏離校正使 $\hat{m}' = \frac{m'}{1-\beta_1^t}$、$\hat{v}' = \frac{v'}{1-\beta_2^t}$，最後更新梯度 $w' = w - r\frac{\hat{m}'}{\sqrt{\hat{v}'}+\epsilon}E'(w)$。Adam 優化的適用度高、收斂速度快，因此在神經網路的訓練上，也是最常用的梯度優化方法。

07
chapter

深度神經網路實作

前一個章節了解全連接神經網路的運算原理後，可能會覺得它的程式實作比想像中困難。的確，如果我們要自行實作偏微分或反向傳播演算法，那樣的運算會相當複雜。近年有許多深度學習套件的出現，讓我們不需要專注在神經網路的基礎運算，而是把時間花在構思模型的結構，再用拼積木的方式接起來。Pytorch 是近幾年崛起的深度學習套件，我們在這個章節和往後的實作中也會用它來進行神經網路的實作。

7.1 運用 torch.nn 類別實作 MNIST 手寫數字辨識 ─

■ Jupyter Notebook：ch7/NN_MNIST.ipynb

■ Python 完整程式：ch7/NN_MNIST.py

Pytorch 套件中有一個非常好用的 *torch.nn* 子套件。我們能把神經網路宣告成一個物件，這個物件中有一個子物件序列，序列中的各個子物件就是神經網路中的一層。運用 *torch.nn* 建構神經網路時，我們不需要實作張量運算，只需要考慮各層的架構，以及損失估計、梯度優化或超參數等校正用的函數。人腦在思考時，沒有人知道自己各個神經元受了什麼刺激，送了什麼訊號，但我們就是能對周遭環境有正確的回應。同樣地，神經元的內部參數不是我們該關注的問題，重要的是找到適當的外部參數讓這些數值收斂，使得模型有理想的輸出。從這點來看，*torch.nn* 在深度學習上是個相當方便的工具。

以下我們將用 *torch.nn*，實作辨識 MNIST 資料庫中手寫數字的神經網路。

我們只會探討這個章節的實作需要的函式及參數，有興趣深入研究可以參考 *torch.nn* 的官方文件（網址：https://pytorch.org/docs/stable/nn.html）。

```
01    # 匯入套件
02    import torch
03    from torch import nn, optim
04    from torchvision import datasets, transforms
05    from torch.utils.data import DataLoader
06    from matplotlib.pylab import plt
```

7.1.1 神經網路的建構

◉ 神經網路物件

通常我們會建構一個繼承 *nn.Module* 的類別，並宣告一個這個類別的物件作為神經網路。

在這個神經網路架構中，我們會用到以下兩個物件：

● *nn.Linear(input_size, output_size)*：全連接層

　　■ *input_size*：前層神經元個數

- ■ *output_size*：後層神經元個數

- *nn.ReLU()*：ReLU 函數

正向傳播的過程很方便，我們只要把宣告的物件當作函數，然後把輸入依序傳入各個物件，就會得到輸出。*torch* 的張量又會記錄其運算過程，所以算得損失後可以沿著原途徑反向傳播，完成神經網路的修正。

```python
# 建構神經網路類別
class Network(nn.Module):
    # 初始化
    def __init__(self, input_size, output_size):
        super().__init__() # 初始化父類別 nn.Module
        # 宣告各神經網路層
        self.fc1 = nn.Linear(input_size, 256)
        self.relu1 = nn.ReLU()
        self.fc2 = nn.Linear(256, 128)
        self.relu2 = nn.ReLU()
        self.fc3 = nn.Linear(128, output_size)
    # 正向傳播函數
    def forward(self, x):
        # 將輸入依序傳入各個物件
        x = self.fc1(x)
        x = self.relu1(x)
        x = self.fc2(x)
        x = self.relu2(x)
        x = self.fc3(x)
        return x
```

上面宣告的類別，會建構一個輸入層有 *input_size* 個神經元（以 MNIST 每張圖片大小為 28×28 來說會是784個），兩層隱藏層依序有256和128個神經元，輸出層則對應分類數，僅有10個神經元。這個神經網路的架構，可以參考下方的圖片。

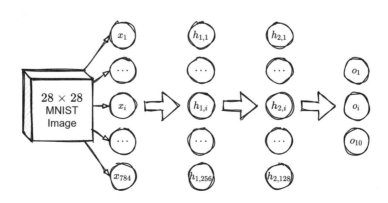

⬡ 超參數

這個小節一開始我們提到深度學習需要一些外部參數來人工校正訓練，而這些不會被訓練的參數又被稱為超參數（hyperparameter）。常見的超參數包含批次大小 batch_size，學習率 lr 與訓練週期數 epochs。當模型學習成果不穩定時，可能是 batch_size 太小讓離群樣本影響訓練，可以考慮調大 batch_size。如果是學習不完全，例如損失還沒完全收斂，可能是學習率太小或訓練不夠多次，可以考慮調大 lr 或 epochs。調整超參數時，除了訓練後的模型表現，可能還要設想訓練時間和運算資源的使用多寡。

```
01   # 超參數
02   batch_size = 64
03   lr = 0.001
04   epochs = 10
```

⬡ 損失函數與梯度優化

建構完神經網路的類別之後，我們宣告一個物件 **NN** 作為我們的神經網路。另外，我們還需要定義損失函數和梯度優化方式。

如同前一章的補充所述，我們會使用近年較為主流的交叉熵損失函數及 Adam 梯度優化，對應到的函式如下：

- *nn.CrossEntropyLoss()*：交叉熵損失函數

- *optim.Adam(params, lr)*：Adam 優化

  - *params*：神經網路參數

  - *lr*(learning rate)：學習率

```
01   NN = Network(784, 10) # 宣告神經網路
02   criterion = nn.CrossEntropyLoss() # 宣告損失函數
03   optimizer = optim.Adam(NN.parameters(), lr = lr) # 宣告梯度優化函數
```

7.1.2 MNIST 手寫數字資料集

MNIST 手寫數字資料集是手寫數字的大型數據庫。數據庫中的圖片都是大小 28×28 像素並含有一位手寫數字之8位元灰階影像。

由於資料處理方便，分類少且明確（0～9共10個數字），建構 MNIST 資料庫手寫數字辨識的神經網路通常被認定為神經網路的 *Hello World!* 問題。而我們也將以這個資料集的資料，實作我們的第一個神經網路。

⬡ 載入資料集

- 我們用兩個函數引入 MNIST 資料集：

- *datasets.MNIST(root, train, transform, download)*：回傳 MNIST 資料集

  - *root*：資料集儲存目錄

  - *train*：採用訓練集/測試集

  - *transform*：資料轉換形式

  - *download*：無資料集是否自動下載

- *DataLoader(dataset, batch_size, shuffle = False)*：資料集迭代器

  - *dataset*：資料集變數

  - *batch_size*：一個批次的資料筆數

  - *shuffle*：是否打亂資料

如同前面所提到的，我們會把訓練的資料分成訓練集和測試集。

```
01    # 資料迭代器
02    train_set = datasets.MNIST('./', download = True, train = True, transform =
03    transforms.ToTensor())
04    test_set = datasets.MNIST('./', download = True, train = False, transform =
05    transforms.ToTensor())
06    train_loader = DataLoader(train_set, batch_size = batch_size, shuffle=True)
07    test_loader = DataLoader(test_set, batch_size = batch_size, shuffle=True)
```

7.1.3 模型視覺化

前幾個章節的實作中，我們清楚地了解到資料視覺化的重要性，因此以下我們寫一個函式，方便觀察模型的輸入與輸出。隨機選了五筆資料來看，會發現 MNIST 中的每筆資料如同上述，就是一張黑底白字的手寫數字加上一個0 ~ 9的標籤。

下方的程式碼用了幾個 *torch.Tensor* 中實用的子函式：

- *flatten()*：把張量壓成一維張量，等價於 *view(-1)*

- *detach()*：如果某個張量是神經網路的運算結果，它會記錄反向傳播路徑來計算梯度，若要拿來做其他運算需要取得解除相關紀錄的張量

- *numpy()*：將一個 torch 張量轉為 numpy 陣列，需要先 *detach()* 才能執行

```
01    def visualize(model, data_loader):
02        data_iter = iter(data_loader)
03        images, labels = next(data_iter) # 隨機取得一組資料
04
05        model.eval() # 轉為測試模式(不訓練)
06        print(f'Labels: {" ".join(str(int(label)) for label in labels[: 5])}')
      # 輸出標籤
07        predict = model(images.view(images.shape[0], -1))
08        pred_label = torch.max(predict.data, 1).indices
09        print(f'Predictions: {" ".join(str(int(label)) for label in pred_label[:
      5])}') # 輸出預測
10
11        fig, axes = plt.subplots(nrows = 2, ncols = 5) # 建構圖表陣列
12        fig.set_size_inches(13, 8) # 設定圖表大小
13        plt.subplots_adjust(wspace = 1, hspace = 0.1) # 設定子圖表間距
14        for i in range(5):
15            axes[0][i].imshow(images[i].permute(1, 2, 0).numpy().squeeze(),
      cmap=plt.cm.gray) # 輸出圖片
16            x = list(range(10))
```

```
17          y = torch.softmax(predict.data[i], 0) # 取得預測機率
18          axes[1][i].barh(x, y) # 輸出圖表
19          for j, v in enumerate(y):
20              axes[1][i].text(1.1 * max(y), j - 0.1, str("{:1.4f}".format(v)),
      color='black') # 輸出機率
21
22   plt.show()
```

▼ 輸出

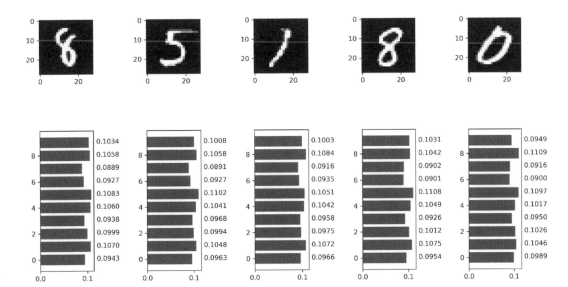

Labels: 8 5 1 8 0

7.1.4 Softmax 函數

　　過去曾提到深度學習主要是應用在分類的機器學習方法，所以我們可以把資料傳入還沒訓練的模型，觀察它所輸出的機率向量。不意外地，大多數資料的預測機率很接近均勻分布，跟亂猜差不多。而我們的訓練目標，則是讓標籤對應的分類機率趨近於1，其他機率則盡可能趨近於0。也就是說，當輸入的是9的手寫數字圖片時，理想的輸出向量會是(0,0,0,0,0,0,0,0,0,1)。這種形式的向量，又被稱為一個標籤的 one-hot encoding。

　　運算機率時，上方的程式碼使用了 *torch.softmax()* 這個函數。它會取得輸出層的輸出 $\vec{y} = (y_1, y_2, \cdots, y_i, \cdots, y_n)$，並修正數值使得 $y_i' = \frac{e^{y_i}}{\sum_{i=1}^{n} e^{y_i}}$。使用這樣的非線性函數調整輸出機率有兩個原因。

- 處理負數

  如果是很直觀地拿輸出總和當分母，對應的輸出項當分子作為機率的話，在輸出都是正數時不會有問題，但只要某一項是負數，它所對應的輸出機率就會是負的。因為自然指數函數值永遠是正數，所以把原輸出放到次方恰好可以解決這個問題。

- 強化極端值

  把一個數字代入自然指數的次方時，正數會被急遽放大，負數則是會收斂到0。有時訓練結束時某筆資料輸入後，標籤對應的輸出項可能只有10附近，但 $e^{10} \approx 22000$，再加上其他輸出項在0附近甚至是負數，10附近的數字在透過 Softmax 函數計算機率時極可能成為主導項（dominant term）。藉此可以發現，運用 Softmax 函數可以提升輸出機率的敏感度，讓參數不需要大量修正就能凸顯明確的分類類別。

7.1.5 模型訓練

訓練一個神經網路時，我們會將整個訓練資料集分割成數個批次，逐一輸入神經網路進行訓練。為什麼不一筆一筆輸入呢？單一的訓練資料變異可能很大，不斷變動的損失會讓參數無法穩定收斂，所以用類似採樣的方式一次傳入一批訓練資料，有助於全面地訓練一個模型。

將訓練資料訓練完成一次，稱為一個週期。通常我們會訓練多個週期，因為訓練次數不足時參數可能尚未完全收斂，模型可能還沒精確擷取特徵。多次的資料前饋與梯度的反向傳播後，神經網路的各個參數會逐漸收斂，此時的神經網路就訓練完成了。

可能會發現在 *train* 函式中，我們沒有像在 *visualize* 函式中用 *torch.softmax*。那是因為 *nn.CrossEntropyLoss()* 只要傳入標籤和模型輸出，它就會對輸出張量用 *torch.softmax* 算出分類機率，並把標籤轉成 one-hot encoding 後計算交叉熵損失。因此，把沒有轉換形式的資料傳入 *criterion* 就能得到損失，相當方便。

測試模型的時候，我們不需要計算模型梯度，所以可以在 *torch.no_grad()* 模式下進行，加速運算。

我們希望將訓練過程視覺化成折線圖，因此我們會用陣列紀錄一些過程中的數值。

```python
def train(model, epochs, train_loader, test_loader):
    train_loss, train_acc, test_loss, test_acc = [], [], [], [] # 訓練紀錄陣列
    for e in range(epochs): # 訓練 epochs 個週期
        model.train() # 將神經網路設為訓練模式
        loss_sum, correct_cnt = 0, 0
        for image, label in train_loader:
            optimizer.zero_grad() # 清除各參數梯度

            image = image.view(image.shape[0], -1) # 把二維張量的圖片壓成一維張量
            predict = model(image) # 輸入一批資料，獲得預測機率分布
            loss = criterion(predict, label) # 由模型輸出和正確標籤算得損失

            pred_label = torch.max(predict.data, 1).indices # 取得預測分類
            correct_cnt += (pred_label == label).sum() # 取得預測正確次數
            loss_sum += loss.item() # 加總批次損失

            loss.backward() # 損失反向傳播
            optimizer.step() # 更新參數

        train_loss.append(loss_sum / len(train_loader)) # 計算週期平均損失
        train_acc.append(float(correct_cnt) / (len(train_loader) * batch_size)) # 計算週期平均準確率
        print(f'Epoch {e + 1:2d} Train Loss: {train_loss[-1]:.10f} Train Acc: {train_acc[-1]:.4f}', end = ' ')
        model.eval() # 轉為測試模式(不訓練)
        loss_sum, correct_cnt = 0, 0
        with torch.no_grad():
            for image, label in test_loader:
                predict = model(image.view(image.shape[0], -1))
                loss = criterion(predict, label)
                pred_label = torch.max(predict.data, 1).indices
                correct_cnt += (pred_label == label).sum()
                loss_sum += loss.item()
        test_loss.append(loss_sum / len(test_loader))
        test_acc.append(float(correct_cnt) / (len(test_loader) * batch_size))
        print(f'Test Loss: {test_loss[-1]:.10f} Test Acc: {test_acc[-1]:.4f}')
    return train_loss, train_acc, test_loss, test_acc
```

定義好訓練函式後，便能進行模型的訓練，並取得訓練集和測試集各自的損失和準確率變化，共四個 list。

```
01  train_loss, train_acc, test_loss, test_acc = train(NN, epochs, train_loader,
    test_loader) # 訓練
```

▼ 輸出

```
Epoch  1 Train Loss: 0.2830672225 Train Acc: 0.9188 Test Loss: 0.1224708432
Test Acc: 0.9614
Epoch  2 Train Loss: 0.1070361315 Train Acc: 0.9668 Test Loss: 0.1037387081
Test Acc: 0.9669
Epoch  3 Train Loss: 0.0698660656 Train Acc: 0.9782 Test Loss: 0.0804399948
Test Acc: 0.9748
Epoch  4 Train Loss: 0.0518999684 Train Acc: 0.9835 Test Loss: 0.0790564977
Test Acc: 0.9772
Epoch  5 Train Loss: 0.0392325222 Train Acc: 0.9874 Test Loss: 0.0737057929
Test Acc: 0.9770
Epoch  6 Train Loss: 0.0318794311 Train Acc: 0.9899 Test Loss: 0.0873662522
Test Acc: 0.9754
Epoch  7 Train Loss: 0.0229141992 Train Acc: 0.9923 Test Loss: 0.0769662617
Test Acc: 0.9796
Epoch  8 Train Loss: 0.0208968816 Train Acc: 0.9931 Test Loss: 0.0947491349
Test Acc: 0.9785
Epoch  9 Train Loss: 0.0187373922 Train Acc: 0.9937 Test Loss: 0.0829952804
Test Acc: 0.9800
Epoch 10 Train Loss: 0.0149468636 Train Acc: 0.9949 Test Loss: 0.0905879029
Test Acc: 0.9796
```

7.1.6 訓練過程與結果呈現

◎ 訓練過程折線圖

我們要把訓練集和測試集的同性質資料畫在同一個圖表上。為了讓圖表易於辨識，我們要用 *xlabel()* 和 *ylabel()* 子函式標示兩軸意義，在 *plot()* 子函式中以 *label* 參數標示資料意義，最後用 *legend()* 子函式畫出圖表右上角的圖例。

```
01  # 損失函數圖表
02  plt.xlabel('Epochs') # x 軸意義
03  plt.ylabel('Loss Value') # y 軸意義
04  plt.plot(train_loss, label = 'Train Set') # 訓練集損失折線
```

```
05    plt.plot(test_loss, label = 'Test Set') # 測試集損失折線
06    plt.legend() # 畫圖例
07    plt.show()
08    # 預測準確率圖表
09    plt.xlabel('Epochs')
10    plt.ylabel('Accuracy')
11    plt.plot(train_acc, label = 'Train Set')
12    plt.plot(test_acc, label = 'Test Set')
13    plt.legend()
14    plt.show()
```

輸出

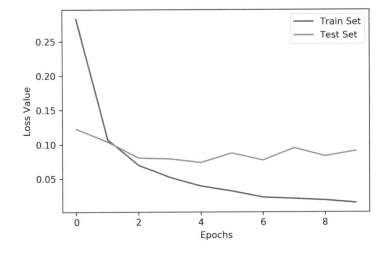

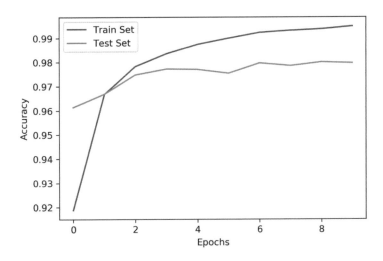

◎ 訓練結果視覺化

我們可以用視覺化函式觀察訓練成果，會發現預測機率幾乎已收斂到正確的類別上。

```
01   visualize(NN, test_loader) # 結果視覺化
```

▼ 輸出

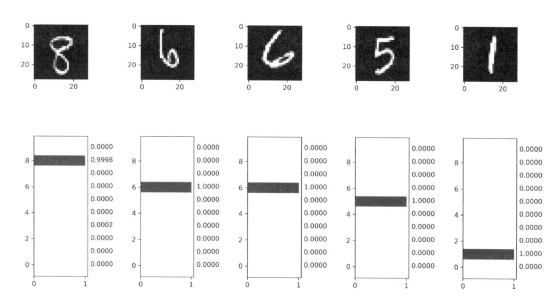

7.2 運用 Dropout 函數減緩過擬合問題 ─────

■ Jupyter Notebook：ch7/NN_MNIST_Dropout.ipynb
■ Python 完整程式：ch7/NN_MNIST_Dropout.py

我們完成了神經網路的訓練，但也從最後的折線圖中發現一個問題。當訓練集的損失逐漸下降時，測試集在訓練中後期的損失並沒有成功地收斂，甚至損失還會止跌回升。這個狀況可能是神經網路擷取到不必要的特徵導致特徵失焦，我們稱之為過擬合（overfitting）。

參數以輸入訓練集時的損失與梯度作為調整因素，但當訓練次數過多時，參數的調整可能會受一些訓練集中不必要的特徵影響。舉個例子，如果訓練集中的數字 1

多數都像下方左圖有下面的一橫，測試集中僅有一豎的數字1可能就不會被正確辨識。這時數字 1 下面的一橫，可以被稱為不必要的特徵。

神經網路因為這種枝微末節的特徵調整參數，可以大幅提高訓練集的預測準確度，但訓練後的測試集資料變異可能又與訓練資料不同，因此預測準確率會有一定的落差。

畢竟測試集的答案通常是未知的或未被分類的，這樣的結果我們並不樂見。因此我們會用一個捨棄函數，在特定幾層的運算結束後捨棄部分神經元的運算結果，透過較少且較為重要的特徵進行預測。

以下我們將重新寫一個神經網路類別，這個類別中會運用 *Dropout* 函數，試圖解決過擬合的問題。

```
01  # 匯入套件
02  import torch
03  from torch import nn, optim
04  from torchvision import datasets, transforms
05  from torch.utils.data import DataLoader
06  from matplotlib.pylab import plt
```

在神經網路的類別宣告中，我們加入了 *Dropout()* 的神經網路層，拋棄一些中間的運算結果，語法如下：

- *Dropout(p)*：以 *p* 決定將多大比例的神經元輸出歸零，預設為0.5（即半數的神經元輸出歸零）。

```
01  # 建構有 Dropout 的神經網路類別
02  class Network(nn.Module):
03      def __init__(self, input_size, output_size, p):
04          super().__init__()
05          self.fc1 = nn.Linear(input_size, 256)
06          self.relu1 = nn.ReLU()
```

```
07          self.dropout1 = nn.Dropout(p)
08          self.fc2 = nn.Linear(256, 128)
09          self.relu2 = nn.ReLU()
10          self.dropout2 = nn.Dropout(p)
11          self.fc3 = nn.Linear(128, output_size)
12      def forward(self, x):
13          x = self.fc1(x)
14          x = self.relu1(x)
15          x = self.dropout1(x)
16          x = self.fc2(x)
17          x = self.relu2(x)
18          x = self.dropout2(x)
19          x = self.fc3(x)
20          return x
```

超參數和模型宣告和上個小節相同，可以參閱先前的說明。

```
01  # 超參數
02  batch_size = 64
03  lr = 0.001
04  epochs = 10
05
06  # 宣告模型
07  NN = Network(784, 10, 0.2)
08  criterion = nn.CrossEntropyLoss()
09  optimizer = optim.Adam(NN.parameters(), lr = lr)
```

資料集的載入和上個小節相同，可以參閱先前的說明。

```
01  train_set = datasets.MNIST('./', download = True, train=True, transform =
    transforms.ToTensor())
02  test_set = datasets.MNIST('./', download = True, train = False, transform =
    transforms.ToTensor())
03  train_loader = DataLoader(train_set, batch_size = batch_size, shuffle=True)
04  test_loader = DataLoader(test_set, batch_size = batch_size, shuffle=True)
```

視覺化函式和上個小節相同，可以參閱先前的說明。

```
01  def visualize(model, data_loader):
02      data_iter = iter(data_loader)
03      images, labels = next(data_iter)
04      model.eval()
05      print(f'Labels: {" ".join(str(int(label)) for label in labels[: 5])}')
```

```
06    predict = model(images.view(images.shape[0], -1))
07    pred_label = torch.max(predict.data, 1).indices
08    print(f'Predictions: {" ".join(str(int(label)) for label in pred_label[:
      5])}')
09    fig, axes = plt.subplots(nrows = 2, ncols = 5)
10    fig.set_size_inches(13, 8)
11    plt.subplots_adjust(wspace = 1, hspace = 0.1)
12    for i in range(5):
13        axes[0][i].imshow(images[i].permute(1, 2, 0).numpy().squeeze(),
      cmap=plt.cm.gray)
14        x = list(range(10))
15        y = torch.softmax(predict.data[i], 0)
16        axes[1][i].barh(x, y)
17        for j, v in enumerate(y):
18            axes[1][i].text(1.1 * max(y), j - 0.1, str("{:1.4f}".format(v)),
      color='black')
19    plt.show()
20
21 visualize(NN, train_loader)
```

▼ 輸出

```
Labels: 7 4 1 3 7
```

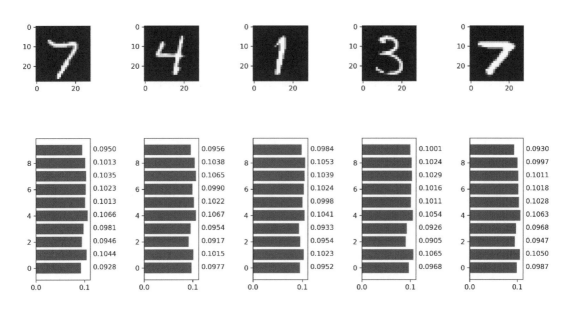

訓練函式和上個小節相同，可以參閱先前的說明。

```
01  def train(model, epochs, train_loader, test_loader):
02      train_loss, train_acc, test_loss, test_acc = [], [], [], [] # 訓練紀錄陣列
03      for e in range(epochs):
04          model.train()
05          loss_sum, correct_cnt = 0, 0
06          for image, label in train_loader:
07              optimizer.zero_grad()
08              predict = model(image.view(image.shape[0], -1))
09              loss = criterion(predict, label)
10              pred_label = torch.max(predict.data, 1).indices
11              correct_cnt += (pred_label == label).sum()
12              loss_sum += loss.item()
13              loss.backward()
14              optimizer.step()
15          train_loss.append(loss_sum / len(train_loader))
16          train_acc.append(float(correct_cnt) / (len(train_loader) * batch_size))
17          print(f'Epoch {e + 1:2d} Train Loss: {train_loss[-1]:.10f} Train
    Acc: {train_acc[-1]:.4f}', end = ' ')
18          model.eval()
19          loss_sum, correct_cnt = 0, 0
20          with torch.no_grad():
21              for image, label in test_loader:
22                  predict = model(image.view(image.shape[0], -1))
23                  loss = criterion(predict, label)
24                  pred_label = torch.max(predict.data, 1).indices
25                  correct_cnt += (pred_label == label).sum()
26                  loss_sum += loss.item()
27          test_loss.append(loss_sum / len(test_loader))
28          test_acc.append(float(correct_cnt) / (len(test_loader) * batch_size))
29          print(f'Test Loss: {test_loss[-1]:.10f} Test Acc: {test_acc[-1]:
    .4f}')
30      return train_loss, train_acc, test_loss, test_acc
```

和上個小節的模型比對訓練數據後,會發現有 Dropout 層的神經網路確實有比較好的表現,尤其是在測試集的損失上。

```
01  train_loss, train_acc, test_loss, test_acc = train(NN_Dropout, epochs,
    train_loader, test_loader) # 訓練
```

▼ 輸出

```
Epoch  1 Train Loss: 0.3227464342 Train Acc: 0.9053 Test Loss: 0.1424174278
Test Acc: 0.9580
Epoch  2 Train Loss: 0.1333640385 Train Acc: 0.9599 Test Loss: 0.0942903634
Test Acc: 0.9721
Epoch  3 Train Loss: 0.0977307887 Train Acc: 0.9694 Test Loss: 0.0785270384
Test Acc: 0.9772
Epoch  4 Train Loss: 0.0794273022 Train Acc: 0.9747 Test Loss: 0.0707591804
Test Acc: 0.9776
Epoch  5 Train Loss: 0.0662072158 Train Acc: 0.9791 Test Loss: 0.0708275957
Test Acc: 0.9791
Epoch  6 Train Loss: 0.0571230051 Train Acc: 0.9818 Test Loss: 0.0771920612
Test Acc: 0.9769
Epoch  7 Train Loss: 0.0507793592 Train Acc: 0.9839 Test Loss: 0.0636742013
Test Acc: 0.9803
Epoch  8 Train Loss: 0.0451992148 Train Acc: 0.9853 Test Loss: 0.0579837857
Test Acc: 0.9826
Epoch  9 Train Loss: 0.0398997799 Train Acc: 0.9867 Test Loss: 0.0626343262
Test Acc: 0.9821
Epoch 10 Train Loss: 0.0348059039 Train Acc: 0.9881 Test Loss: 0.0769883345
Test Acc: 0.9796
```

我們可以再畫圖表觀察，會發現訓練集和測試集的訓練曲線比上一個小節的實作更近了一些。

```
01 | # 損失函數圖表
02 | plt.xlabel('Epochs')
03 | plt.ylabel('Loss Value')
04 | plt.plot(train_loss, label = 'Train Set')
05 | plt.plot(test_loss, label = 'Test Set')
06 | plt.legend()
07 | plt.show()
08 | # 預測準確率圖表
09 | plt.xlabel('Epochs')
10 | plt.ylabel('Accuracy')
11 | plt.plot(train_acc, label = 'Train Set')
12 | plt.plot(test_acc, label = 'Test Set')
13 | plt.legend()
14 | plt.show()
```

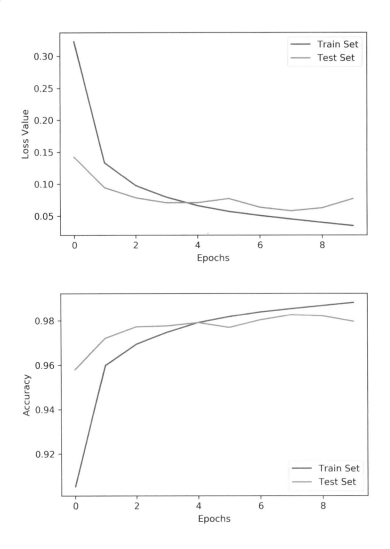

　　我們發現測試集的預測準確率提升了大約0.5%。這個效果看似不顯著，是因為 MNIST 屬於比較單純且雜訊少的資料，過擬合問題並不嚴重。一般的深度學習通常會處理到含有大量雜訊的資料，放棄不重要的特徵有助於辨識準確率的提升。訓練集的預測準確率比測試集來得高是合理的，但透過 Dropout 提高測試集辨識準確率，有時是可行且有效的方法。

```
01   visualize(NN_Dropout, test_loader) # 結果視覺化
```

▼ 輸出

Labels: 3 2 0 0 2

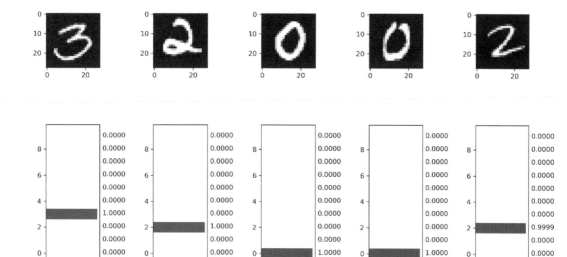

7.3 習題

( ) 1. Pytorch 中的哪一個子套件對於神經網路的建構相當方便？

    (a) torch.nn   (b) torch.dataset

    (c) torch.Tensor   (d) torch.utils

( ) 2. 繼承 nn.Module 所建構的神經網路物件是以哪一個函式進行神經網路的正向傳播？

    (a) propagate()   (b) forward()

    (c) backward()   (d) fc()

( ) 3. torch.optim 的函式與神經網路的哪一個機制較為相關？

    (a) 硬體加速   (b) 損失計算

    (c) 梯度下降法   (d) 激勵函數

( ) 4. 訓練神經網路模型時，哪一行程式碼能真正更新模型參數？

    (a) model.train()   (b) optimizer.zero_grad()

    (c) loss.backwards()   (d) optimizer.step()

(　)　5.　運用 Pytorch 進行深度學習時，以哪種資料結構或物件迭代資料會是最方便的？

(a)　list
(b)　tuple
(c)　DataLoader
(d)　torch.datasets

(　)　6.　nn.CrossEntropyLoss 輸入哪兩個資訊進行損失的估計？

(a)　預測機率和模型輸出

(b)　預測機率和目標機率向量（one-hot encoding）

(c)　預測標籤和目標標籤

(d)　預測標籤和目標機率向量（one-hot encoding）

08
chapter

卷積神經網路理論

前兩個章節探討的深度神經網路，可以用在絕大多數的監督式學習，但在某些複雜的資料上，雖然還是可以訓練出一定的準確率，但單調的結構使得模型表現很快地出現了瓶頸。因此，如果能夠運用資料本身的性質當作額外的參考依據，或許能讓準確率有所突破。這個章節要介紹的，便是參考像素在空間上的相關性後誕生的神經網路模型，也就是電腦視覺領域中被廣泛運用的卷積神經網路。

8.1 卷積運算

8.1.1 圖片、矩陣與卷積

3C 產品顯示照片的方式，是在對應的像素格給予對應的顏色。從這個角度來看，我們其實可以把圖片看作是一個長×寬×通道數（以紅色、綠色、藍色組成的彩色圖片為例，即 R、G、B 三個通道）的三維張量，每個位置的內容就是對應的像素值。

在圖像處理上，我們可以用卷積運算（Convolution）在這個張量上過濾雜訊，或取得圖上的資訊。進行卷積運算時，我們會構造一個比被卷積矩陣還要小的矩陣，稱為卷積核（convolutional kernel，通常簡稱 kernel）。kernel 上的每一項可以看作一個權重，而卷積運算就是把 kernel 對應到被卷積矩陣上的各個位置算加權和。把各個加權和照位置排列，就會得到輸出矩陣。

8.1.2 一維卷積運算

我們實際在矩陣上操作一維的卷積運算。下方的圖上有三個矩陣，分別是大小 1×3 的 kernel，1×5 的被卷積矩陣，以及目前還是空表的輸出矩陣。我們先把 kernel 對到被卷積矩陣最左邊的三項，把 kernel 上各項跟它在被卷積矩陣上所覆蓋的對應項乘起來再相加，求出第一個加權和 $3 \times 1 + 2 \times 2 + 1 \times 3 = 10$，也就是輸出矩陣的第一項。

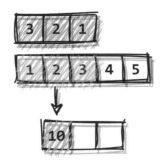

接著把 kernel 往右平移一格，算下一個加權和$3 \times 2 + 2 \times 3 + 1 \times 4 = 16$。

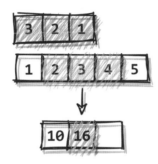

一樣的步驟再重複一次，可以算得第三個加權和22。因為已經平移到被卷積矩陣的最右邊了，所以22是輸出矩陣的最後一項，輸出矩陣就是[10　16　22]。

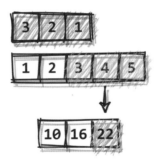

8.1.3 二維卷積運算

二維的卷積運算中，kernel 還需要上下平移，才能算完整個輸出矩陣，這也是跟一維運算唯一的差別了。下面三張圖的例子中，用了3×2的 kernel 對4×5的矩陣做 convolution，因為算法和一維的情況相同，過程就不再贅述。

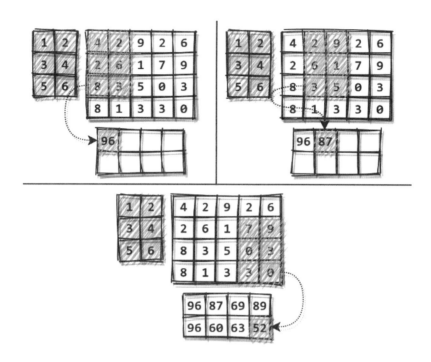

我們試著把這個運算過程用數學來表示。為方便說明，我們令被卷積矩陣（也就是輸入矩陣）為$I \in \mathbb{R}^{m \times n}$，kernel 為$K \in \mathbb{R}^{p \times q}$，輸出矩陣則稱為O。因為K矩陣只會在I矩陣上縱向或橫向平移，所以$O \in \mathbb{R}^{(m-p+1) \times (n-q+1)}$，即 O 為大小(m-p+1)x(n-q+1)的矩陣。我們也能藉此發現輸出矩陣的大小，其實是被卷積矩陣和 kernel 大小的函數。

那輸出矩陣的各項要怎麼算呢？我們只要把K左上角那一項對到輸入(m-p+1)x(n-q+1)矩陣上的某一項I_{ij}，這時算出來的加權和就會是O_{ij}了。

$$O_{ij} = \sum_{k_1=0}^{p-1} \sum_{k_2=0}^{q-1} I_{i+k_1, j+k_2} K_{k_1, k_2}, \forall\, i \in [1, m-p+1], j \in [1, n-q+1]$$

既然單項能寫成兩層 Sigma 的形式，我們就用簡單的四層 Python 迴圈程式來驗證剛剛卷積運算的例子。

程式實作　基本二維卷積運算　　　　　　■ 檔案：ch8/Basic_2D_Convolution.ipynb

最基本的二維卷積運算用四層 *for* 迴圈即可完成，算法的圖解可以參考這個小節先前的說明。

```python
import torch

# 輸入張量
Input = torch.Tensor([
    [4, 2, 9, 2, 6],
    [2, 6, 1, 7, 9],
    [8, 3, 5, 0, 3],
    [8, 1, 3, 3, 0]
])

# 卷積核
Kernel = torch.Tensor([
    [1, 2],
    [3, 4],
    [5, 6]
])

input_height = Input.shape[0]
input_width = Input.shape[1]
kernel_height = Kernel.shape[0]
kernel_width = Kernel.shape[1]

Output = torch.zeros((input_height - kernel_height + 1
                    , input_width - kernel_width + 1)) # 空白輸出張量

for i in range(input_height - kernel_height + 1):
    for j in range(input_width - kernel_width + 1): # 決定輸出張量的一項
        for k1 in range(kernel_height):
            for k2 in range(kernel_width): # 以 kernel 的各個元素進行加權運算
                Output[i][j] += Input[i + k1][j + k2] * Kernel[k1][k2]
                # 卷積運算
print(Output)
```

輸出

```
tensor([[96., 87., 69., 89.],
        [96., 60., 63., 52.]])
```

8.2 卷積與影像處理練習

■ 檔案：ch8/OpenCV_Convolution.ipynb

■ 檔案：ch8/BigBen.jpg

卷積運算常用在圖片的處理上，通常稱為影像濾波（image filtering），這時的 kernel 常被稱為濾波器（filter），可以想像成圖片的一種濾鏡。圖片由像素格構成，解析度的長與寬就是這張圖片在對應方向上的像素數。把一張圖片看作大小是長×寬的矩陣，每個像素格的數值當成矩陣上的對應項，就能在圖片上做卷積運算。

8.2.1 OpenCV

OpenCV（Open Source Computer Vision Library）是一個跨平台的函式庫，常被用來進行影像處理和開發電腦視覺程式。我們來練習用這個套件，對一張圖片實作各類基本的影像濾波。

本書不會在這個部分著墨過深，有興趣的讀者可以參考維基百科的影像處理頁面。（網址：https://en.wikipedia.org/wiki/Kernel_(image_processing)）

```
01  # 匯入套件
02  import cv2
03  import numpy as np
04  import matplotlib.pyplot as plt
```

cv2 套件在 Python 中可以把圖片匯入程式並以 Numpy 陣列儲存，在運算上相當方便。OpenCV 的圖片通道順序是 BGR 而不是常見的 RGB，所以我們要用 cvtColor 函式換成我們方便處理的格式。我們選了一張英國大笨鐘和國會大廈的照片來進行實驗，讀者也可以換成手邊的照片試試看。這裡我們用 plt.figure 函式設定輸出尺寸 figsize，指定輸出長寬分別為 9 英寸和 6 英寸。

提醒一下各位讀者，安裝 OpenCV 的指令為「pip3 install opencv-contrib-python」，執行時如果發生「libiomp5md.dll」相關的錯誤警告，這部分建議參考

第一章的補充，以指令「*pip3 install --upgrade --force-reinstall numpy*」重新安裝 numpy 套件。

```
01   original_img = cv2.imread('BigBen.jpg') # 讀入圖片
02   original_img = cv2.cvtColor(original_img, cv2.COLOR_BGR2RGB) # 交換通道
03   plt.figure(figsize=(9, 6)) # 設定輸出大小
04   plt.imshow(original_img)
05   plt.show()
```

▼ 輸出

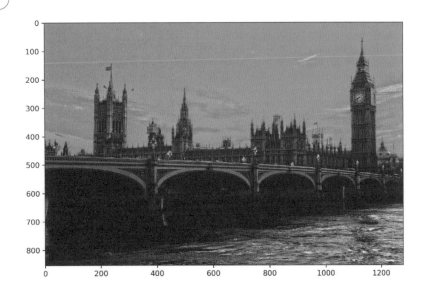

8.2.2 模糊

模糊圖片是一種常見的卷積應用，以下會用各類的濾波器進行影像處理，讀者可以比較不同運算對圖片產生的效果。

均值模糊

如果用 $\frac{1}{9}\begin{bmatrix} 1 & 1 & 1 \\ 1 & 1 & 1 \\ 1 & 1 & 1 \end{bmatrix}$ 作為 filter，從前面矩陣運算的規則，不難推斷輸出值會是 filter 中央格對應位置周圍 9 個像素的平均。像素值和周遭像素格取平均後，一些比較細緻的差異就會變得不明顯，整張圖片也會看起來比較模糊。這樣的圖像處理稱為均值模糊（box blur），這個濾波器也被稱為平均濾波器（average filter）。

filter2D 函式可以匯入自己所構造的 filter，第二個引數設成−1表示輸出通道數和原圖相同。為了更明顯的效果，下面這段程式碼用了5 × 5的 average filter，讀者可以修改為覆蓋區域更大的 filter，來觀察原圖與濾波後的差異。

```
01   # 平均模糊
02   kernel = np.ones((5, 5)) / 25
03   filtered_img = cv2.filter2D(original_img, -1, kernel)
04   fig, axes = plt.subplots(nrows = 1, ncols = 2) # 建構圖表陣列
05   fig.set_size_inches(15, 5)
06   axes[0].imshow(original_img) # 左邊輸出原圖
07   axes[1].imshow(filtered_img) # 右邊輸出濾波後的圖
08   plt.show()
```

▼ 輸出

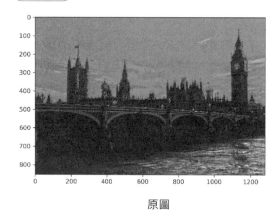 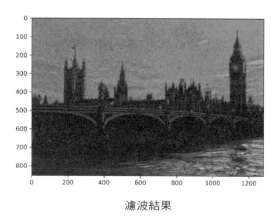

原圖　　　　　　　　　　　　　　　　　濾波結果

高斯模糊

cv2 套件中當然有內建的 filter，使用常態分布函數當作 filter 權重的高斯模糊（Gaussian blur）即是一例。只要給定原圖，filter 大小與標準差（0 是未指定，由函式計算），函式就會輸出濾波後的圖片。

```
01   # 高斯模糊
02   original_img = cv2.GaussianBlur(original_img, (5, 5), 0)
03   fig, axes = plt.subplots(nrows = 1, ncols = 2) # 建構圖表陣列
04   fig.set_size_inches(15, 5)
05   axes[0].imshow(original_img) # 左邊輸出原圖
06   axes[1].imshow(filtered_img) # 右邊輸出濾波後的圖
07   plt.show()
```

原圖

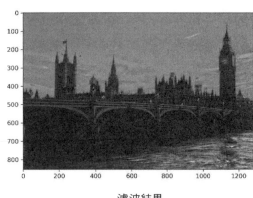
濾波結果

中位數模糊

　　接下來要介紹的中位數模糊（Median Blur）需要構造特殊的例子才能顯現它的效果。顧名思義，Median blur 就是取 filter 覆蓋區域中各像素值的中位數，當作中間那格的新像素值。在一般的圖片上，效果和 box blur 或 Gaussian blur 相差無幾，但在有胡椒鹽雜訊（salt and pepper noise）的圖片上，這樣的 filter 效果會相當顯著。剛剛實作過的兩種濾波都是拿週圍的像素做加權運算，所以如果圖上有隨機散佈的亮點或暗點，再怎麼算都還是會留下雜訊的痕跡。不過雜訊之所以被視為雜訊，表示它是在一張內容尚可猜測的圖片上少數的幾個像素點，所以拿 filter 覆蓋其中一個區域時，大部分的像素都還是原本正常圖片上的像素值。再加上雜訊的像素值通常是極端值才會容易被辨認，所以 filter 覆蓋區域的像素值中位數，極有可能代表原圖上應有的顏色，拿來當作新的顏色會是個抹除雜訊的好方法。

　　這段程式碼中，我們要先生成有胡椒鹽雜訊的圖片。首先我們隨機生成一個和原圖大小相同，數值落在[0,1]內的均勻分布矩陣。接著我們設定一個比率 *ratio*，把一定比率的點變成暗點或亮點。以 *ratio = 0.1* 來說，就是隨機矩陣上數值落在[0,0.1), [0.1,0.9], (0.9,1]的元素，分別在圖片上的對應項變成暗點、原色或亮點。為了後續 OpenCV 的圖片輸出，我們需要將 numpy 陣列中的數字用 *astype* 函式轉型，以 8 位元無號整數儲存，讓紅、綠、藍三原色數值落在0~255之間。

　　生成有胡椒鹽雜訊的圖片後，就能套用 *medianBlur* 函式觀察中位數模糊的效果了。和 *GaussianBlur* 不一樣的是，我們使用方形的 filter 時，可以用一個整數決定它的尺寸。我們對同一張雜訊圖也做了 Gaussian blur，讀者可以比較兩者的差異，不難發現中位數模糊後的雜訊遠比高斯模糊後來得稀疏。

```
01    # 中位數模糊
02
03    rand = np.random.uniform(0, 1, size = original_img.shape) # 亂數矩陣
04    ratio = 0.1 # 決定胡椒鹽像素比率
05    salt_and_pepper_img = (ratio <= rand) * (rand <= 1 - ratio) * original_img +
      (rand > 1 - ratio) * 255 # 生成胡椒鹽雜訊圖片
06    salt_and_pepper_img = salt_and_pepper_img.astype('uint8') # 轉為 8 位元陣列
07
08    filtered_img = cv2.medianBlur(salt_and_pepper_img, 5)
09    fig, axes = plt.subplots(nrows = 1, ncols = 2) # 建構圖表陣列
10    fig.set_size_inches(15, 5)
11    axes[0].imshow(salt_and_pepper_img) # 左邊輸出原圖
12    axes[1].imshow(filtered_img) # 右邊輸出濾波後的圖
13    plt.show()
14
15    filtered_img = cv2.GaussianBlur(salt_and_pepper_img, (5, 5), 0)
16    fig, axes = plt.subplots(nrows = 1, ncols = 2) # 建構圖表陣列
17    fig.set_size_inches(15, 5)
18    axes[0].imshow(salt_and_pepper_img) # 左邊輸出原圖
19    axes[1].imshow(filtered_img) # 右邊輸出濾波後的圖
20    plt.show()
```

▼ 輸出

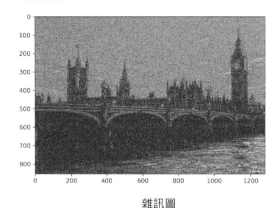

雜訊圖   中位數濾波結果

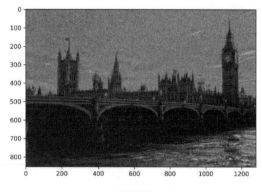

雜訊圖　　　　　　　　　　　　　高斯濾波結果

8.2.3 銳化

　　除了把一張圖片變模糊，也有效果相反的濾波運算，稱為銳化（sharpen），比較常用的 filter 通常是 $\frac{1}{9}\begin{bmatrix} 0 & -1 & 0 \\ -1 & 5 & -1 \\ 0 & -1 & 0 \end{bmatrix}$。從矩陣的設計可以發現，當某個像素格不在圖案邊界，也就是鄰近區域顏色變化不劇烈時，輸出的顏色接近原本的色彩 $(5-1-1-1-1=1)$。反之如果某個像素格在圖案邊界，因為 filter 的中央項權重很大，四個方向的權重又是負值，所以這個像素格與周圍的顏色差異會被放大，讓圖片邊角更銳利。這裡一樣透過 *filter2D* 函式使用自訂 filter，第二個引數設成-1表示輸出通道數和原圖相同。

```
01 | # 銳化濾波
02 | kernel = np.array([
03 |     [0, -1, 0],
04 |     [-1, 5, -1],
05 |     [0, -1, 0]
06 | ])
07 | filtered_img = cv2.filter2D(original_img, -1, kernel)
08 | fig, axes = plt.subplots(nrows = 1, ncols = 2) # 建構圖表陣列
09 | fig.set_size_inches(15, 5)
10 | axes[0].imshow(original_img) # 左邊輸出原圖
11 | axes[1].imshow(filtered_img) # 右邊輸出濾波後的圖
12 | plt.show()
```

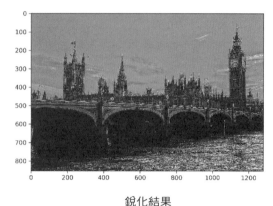

原圖   銳化結果

8.2.4 圖形邊界

影像濾波可以拿來修圖,也能萃取我們需要的資訊,例如圖形的邊界。以矩陣 $\frac{1}{9}\begin{bmatrix} -1 & 0 & 1 \\ -2 & 0 & 2 \\ -1 & 0 & 1 \end{bmatrix}$ 作為 filter,會算出右側 3 個像素的加權和,扣除左側 3 個像素的加權和。相鄰像素值差不多的的地方,因為左右相減後輸出值接近 0,所以新圖像上顏色會比較暗;原圖上相鄰像素值差距較大的的地方,則會因為左右相減後像素值不為零,所以新圖像上顏色會比較亮,這樣也就找到了各個圖案的邊界。這個技術稱為邊緣檢測(edge detection),而上述的的濾波器,則以其提出者索伯命名為索伯算子(Sober filter)。

```
01  # 邊緣濾波
02  kernel = np.array([
03      [-1, 0, 1],
04      [-2, 0, 2],
05      [-1, 0, 1]
06  ])
07  filtered_img = cv2.filter2D(original_img, -1, kernel)
08  fig, axes = plt.subplots(nrows = 1, ncols = 2) # 建構圖表陣列
09  fig.set_size_inches(15, 5)
10  axes[0].imshow(original_img) # 左邊輸出原圖
11  axes[1].imshow(filtered_img) # 右邊輸出濾波後的圖
12  plt.show()
```

▼ 輸出

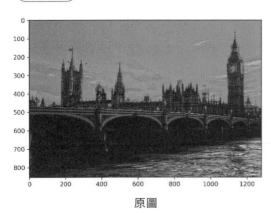
原圖

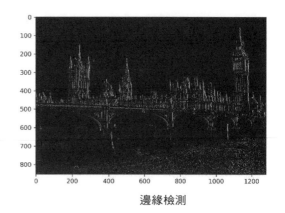
邊緣檢測

8.3 卷積神經網路

8.3.1 卷積運算與神經網路

◎ 全連接神經網路的瓶頸

上個小節看到卷積運算在影像處理上的應用後，我們來看看同樣的技術怎麼用在深度學習上。

第七章的 MNIST 實作中，我們已經知道全連接神經網路可以進行圖像辨識。不過一直增加層數或神經元個數，對準確率的提升或損失的降低效果實在有限；甚至多數新增的神經元對模型輸出的影響不大，只是浪費記憶體和訓練時間的存在。

為了優化這個問題，我們可以從人類的角度來思考圖像辨識。人在辨識數字時，會用數字的特徵來判斷。如果某個手寫數字上出現兩個空心的圓，那這個數字是 8 的機率就會非常地高；或者是右下角看起來像個十字，那這個數字是 4 的機率也會大幅提升。全連接神經網路少用了圖像辨識上一項重要的資訊，也就是像素在空間上的相鄰關係，和其排列後顯現的特徵。把所有像素值壓成一維張量，會讓這些特徵在進入神經網路前，就先在資料轉換階段被去除，模型當然也就探測不到。

◎ 第一個卷積神經網路

1989 年法國電腦科學家 Yang LeCun 提出一個，進行郵遞區號的手寫數字辨識的神經網路。這個神經網路中的隱藏層用數個二維張量當作 kernel，並以卷積運算作為

層與層之間的正向傳播算法，因此被視為意義上的第一個卷積神經網路（Convolutional Neural Network，簡稱 CNN）。LeCun 的論文中提到了兩個概念：

- 局部連接

  距離相近的像素比較容易構成一個可以明確辨認的簡單特徵，所以用 kernel 取相鄰像素點進行加權運算，萃取特徵的成效會比沒有空間關係的一維向量好上不少。

- 權重共享

  輸入的圖片無論左上角或右下角，都是透過同一個 kernel 運算得到輸出，所以各個區域可以說是共享了一個 kernel 的權重。又因為 kernel 通常是尺寸遠小於輸入圖片的方陣，所以訓練參數常比全連接層少了數十倍。又因為是以各個 kernel 當作訓練參數，所以有幾個 kernel，模型訓練後就能取幾種有利於圖像辨識的特徵。每個 kernel 都會在整張圖上做運算，所以可以在不同的位置獲取同一種特徵。比起全連接神經網路每個連結各算各的權重，CNN 在時間和空間上的效率都提升了不少。

8.3.2 卷積神經網路的架構

⬡ 卷積與池化

LeCun 後來將這個模型進行數年的改良，在 1998 年發表了 CNN 的經典模型 LeNet-5。這個神經網路中包含現今所有 CNN 模型都有的架構，也就是卷積層（convolution layer）與池化層（pooling layer）。

- 卷積層

  把輸入的三維張量當成多個二維張量，並把每個二維張量用同一個 kernel 做卷積運算，並加總成為特徵圖（feature map）。因為一個 kernel 對應一個特徵，所以特徵圖上數值較高的點，可能是對應特徵極可能存在的地方。各個 kernel 所產生的多張特徵圖會構成一個三維向量，傳入下一層。

- 池化層

  一張圖片通過卷積層後得到了數張特徵圖，這些數值可能有大有小，但我們通常只重視局部極值或平均。池化層的主要功用在於以一個叫做池化核（pooling kernel）的遮罩，以遮罩覆蓋一個區域，並只取一個特定性質的數值（ex:極值、

平均值、中位數等）進行正向傳播。一個二維張量經過池化層後剩下的數字個數會比原本小數倍，常能在後續的正向傳播過程中省下大量的運算。

在 8-1 小節中已經介紹過卷積層如何運算，下面的三張圖示範的是最大池化運算，也就是池化核覆蓋的區域選出最大值。第一張圖左邊的是被池化矩陣，右邊的是空的輸出矩陣。一開始先把池化核蓋在被池化矩陣左上角，發現左上角四個數字中最大的數字為 9，也就是輸出矩陣的第一個元素。向右找到下一個還沒有被池化核覆蓋的區域，發現最大的數字是 8，也就是輸出矩陣的下一個元素，如第二張圖。當被池化矩陣的每個數值都恰好被池化覆蓋一次且做完池化運算後，就會得到輸出矩陣，如第三張圖。

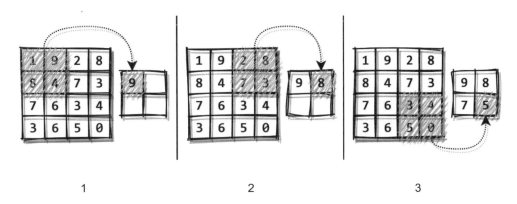

1   2   3

◎ 卷積神經網路的架構

現今多數 CNN 的架構之說明如下：

● 輸入層

把一張圖片視為維度分別為長、寬、通道數的三維張量。若是黑白或灰階圖片，就會是單通道圖片，第三個維度是 1；如果是彩色圖片，通道數與第三個維度通常是 3，圖片會分成儲存 R、G、B 三種數值的三個二維張量。

● 卷積層和池化層

兩者的功能前面已經解釋過了。通常卷積層和池化層會交錯配置，但為了提高準確率，不一定會依循這樣的規律，也有可能在兩個卷積層後放一個池化層。

● 全連接層

最後會將多次卷積與池化後的特徵圖壓平成一維張量，並經過數層全連接層的正向傳播後，得到各個分類的機率分布。

以下是 Lenet-5 的模型示意圖。一個大小為 32×32 的圖片，第一次卷積時透過 6 個大小為 5×5 的 filter，各產出一張 28×28 的特徵圖，再用 2×2 的池化核縮小特徵圖；第二次卷積時用了大小一樣為 5×5 的 16 個 filter，同樣是把長寬砍半的池化後，會得到 16 張 5×5 的特徵圖。將這些特徵圖重新排列成一維向量後，再傳入依序有 120 個、84 個和 10 個神經元的全連接層，得到各個分類的預測機率。這個模型當時的目標，恰是讀者們上個章節剛實作過的手寫數字辨識。

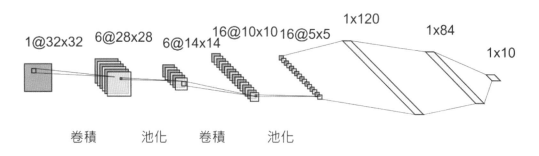

為何 CNN 可行：圈與叉的辨識

　　CNN 的架構跟全連接神經網路的架構有很大的不同，但先不論它的準確率如何，這個模型真的有效嗎？我們來看一個例子。假設今天我們要輸入一張 6×6 的黑白圖片，要判斷這張圖上是一個方框或是一個叉號，我們要怎麼透過 CNN 來建構一個成功的分類模型呢？

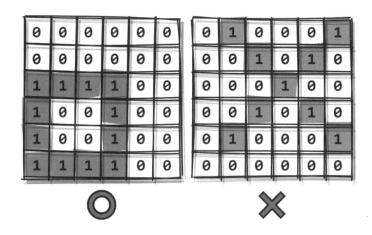

　　雖然說 kernel 在卷積層裡是被訓練的參數，但為了方便解釋，我們直接定義幾個肉眼方便觀察的特徵，並設計對應的 kernel 進行篩選，如下圖所示。不難發現上排三個 kernel 對應到的是叉號的特徵，下排四個則是對應到方框的特徵。在我們所設計的 kernel 上，完全匹配到特徵的 kernel 輸出值恰好會是 kernel 上+1 的個數，但

不是每次特徵都能恰好對到 kernel 上的每一項,所以我們把門檻值設成比「+1 的個數」少 1,kernel 的輸出只要不小於門檻值都視為這個特徵存在。

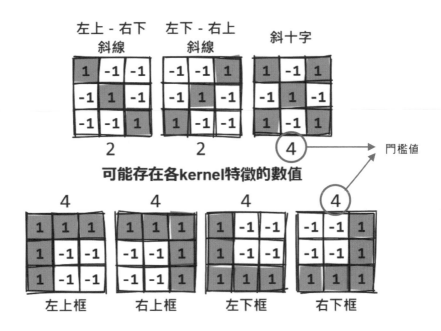

我們假設這個判別方框和叉號的 CNN 模型裡,依序有運用這 7 個 kernel 的一層卷積層、一層最大池化層和兩層全連接層。我們把叉號的圖片傳入這個 CNN,經過卷積和池化後得到 7 張特徵圖(省略計算過程)。從特徵圖可以發現,原圖上的左上角和右下角都有左上-右下斜線的特徵,左下角和右上角都有左下-右上斜線的特徵,圖的右上角還有斜十字的特徵。

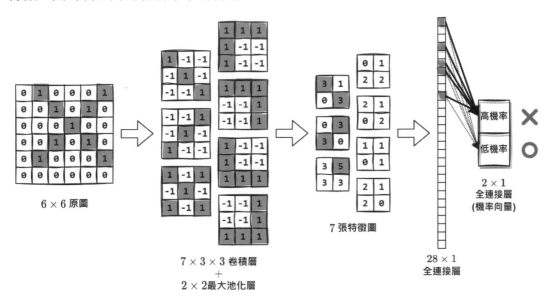

既然已經知道各個位置出現了那些特徵，那要怎麼綜合這些局部線索得到最後的機率預測呢？既然已經取得各個特徵了，那空間關係就沒那麼重要了，我們可以把所有特徵圖壓成一個一維張量，用全連接層進行最後的運算。因為這個一維向量上代表的每一項，都代表某個區域是否存在某種特徵，向下一層傳遞資訊的過程有點類似投票，可以想像成用各個區域的特徵出現與否，票選出最後的機率向量。因為叉號的相關特徵在對應的相對位置出現，也沒有發現方框相關的任何特徵，所以我們根據特徵的投票得出這張圖很有可能是個叉號。

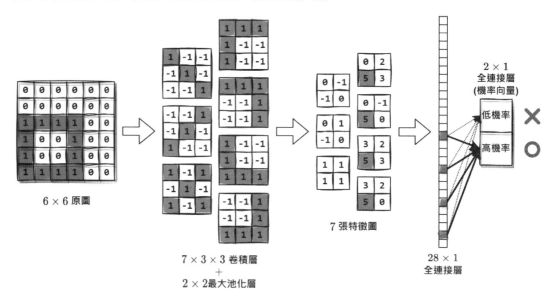

6 × 6 原圖

7 × 3 × 3 卷積層
+
2 × 2 最大池化層

7 張特徵圖

28 × 1
全連接層

2 × 1
全連接層
(機率向量)

低機率

高機率

X

O

　　輸入一張方框的圖片時，我們可以依循同樣的方法，由特徵圖發現相關的四個特徵。因為圖上的方框靠近左下角，所以很有可能四個特徵也都在左下角。雖然沒有辦法從特徵圖上判別四種特徵的空間關係，但同時出現表示這張圖片出現方框的機率依然不低，但被判定成機率勢必會比叉號的例子低一些。

　　由上述的例子，我們看到 CNN 是具有正確性的深度學習方法，而且擷取圖片特徵的特性，讓它在準確率提升的可能性比全連接神經網路高得多。但 LeNet-5 剛出現時，CNN 並沒有馬上成為研究圖像識別的一種新方法。因為處理高解析度圖片時，伴隨的是層數與逐漸變大的 kernel，當時的 CNN 極度耗費訓練時間和運算資源。另一個問題是當時的激勵函數只有 Sigmoid 和 Tanh，神經網路過深時，會發生第六章提過的梯度消失問題。直到 GPU 平行運算和可減緩梯度消失的 ReLU 函數出現，以及 AlexNet 在 2012 年的 ILSVRC 圖像辨識競賽中，以比第二名高 10%的準確率壓倒性地獲得冠軍，才讓電腦視覺及深度學習領域大量關注 CNN 這項技術，並在這個基礎上設計表現更好的預測模型。

8.4 習題

( ) 1. 在卷積運算中，被卷積矩陣、kernel 和輸出矩陣符合下列哪些大小關係？

(a) 被卷積矩陣 >= kernel

(b) 被卷積矩陣 >= 輸出矩陣

(c) 以上皆是

(d) 輸出矩陣 >= kernel

( ) 2. 比起全連接神經網路，CNN 多保留了輸入資料哪種性質的特徵？

(a) 空間   (b) 時間

(c) 數字   (d) 以上皆非

( ) 3. 下列哪一種濾波器的主要用途是為了取得圖案邊界？

(a) $\frac{1}{25}\begin{bmatrix} 1 & 1 & 1 & 1 & 1 \\ 1 & 1 & 1 & 1 & 1 \\ 1 & 1 & 1 & 1 & 1 \\ 1 & 1 & 1 & 1 & 1 \\ 1 & 1 & 1 & 1 & 1 \end{bmatrix}$ (b) $\frac{1}{9}\begin{bmatrix} 0 & -1 & 0 \\ -1 & 5 & -1 \\ 0 & -1 & 0 \end{bmatrix}$

(c) $\frac{1}{9}\begin{bmatrix} -1 & 0 & 1 \\ -2 & 0 & 2 \\ -1 & 0 & 1 \end{bmatrix}$ (d) $\frac{1}{9}\begin{bmatrix} 1 & 1 & 1 \\ 1 & 1 & 1 \\ 1 & 1 & 1 \end{bmatrix}$

( ) 4. 哪一種濾波方式可以去除胡椒鹽雜訊？

(a) 平均模糊   (b) 中位數模糊

(c) 高斯模糊   (d) 索伯算子

( ) 5. 下列何者不是池化層的功用？

(a) 去除不明顯的特徵   (b) 用加權運算得到新的特徵

(c) 保留具代表性的特徵   (d) 縮小特徵圖

( ) 6. 一個 CNN 的分類模型中，具有下列哪一種神經網路層？

(a) 卷積層   (b) 池化層

(c) 全連接層   (d) 以上皆是

補充：卷積核與池化核的常用參數

　　大部分的卷積或池化運算中，卷積時會用 kernel 掃描過整張特徵圖，池化時則是一區覆蓋一次取最大值。其實 kernel 相關的運算不一定是依照這種形式，我們可以調整一些參數，調整 kernel 的移動步伐和感受野（reception field，即一個 kernel 的運算範圍）的大小，或是在原圖上補項，改變最後輸出的張量大小與性質。

⬡ 填充（padding）

　　一般來說，一個張量卷積後的輸出矩陣會比原來還要小，又因為邊界附近的數值被卷積的次數，遠少於中間的元素，圖像邊緣附近的特徵就不容易被發現。因此，我們可以在原圖外圍補上數圈數字再進行卷積，讓最後的輸出張量不會被過度縮小，同時保留圖片角落的特徵。補上的數字通常是不容易影響運算結果的0，這個預處理也常被稱為 zero-padding。

　　舉個例子，如果有一樣大的 kernel 跟被卷積矩陣，如果直接卷積，輸出矩陣的大小就會是單一元素的1×1；如果在被卷積矩陣外圍一圈補零，也就是 padding 寬度是1的話，就會得到一個稍大的輸出矩陣。以下圖來說，卷積一個 4×5 的矩陣，輸出大小就會變成為3×4。

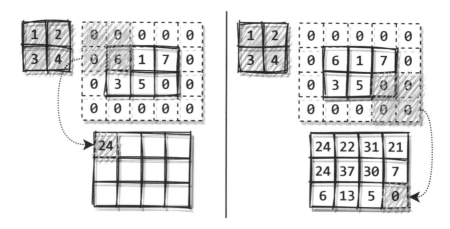

⬡ 步伐（stride）

　　在做一般的卷積時，kernel 是逐步向周圍移動一格進行運算，但如果要減少運算量或特徵不複雜的話，也可以一次移動很多格，而每次移動的格數則稱做這個 kernel 的 stride。

若有一個大小3×3的 kernel 與大小5×5的被卷積矩陣，當stride＝2時輸出矩陣大小為2×2，過程如下方的三張圖片。池化層通常會用 kernel 的大小當作 stride，所以每個元素只會被 kernel 覆蓋一次。

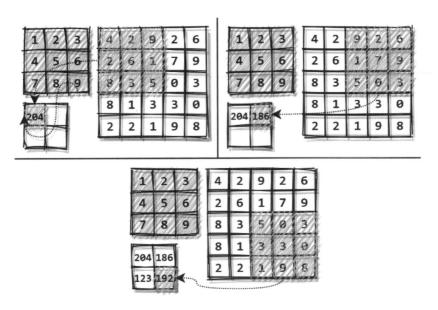

空洞（dilation）

　　如果想要在不把 kernel 變大的情況下，讓 kernel 一次覆蓋較大的區域，也就是擴大感受野，擷取大範圍特徵的話，空洞卷積(dilated convolution)是個可行的方法。dilation 的值代表 kernel 上相鄰項在被卷積矩陣上覆蓋項的距離。

　　dilation＝1就跟一般的卷積相同，因為在 kernel 上的相鄰項，在被卷積矩陣上覆蓋的距離也相鄰；但dilation＞1時，kernel 的各個覆蓋點會平均散佈在較大的矩形空間上。下面的範例中，2×2的 kernel 在dilation＝2時對4×5進行卷積，會得到2×3的輸出矩陣。比較好理解的方法，是把有 dilation 的 kernel 看作比較大但很多項都是 0 的 kernel，例如把下圖的卷積運算，視為用大小3×3但只有四角有權重的 kernel。

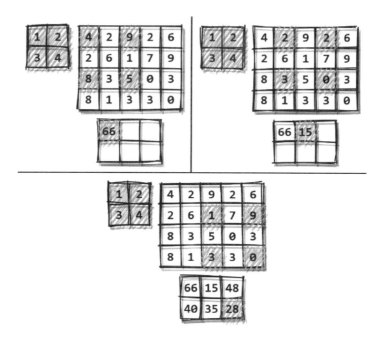

運用這些參數，可以得到輸出矩陣大小的運算公式。假設輸入矩陣的某一邊長度是W，同一個方向上的 kernel 邊長是K，stride 是S，padding 是P，dilation 是D，則輸出矩陣對應方向上的邊長可以用以下的算式表述。

$$\begin{cases} \left\lfloor \dfrac{W - K + 2P}{S} \right\rfloor + 1, D = 1 \\ \left\lfloor \dfrac{W - (K + (K - 1)(D - 1)) + 2P}{S} \right\rfloor + 1, \text{otherwise} \end{cases}$$

如果上述算式中的分子不整除S，表示 kernel 沒辦法完整遍歷整個矩陣，所以右邊界及下邊界的一些特徵可能會因為無法卷積而不被探測到，這是設定卷積層時需要注意的問題。

了解這些參數的意義後，可以調整下個章節實作的 CNN，試試看哪種設計會讓這組神經網路有更好的預測表現。

09
chapter

卷積神經網路實作

前一個章節介紹了 CNN 的架構，本章節則是要拿一個圖片的資料集，運用 Pytorch 訓練一個 CNN 進行圖像辨識，並比較其與全連接神經網路的差異。一般圖片的資料集相較於第七章的 MNIST 雜訊會多不少，所以基本的 CNN 訓練出來的結果通常不大理想，我們也會再深入討論可以怎麼優化。

9.1 運用 CIFAR-10 資料集實作 CNN ────────

■ Jupyter Notebook：ch9/CNN_CIFAR10.ipynb

■ Python 完整程式：ch9/CNN_CIFAR10.py

進行實作的第一步，先匯入相關套件。

```
01   # 匯入套件
02   import torch
03   from torch import nn, optim
04   from torchvision import datasets, transforms
05   from torch.utils.data import DataLoader
06   from matplotlib.pylab import plt
```

◎ 超參數

和全連接神經網路不同的是，卷積神經網路大小與輸入資料相關，所以我們要先設定超參數，才能把資料集載入並視圖片大小進行運算。

```
01   # 超參數
02   batch_size = 100
03   lr = 0.001
04   epochs = 10
```

9.1.1 CIFAR-10 圖片資料集

這次實作要用的資料集是由加拿大的學術慈善組織 CIFAR 所建構出來的 CIFAR-10 圖片資料集。這個資料集共有60000張大小32×32的彩色圖片，共有飛機、汽車、鳥、貓、鹿、狗、青蛙、馬、船和卡車共十個類別，各有6000張圖片。CIFAR-10 是電腦視覺中資料預處理相對完全的熱門資料集，很多圖像辨識模型也常拿來初步訓練，驗證模型的可行性。CIFAR 另外還有一組更複雜，具有100個分類的 CIFAR-100 資料集，在這個實作完成後讀者也可以嘗試看看。

載入資料時跟先前類似，下載 *torch.datasets* 中 *CIFAR10* 的資料集，再用 *DataLoader* 迭代資料。唯一不同的地方在於這邊的資料轉換，不只是要把型態轉換為 *Tensor*，還要用 *transforms.Normalize* 把資料重新標準化，從原本的值域 [0,1]改成[−1,1]，以利後續運算。此處的 0.5 即將每個通道的原值減去 0.5 後除以 0.5，故原先的極值 0 和 1 便會變成-1 和 1。

- *transforms.Normalize(mean, std)*

  - *mean*：一個做為平均值的 *tuple*，元素數量為通道個數。

  - *std*：一個做為標準差的 *tuple*，元素數量為通道個數。

```
01   # 資料迭代器
02   transform = transforms.Compose([transforms.ToTensor(),
     transforms.Normalize((0.5, 0.5, 0.5), (0.5, 0.5, 0.5))])
03   train_set = datasets.CIFAR10('./', download = True, train=True, transform =
     transform)
04   test_set = datasets.CIFAR10('./', download = True, train = False, transform
     = transform)
05   train_loader = DataLoader(train_set, batch_size = batch_size, shuffle=True)
06   test_loader = DataLoader(test_set, batch_size = batch_size, shuffle=True)
```

9.1.2 CNN 的架構

接下來我們要定義一個 CNN 的類別 *CNN_CIFAR10*。這個模型比之前的全連接神經網路，多了卷積層跟最大池化層兩種函數。

- 卷積層 *nn.Conv2d(input_size, output_size, kernel_size)*

  - *input_size*：輸入的通道數，又稱為輸入深度。對第一層卷積層來說，*input_size* 就是圖片的通道數。

  - *output_size*：輸出的通道數，又稱為輸出深度。

  - *kernel_size*：可填 *(x, y)* 代表以 $x \times y$ 的矩陣做為 kernel。如果想用方陣，填上單一數字即可。

- 最大池化層 *nn.MaxPool2d(kernel_size)*

  - *kernel_size*：可填 *(x, y)* 代表以 $x \times y$ 的二維空間當作 kernel 的大小。如果想用方陣，填上單一數字即可。

卷積和池化函數都是以四維張量進行運算，四個維度分別是 *batch_size*、特徵圖數量（以輸入來說就是圖片的通道數）、特徵圖的高度（列數）、特徵圖的寬度（行數），Pytorch 官網通常簡記為 (N, C, H, W)。傳入全連接層計算分類機率，要用 *view()* 函式把四維張量壓成二維張量 (N, L) 才能繼續前饋資料。這裡的 L 是第一層全連接層的神經元個數，通常會等於最後一個四維向量的 $C \times H \times W$。以下程式碼中有

註解各層運算後的特徵圖大小，方便讀者觀察特徵圖大小變化。為了避免混淆，註解中省略了第一個維度 *batch_size*。

因為都是用同一個池化函數跟激勵函數做類似的運算，所以我們會多次運用，不需要重複宣告。這些函數沒有訓練參數，也就不會有梯度傳遞的問題。下圖是我們宣告的 CNN 的架構圖。在這個實作中，我們在各個神經網路層的大小都與 LeNet-5 模型相同。

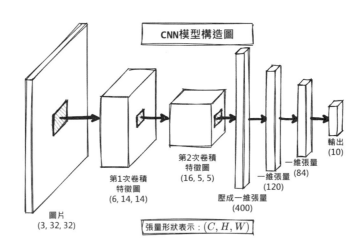

```
01    # 建構 CNN 類別
02    class CNN_CIFAR10(nn.Module):
03        def __init__(self, input_size, output_size):
04            super().__init__()
05            self.conv1 = nn.Conv2d(input_size, 6, 5)
06            self.conv2 = nn.Conv2d(6, 16, 5)
07            self.fc1 = nn.Linear(16 * 5 * 5, 120)
08            self.fc2 = nn.Linear(120, 84)
09            self.fc3 = nn.Linear(84, output_size)
10            self.pool = nn.MaxPool2d(2)
11            self.relu = nn.ReLU()
12        def forward(self, x):
13            # 卷積與池化
14            x = self.conv1(x) # (input_size, 32, 32) => (6, 28, 28)
15            x = self.relu(x)
16            x = self.pool(x) # (6, 28, 28) => (9, 14, 14)
17            x = self.conv2(x) # (9, 14, 14) => (16, 10, 10)
18            x = self.relu(x)
19            x = self.pool(x) # (16, 10, 10) => (16, 5, 5)
20            # 四維張量轉二維張量
```

```
21    x = x.view(-1, 16 * 5 * 5) # (16, 5, 5) => (16 * 5 * 5)
22    # 全連接層
23    x = self.fc1(x) # (16 * 5 * 5) => (120)
24    x = self.relu(x)
25    x = self.fc2(x) # (120) => (84)
26    x = self.relu(x)
27    x = self.fc3(x) # (84) => (output_size)
28    return x
```

損失函數、梯度優化與卷積參數

定義完神經網路類別後就能宣告神經網路物件。因為跟先前一樣是在建構分類模型，所以我們選用和第七章一樣的損失估計函數和優化器。我們可以輸出剛創建的神經網路物件，會發現有些卷積或池化的預設參數。在更複雜的模型上，有技巧地調整這些參數可以提升模型的準確率，本章節的補充會再做討論。

```
01    CNN = CNN_CIFAR10(3, 10)
02    criterion = nn.CrossEntropyLoss()
03    optimizer = optim.Adam(CNN.parameters(), lr = lr)
04    print(CNN)
```

▼ 輸出

```
CNN_CIFAR10(
  (conv1): Conv2d(3, 6, kernel_size=(5, 5), stride=(1, 1))
  (conv2): Conv2d(6, 16, kernel_size=(5, 5), stride=(1, 1))
  (fc1): Linear(in_features=400, out_features=120, bias=True)
  (fc2): Linear(in_features=120, out_features=84, bias=True)
  (fc3): Linear(in_features=84, out_features=10, bias=True)
  (pool): MaxPool2d(kernel_size=2, stride=2, padding=0, dilation=1,
ceil_mode=False)
  (relu): ReLU()
)
```

9.1.3 模型視覺化

我們一樣用視覺化函數把照片輸出，看看每張圖所對應的標籤以及目前的預測值。因為資料被標準化過而且資料裡的圖片維度是(C, H, W)，所以要先把資料還原成像素值，並利用 *permute()* 函式把維度順序變換成(H, W, C)才能輸出。

9-5

```
01   classes = ('plane', 'car', 'bird', 'cat', 'deer', 'dog', 'frog', 'horse',
     'ship', 'truck')
02
03   # 視覺化函數
04   def visualize(model, data_loader):
05       data_iter = iter(data_loader)
06       images, labels = next(data_iter) # 隨機取得一組資料
07
08       model.eval() # 轉為測試模式(不訓練)
09       print(f'Labels: {" ".join(f"{classes[label]:>5s}" for label in labels[:
     5])}') # 輸出標籤
10       predict = model(images)
11       pred_label = torch.max(predict.data, 1).indices
12       print(f'Predictions: {" ".join(f"{classes[label]:>5s}" for label in
     pred_label[: 5])}') # 輸出預測
13
14       fig, axes = plt.subplots(nrows = 2, ncols = 5) # 建構圖表陣列
15       fig.set_size_inches(13, 8) # 設定圖表大小
16       plt.subplots_adjust(wspace = 1, hspace = 0.1) # 設定子圖表間距
17       for i in range(5):
18           axes[0][i].imshow((images[i] * 0.5 + 0.5).permute(1, 2, 0).numpy().
     squeeze()) # 輸出圖片
19           x = list(range(10))
20           y = torch.softmax(predict.data[i], 0) # 取得預測機率
21           axes[1][i].barh(x, y) # 輸出圖表
22           for j, v in enumerate(y):
23               axes[1][i].text(1.1 * max(y), j - 0.1, str("{:1.4f}".format(v)),
     color='black') # 輸出機率
24       plt.show()
25
26   visualize(CNN, train_loader)
```

▼ 輸出

```
Labels:  bird  ship   dog truck  ship
Predictions: truck truck truck truck truck
```

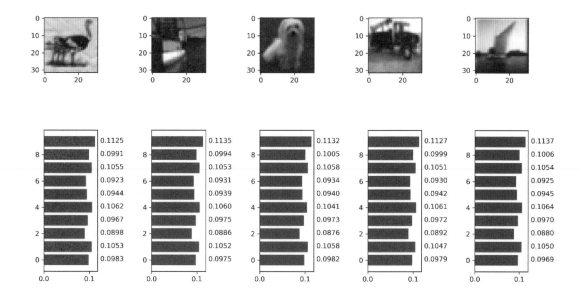

9.1.4 模型訓練

　　訓練的形式跟第七章的實作差異不大，計算損失時同時計算準確率，在訓練集上用訓練模式 *train()*，在驗證集上用執行模式 *eval()*。因為第一層神經網路層是卷積層而不是全連接層，所以傳入模型時不需要用 *view()* 函式變形成向量。這個模型的訓練時間會比第七章來得久，執行 *train()* 函式時要多等一段時間才會訓練完成。

```
01   # 訓練函式
02   def train(model, epochs, train_loader, test_loader):
03       train_loss, train_acc, test_loss, test_acc = [], [], [], [] # 訓練紀錄陣列
04       for e in range(epochs):
05           model.train()
06           loss_sum, correct_cnt = 0, 0
07           for image, label in train_loader:
08               optimizer.zero_grad()
09               predict = model(image)
10               loss = criterion(predict, label)
11               pred_label = torch.max(predict.data, 1).indices
12               correct_cnt += (pred_label == label).sum()
13               loss_sum += loss.item()
14               loss.backward()
15               optimizer.step()
16           train_loss.append(loss_sum / len(train_loader))
```

```
17        train_acc.append(float(correct_cnt) / (len(train_loader) *
     batch_size))
18        print(f'Epoch {e + 1:2d} Train Loss: {train_loss[-1]:.10f} Train
     Acc: {train_acc[-1]:.4f}', end = ' ')
19        model.eval()
20        loss_sum, correct_cnt = 0, 0
21        with torch.no_grad():
22            for image, label in test_loader:
23                predict = model(image)
24                loss = criterion(predict, label)
25                pred_label = torch.max(predict.data, 1).indices
26                correct_cnt += (pred_label == label).sum()
27                loss_sum += loss.item()
28        test_loss.append(loss_sum / len(test_loader))
29        test_acc.append(float(correct_cnt) / (len(test_loader) * batch_size))
30        print(f'Test Loss: {test_loss[-1]:.10f} Test Acc: {test_acc[-1]:.4f}')
31    return train_loss, train_acc, test_loss, test_acc
```

　　如同第七章的實作，我們訓練時取得過程中的損失和準確率變化，以便畫成圖表。

```
01    train_loss, train_acc, test_loss, test_acc = train(CNN, epochs,
      train_loader, test_loader) # 訓練
```

🔻 輸出

```
Epoch  1 Train Loss: 1.6646428330 Train Acc: 0.3925 Test Loss: 1.5165023935
Test Acc: 0.4580
Epoch  2 Train Loss: 1.3914236524 Train Acc: 0.5018 Test Loss: 1.3423786163
Test Acc: 0.5231
Epoch  3 Train Loss: 1.2825061723 Train Acc: 0.5427 Test Loss: 1.2525779861
Test Acc: 0.5548
Epoch  4 Train Loss: 1.1969126923 Train Acc: 0.5762 Test Loss: 1.1988657916
Test Acc: 0.5748
Epoch  5 Train Loss: 1.1290194434 Train Acc: 0.5986 Test Loss: 1.1467100841
Test Acc: 0.5928
Epoch  6 Train Loss: 1.0734393314 Train Acc: 0.6178 Test Loss: 1.1193565601
Test Acc: 0.6058
Epoch  7 Train Loss: 1.0252779608 Train Acc: 0.6372 Test Loss: 1.1627798176
Test Acc: 0.5991
Epoch  8 Train Loss: 0.9807030967 Train Acc: 0.6518 Test Loss: 1.0802819210
Test Acc: 0.6171
```

```
Epoch  9 Train Loss: 0.9454814287 Train Acc: 0.6656 Test Loss: 1.0591427773
Test Acc: 0.6329
Epoch 10 Train Loss: 0.9105017304 Train Acc: 0.6772 Test Loss: 1.0788752198
Test Acc: 0.6232
```

9.1.5 訓練過程與結果呈現

◑ 訓練過程折線圖

繪製圖表時，一樣標註兩條折線的名稱，並用 *Legend( )* 函式繪製圖例。

```
01  # 損失函數圖表
02  plt.xlabel('Epochs')
03  plt.ylabel('Loss Value')
04  plt.plot(train_loss, label = 'Train Set')
05  plt.plot(test_loss, label = 'Test Set')
06  plt.legend()
07  plt.show()
08  # 準確率圖表
09  plt.xlabel('Epochs')
10  plt.ylabel('Accuracy')
11  plt.plot(train_acc, label = 'Train Set')
12  plt.plot(test_acc, label = 'Test Set')
13  plt.legend()
14  plt.show()
```

▼ 輸出

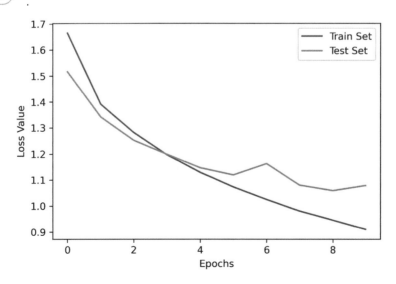

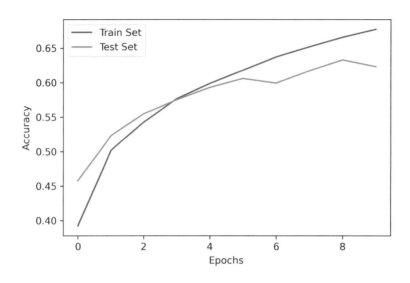

訓練結果視覺化

　　把結果視覺化後，會發現 CIFAR-10 的機率分布比 MNIST 來得混亂許多，甚至預測結果不一定是對的。這是因為手寫數字只有黑底白字，圖片多了許多背景雜訊，自然會影響模型的判斷。

```
01   visualize(CNN, test_loader) # 結果視覺化
```

▼ 輸出

```
Labels:  frog   cat horse  ship horse
Predictions:  ship  bird horse   cat horse
```

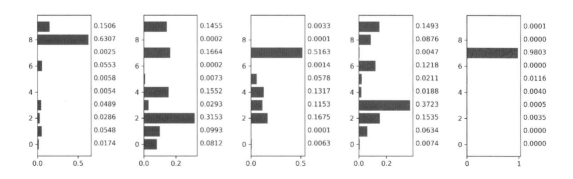

9.2 神經網路的優化實作

■ Jupyter Notebook：ch9/CNN_CIFAR10_Improved.ipynb

■ Python 完整程式：ch9/CNN_CIFAR10_Improved.py

相較於 MNIST 僅用全連接神經網路就達到幾乎完美的準確率，CIFAR-10 資料集即使用了 CNN，花了至少兩倍以上的訓練時間，準確率最高也只有六成出頭，算是相對不理想的結果。雖然多了背景雜訊，的確會提高模型的誤判率，但有沒有什麼方法可以提高模型的準確率，或是加速模型的訓練時間？

```
01  # 匯入套件
02  import torch
03  from torch import nn, optim
04  from torchvision import datasets, transforms
05  from torch.utils.data import DataLoader
06  from matplotlib.pylab import plt
```

超參數的設定和上個小節類似，可以參閱先前的說明。在這裡我們把學習率提高了3倍，可以參考接下來的解釋。

```
01  # 超參數
02  batch_size = 100
03  lr = 0.003
04  epochs = 10
```

資料集的載入和上個小節相同，可以參閱先前的說明。

```
01  transform = transforms.Compose([transforms.ToTensor(),
    transforms.Normalize((0.5, 0.5, 0.5), (0.5, 0.5, 0.5))])
02  train_set = datasets.CIFAR10('./', download = True, train=True, transform =
    transform)
03  test_set = datasets.CIFAR10('./', download = True, train = False, transform
    = transform)
04  train_loader = DataLoader(train_set, batch_size = batch_size, shuffle=True)
05  test_loader = DataLoader(test_set, batch_size = batch_size, shuffle=True)
```

9.2.1 批次標準化

　　雖然說各個參數的梯度是反向傳播的過程中求出來的，但梯度的數值本身卻是在正向傳播過程中決定的。也就是說，越接近輸出層的參數，越容易受前面的多個隱藏層所傳來的資料影響。因為參數改變，各個隱藏層的輸出也會跟著改變，輸出數值的分布當然也會變動。問題來了，隱藏層是用前一組輸入的分布來修正參數，但下一次前饋時傳來的資料數值區間又不一樣，這層的神經元要重新適應新的輸入，甚至可能用截然不同的梯度重新調整參數。這樣的參數修正當然效果不彰，尤其是接近輸出層的隱藏層，輸入的資料透過大部分被修正過的參數運算後，可能值域已經完全不一樣了。有個解決方法是縮小學習率，但也會大幅延長訓練時間。如果能夠控制每一層的輸出值域範圍，勢必能加快損失的收斂，縮短訓練時間。2015年，兩位 Google 工程師艾菲（S. Ioffe）和塞格迪（C. Szegedy）提出批次標準化（Batch Normalization，簡稱 BN）來解決這個問題。

　　我們有整個資料集的所有資料，當然可以求出整個資料集的值域，這樣要固定每個神經元的輸出範圍就容易多了，但一次把所有資料傳入模型，在記憶體處理上並不是可行的作法。Ioffe 和 Szegedy 則指出，只要我們每次訓練的 mini-batch 夠大，也就是採樣的資料筆數夠多，那它的資料分布會跟整個資料集相似。從這個概念來看，我們只要在每層運算後，把不同筆資料的對應項標準化後輸出，下一層的輸入值就會大致落在固定的範圍內。

$$X_{c,h,w} = \{X_{1,c,h,w}, X_{2,c,h,w}, \cdots, X_{i,c,h,w}, \cdots, X_{n,c,h,w}\}$$

$$E[X_{c,h,w}] = \frac{1}{n}\sum_{i=1}^{n} X_{i,c,h,w} \, , \, Var[X_{c,h,w}] = \frac{1}{n}\sum_{i=1}^{n}(X_{i,c,h,w} - E[X_{c,h,w}])^2$$

$$\Rightarrow X'_{i,c,h,w} = \frac{X_{i,c,h,w} - E[X_{c,h,w}]}{\sqrt{Var[X_{c,h,w}] + \epsilon}}$$

　　BN 的運算如上。首先我們從每個 mini-batch 中取出位置完全相同的元素。以 CNN 來說，這裡取的是通道數、列數和行數完全一樣的元素, 他們在原矩陣的位置我們用$X_{i,c,h,w}$表示，其中i是 mini-batch 中的第i筆資料。對於取出的元素所形成的集合$X_{c,h,w}$，我們算出它們的平均和變異數，就能把這些元素標準化成平均$\mu = 0$，標準差$\sigma = 1$的資料。可以注意到分母的根號裡多了ϵ，這是避免$Var[X] = 0$時出現除法上的錯誤，所以補上一個極小正數保證運算的可行性。

這樣做的確把每個神經元的輸出，控制在標準常態分布（standard normal distribution）內，甚至根據68–95–99.7原則，絕大部分的輸出值會落在[−3,3]之間。不過不是每個函數都需要0附近的輸入，甚至幾乎都是正數或負數的輸入，反而有利於後續運算；數值的分布值域雖然固定，但某些計算上可能太大或是太小。我們需要可以調整分布區間的參數。

$$\Rightarrow X'_{i,c,h,w} = \frac{X_{i,c,h,w} - E[X_{c,h,w}]}{\sqrt{Var[X_{c,h,w}] + \epsilon}} \times \gamma + \beta$$

回想一下高中數學的數據分析，我們曾經學過對一個數列的資料同乘γ倍，這個數列的標準差也會變成原本的γ倍；對一個數列的資料同時加上β，這個數列的平均也會增加β。同樣的想法套用在 BN 上，我們可以把原本$X'_{i,c,h,w}$乘上γ再加上β，則$X_{c,h,w}$就會有$\mu = \beta, \sigma = \gamma$輸出分布。不過$\gamma$和$\beta$要設多少？每個神經元要的輸入不一樣，所以我們把它們設成訓練參數，神經網路運算時再透過計算結果自行修正。

討論完背後的數學理論，總算可以把 BN 實際應用在我們的神經網路上了。以基本的 CNN 來說，Pytorch 中所對應的神經網路層函數分別是 *nn.BatchNorm2d* 和 *nn.BatchNorm1d*。兩者要傳入的參數分別是特徵圖的通道數C和全連接層的神經元數L，因為最後要對 mini-batch 中的N筆資料分別進行$C \times H \times W$組和L組 BN 運算。另外要注意的是，BN 放在 activation function 的前後都可以，只不過像 Sigmoid 或 Tanh 等函數的左右兩端函數值會收斂，為了避免 activation function 的輸入落在這個區間，可以先做 BN 控制 Sigmoid 和 Tanh 的輸入。以 ReLU 函數來說影響相對較小，讀者可以自行調動兩者的順序，或是更換 activation function 比較差異。

既然我們透過 BN 限縮了神經元輸入的值域，那參數的梯度變動就會相對穩定，也就可以試著稍微提高學習率加速收斂，可以參見上方超參數的設定。

```
01    # 建構 CNN 類別
02    class CNN_CIFAR10(nn.Module):
03        def __init__(self, input_size, output_size):
04            super().__init__()
05            self.conv1 = nn.Conv2d(input_size, 6, 5)
06            self.conv2 = nn.Conv2d(6, 16, 3)
07            self.conv3 = nn.Conv2d(16, 100, 3)
08            self.pool = nn.MaxPool2d(2)
09            self.bnc1 = nn.BatchNorm2d(6)
10            self.bnc2 = nn.BatchNorm2d(16)
12            self.bnc3 = nn.BatchNorm2d(100)
```

```
13    self.fc1 = nn.Linear(100 * 2 * 2, 120)
14    self.fc2 = nn.Linear(120, 84)
15    self.fc3 = nn.Linear(84, output_size)
16    self.bnf1 = nn.BatchNorm1d(120)
17    self.bnf2 = nn.BatchNorm1d(84)
18    self.relu = nn.ReLU()
19    def forward(self, x):
20        # 卷積與池化
21        x = self.conv1(x) # (3, 32, 32) => (6, 28, 28)
22        x = self.bnc1(x)
23        x = self.relu(x)
24        x = self.pool(x) # (6, 28, 28) => (6, 14, 14)
25        x = self.conv2(x) # (6, 14, 14) => (16, 12, 12)
26        x = self.bnc2(x)
27        x = self.relu(x)
28        x = self.pool(x) # (16, 12, 12) => (16, 6, 6)
29        x = self.conv3(x) # (16, 6, 6) => (100, 4, 4)
30        x = self.bnc3(x)
31        x = self.relu(x)
32        x = self.pool(x) # (100, 4, 4) => (100, 2, 2)
33        # 四維張量轉二維張量
34        x = x.view(x.shape[0], -1) # (100, 2, 2) => (400)
35        # 全連接層
36        x = self.fc1(x) # (400) => (120)
37        x = self.bnf1(x)
38        x = self.relu(x)
39        x = self.fc2(x) # (120) => (84)
40        x = self.bnf2(x)
41        x = self.relu(x)
42        x = self.fc3(x) # (84) => (10)
43        return x
```

9.2.2 增加卷積層

眼尖的讀者可能會發現，我們多加了一層生成100張特徵圖的卷積層。會不會有訓練參數數目暴增的問題？我們前面曾提過卷積層的訓練參數很少，這裡我們可以實際計算一次。為了方便比較，兩個 CNN 的全連接層部分都一樣，也暫時忽略這次實作中 BN 的參數。

- 9.1 的 CNN 卷積層訓練參數 $= 6 \times 5 \times 5 + 16 \times 5 \times 5 = 550$

- 9.2 的 CNN 卷積層訓練參數 $= 6 \times 5 \times 5 + 16 \times 3 \times 3 + 100 \times 3 \times 3 = 1194$

- 全連接層訓練參數 $= 400 \times 120 + 120 \times 84 + 84 \times 10 = 58920$

雖然卷積層參數的確翻倍了，但和全連接層的訓練參數相比，卻還是個五十分之一左右的數字。因此設計一個 CNN 時，我們可以善用卷積層多擷取一些圖片上的特徵，小幅增加訓練參數提高最後的模型準確率。

另外可以注意的是，三個卷積層中的 kernel 大小是遞減的5,3,3。我們說 kernel 能用來擷取圖片上的特徵，所以 kernel 的大小也就決定了擷取特徵的範圍，又有人稱為一個 kernel 的感受野（receptive field）。既然特徵圖會越算越小，那在原圖或大張的特徵圖上可以用較大的 kernel 放大感受野，在較深的卷積層則用小的 kernel 就能抓取大區域特徵，也能因此減少訓練參數。

下方的圖片是改良後的 CNN 架構，可以和前一個模型比較特徵圖大小的差異。

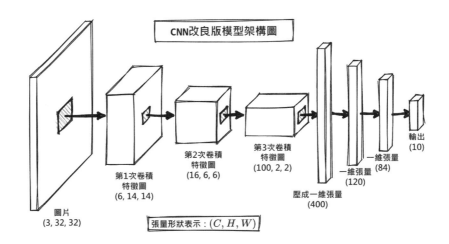

```
01   # 宣告模型
02   CNN = CNN_CIFAR10(3, 10)
03   criterion = nn.CrossEntropyLoss()
04   optimizer = optim.Adam(CNN.parameters(), lr = lr)
05   print(CNN)
```

```
CNN_CIFAR10(
  (conv1): Conv2d(3, 6, kernel_size=(5, 5), stride=(1, 1))
  (conv2): Conv2d(6, 16, kernel_size=(3, 3), stride=(1, 1))
  (conv3): Conv2d(16, 100, kernel_size=(3, 3), stride=(1, 1))
  (pool): MaxPool2d(kernel_size=2, stride=2, padding=0, dilation=1,
ceil_mode=False)
  (bnc1): BatchNorm2d(6, eps=1e-05, momentum=0.1, affine=True,
track_running_stats=True)
  (bnc2): BatchNorm2d(16, eps=1e-05, momentum=0.1, affine=True,
track_running_stats=True)
  (bnc3): BatchNorm2d(100, eps=1e-05, momentum=0.1, affine=True,
track_running_stats=True)
  (fc1): Linear(in_features=400, out_features=120, bias=True)
  (fc2): Linear(in_features=120, out_features=84, bias=True)
  (fc3): Linear(in_features=84, out_features=10, bias=True)
  (bnf1): BatchNorm1d(120, eps=1e-05, momentum=0.1, affine=True,
track_running_stats=True)
  (bnf2): BatchNorm1d(84, eps=1e-05, momentum=0.1, affine=True,
track_running_stats=True)
  (relu): ReLU()
)
```

9.2.3 GPU 運算

當訓練時間隨著參數的增加，已經沒辦法從軟體上進行優化時，是時候該從硬體下手了。

到目前為止，我們的運算都在大家熟知的 CPU（Central Processing Unit，中央處理器）上進行。作為一台電腦的主要計算單元，CPU 可以進行各種運算，依照優先序高低發送不同的指令，但終究只能一步一步來，或是核心間做一些簡單的多工處理，深度學習對 CPU 來說是個極大的運算負擔。

1990年代初期，GPU（Graphics Processing Unit，圖形處理器）問世了。GPU 主要的工作是接收 CPU 顯示畫面的指令，並把圖像存在 GPU 本身的記憶體上再輸出。與最多數十個核心的 CPU 不同的是，GPU 上通常有上千個核心。雖然它們只能做單調的運算，而且 GPU 的單一核心相對簡單，但因為一片螢幕上各個區域互相獨立，

所以每個核心可以同步輸出一個小區域，不只處理上比序列化的 CPU 快，即時運算的圖像也能更加細緻。

　　那深度學習有沒有同步運算的性質？仔細想一下會發現，同一個 batch 裡的每筆資料各自獨立，每筆資料的特徵圖也各自獨立，甚至同一層的輸出中，張量上每個元素的計算也各自獨立！只要有了前一層輸入的張量，我可以把它存在一個共用的記憶體裡，然後每個元素擷取需要的數據出來運算下一層的輸出值，不會有同一層的元素互相衝突的問題，運算效率上也可以大幅提升！

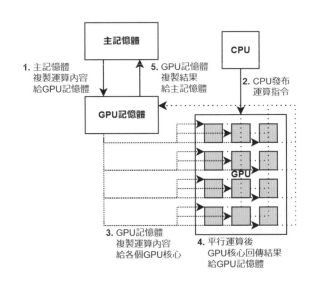

　　既然這樣，我們可以把深度學習丟到 GPU 上嗎？2007年，以銷售顯示卡聞名的半導體公司 NVIDIA 提出名為統一計算架構（Compute Unified Device Architecture, 簡稱 CUDA）的技術，也就是把一些數據轉移到 GPU 上平行運算的方法。CUDA 中的流程可以參考上方的圖片，以下我們會用這個技術加速神經網路的運算。

　　因為 Pytorch 有支援 CUDA 技術，所以透過 *pip* 安裝 *torch* 套件時，可以透過 Pytorch 官網的 Install 頁面，選取 CUDA 取得相關的安裝參數。不是每台電腦上都有支援 CUDA 的 GPU，因此我們會用 *torch.cuda.is_available()*來驗證這台電腦上有沒有可用的 GPU 運算顯示卡。如果電腦上有支援 CUDA 的 GPU，我們就把模型和訓練資料用.*to(device)*函式送到 GPU 上，反之則進行 CPU 運算。

　　整份實作含訓練資料和模型參數大約會用500MB 的 GPU 記憶體，有興趣嘗試 GPU 運算的讀者可以留意一下，修改模型或 *batch_size* 時也要注意 GPU 的記憶體上限。

```
01   device = "cuda:0" if torch.cuda.is_available() else "cpu" # 選擇運算硬體
02   CNN = CNN.to(device)
```

　　模型的視覺化和上個小節類似，可以參閱先前的說明。稍微不同的是，我們需要把資料送到模型所在的 GPU 上進行運算，再將運算結果傳回主記憶體上。

```
01   classes = ('plane', 'car', 'bird', 'cat', 'deer', 'dog', 'frog', 'horse',
     'ship', 'truck')
02
03   def visualize(model, data_loader):
04       data_iter = iter(data_loader)
05       images, labels = next(data_iter)
06       model.eval()
07       print(f'Labels: {" ".join(f"{classes[label]:>5s}" for label in labels[:
     5])}')
08       predict = model(images.to(device)).cpu() # 把訓練資料送到 GPU 上，再把預測
     機率送回主記憶體
09       pred_label = torch.max(predict.data, 1).indices
10       print(f'Predictions: {" ".join(f"{classes[label]:>5s}" for label in
     pred_label[: 5])}')
11       torch.cuda.empty_cache() # 清空 GPU 記憶體快取
12       fig, axes = plt.subplots(nrows = 2, ncols = 5)
13       fig.set_size_inches(13, 8)
14       plt.subplots_adjust(wspace = 1, hspace = 0.1)
15       for i in range(5):
16           axes[0][i].imshow((images[i] * 0.5 + 0.5).permute(1, 2, 0).numpy().
     squeeze())
17           x = list(range(10))
18           y = torch.softmax(predict.data[i], 0)
19           axes[1][i].barh(x, y)
20           for j, v in enumerate(y):
21               axes[1][i].text(1.1 * max(y), j - 0.1, str("{:1.4f}".format(v)),
     color='black')
22       plt.show()
23
24   visualize(CNN, train_loader)
```

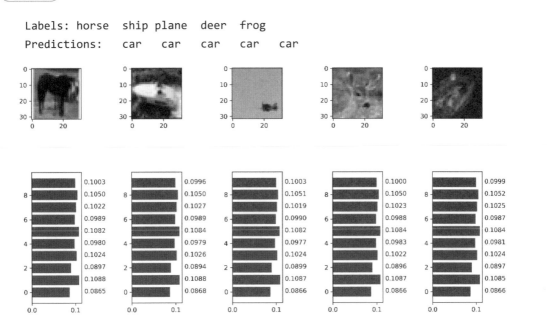

訓練函式和上個小節類似，可以參閱先前的說明。稍微不同的是，我們需要把資料送到模型所在的 GPU 上進行運算，再將運算結果傳回主記憶體上。

```python
01  def train(model, epochs, train_loader, test_loader):
02      train_loss, train_acc, test_loss, test_acc = [], [], [], []
03      for e in range(epochs):
04          model.train()
05          loss_sum, correct_cnt = 0, 0
06          for image, label in train_loader:
07              optimizer.zero_grad()
08              predict = model(image.to(device)).cpu()
09              loss = criterion(predict, label)
10              pred_label = torch.max(predict.data, 1).indices
11              correct_cnt += (pred_label == label).sum()
12              loss_sum += loss.item()
13              loss.backward()
14              optimizer.step()
15          train_loss.append(loss_sum / len(train_loader))
16          train_acc.append(float(correct_cnt) / (len(train_loader) * batch_size))
17          print(f'Epoch {e + 1:2d} Train Loss: {train_loss[-1]:.10f} Train
    Acc: {train_acc[-1]:.4f}', end = ' ')
18          model.eval()
```

```
19          loss_sum, correct_cnt = 0, 0
20          with torch.no_grad():
21              for image, label in test_loader:
22                  predict = model(image.to(device)).cpu()
23                  loss = criterion(predict, label)
24                  pred_label = torch.max(predict.data, 1).indices
25                  correct_cnt += (pred_label == label).sum()
26                  loss_sum += loss.item()
27          test_loss.append(loss_sum / len(test_loader))
28          test_acc.append(float(correct_cnt) / (len(test_loader) * batch_size))
29          print(f'Test Loss: {test_loss[-1]:.10f} Test Acc: {test_acc[-1]:.4f}')
30      return train_loss, train_acc, test_loss, test_acc

01  train_loss, train_acc, test_loss, test_acc = train(CNN_v2, epochs,
    train_loader, test_loader) # 訓練
```

▼ 輸出

```
Epoch  1 Train Loss: 1.3794389346 Train Acc: 0.5016 Test Loss: 1.3314486504
Test Acc: 0.5360
Epoch  2 Train Loss: 1.0783928164 Train Acc: 0.6164 Test Loss: 1.0292701048
Test Acc: 0.6414
Epoch  3 Train Loss: 0.9461274698 Train Acc: 0.6644 Test Loss: 1.0020749372
Test Acc: 0.6512
Epoch  4 Train Loss: 0.8517524776 Train Acc: 0.7007 Test Loss: 0.9891045535
Test Acc: 0.6545
Epoch  5 Train Loss: 0.7826563251 Train Acc: 0.7250 Test Loss: 0.9861032927
Test Acc: 0.6607
Epoch  6 Train Loss: 0.7278435451 Train Acc: 0.7428 Test Loss: 0.9614883292
Test Acc: 0.6684
Epoch  7 Train Loss: 0.6767995991 Train Acc: 0.7623 Test Loss: 0.9320475286
Test Acc: 0.6774
Epoch  8 Train Loss: 0.6366353428 Train Acc: 0.7760 Test Loss: 0.9709405935
Test Acc: 0.6782
Epoch  9 Train Loss: 0.5961462852 Train Acc: 0.7899 Test Loss: 0.9643432492
Test Acc: 0.6806
Epoch 10 Train Loss: 0.5580335084 Train Acc: 0.8010 Test Loss: 0.9482175237
Test Acc: 0.6828
```

將上方的數據和下方的折線圖與前一個小節的實作比對，不難發現模型表現的進步。

```
01    # 損失函數圖表
02    plt.xlabel('Epochs')
03    plt.ylabel('Loss Value')
04    plt.plot(train_loss, label = 'Train Set')
05    plt.plot(test_loss, label = 'Test Set')
06    plt.legend()
07    plt.show()
08    # 準確率圖表
09    plt.xlabel('Epochs')
10    plt.ylabel('Accuracy')
11    plt.plot(train_acc, label = 'Train Set')
12    plt.plot(test_acc, label = 'Test Set')
13    plt.legend()
14    plt.show()
```

▼ 輸出

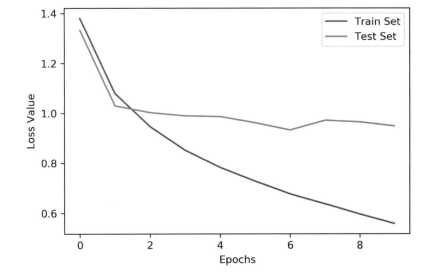

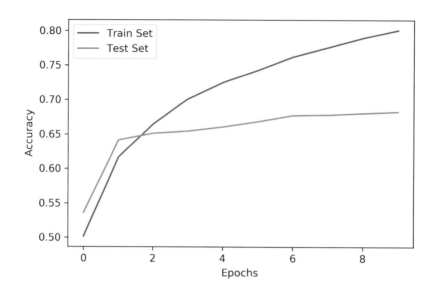

```
01 │ visualize(CNN_v2, test_loader) # 結果視覺化
```

　　從訓練結果來看，這個 CNN 模型的準確率比上一個模型高了5%，訓練集的準確率甚至接近八成。在各類深度學習中，我們可以多多利用 BN 函數、GPU 運算或是第七章學到的 Dropout，在速度和準確率上提升神經網路模型的效能。

▼ 輸出

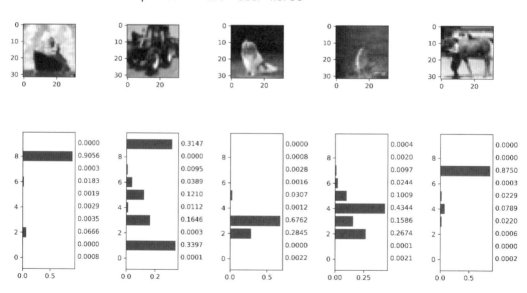

9.3 習題 ———————————————————————————

( ) 1. BN 函數可以控制哪兩個激勵函數的輸入，使其輸出不會偏向單一數值？

    (a) Sigmoid、Softmax   (b) Sigmoid、ReLU

    (c) ReLU、Tanh   (d) Tanh、Sigmoid

( ) 2. GPU 運算架構的英文簡稱為？

    (a) CUDA   (b) ARM

    (c) NVIDIA   (d) GPUCALC

( ) 3. 如果今天修改 CNN 的模型架構，在特徵圖與全連接層之間加入一層 2×2 的池化層，模型的訓練參數數量大約會變成原來的幾倍？

    (a) $\frac{1}{4}$ (b) $\frac{1}{2}$

    (c) 1   (d) 4

( ) 4. 如果今天修改一個原先具有 5000 個訓練參數的 CNN 模型架構，在不改變最後傳入全連接層資訊量的情況下增加一層 5 個 filter 的卷積層，且每個 filter 大小為 3×3，模型的訓練參數數量大約會變成原來的幾倍？

    (a) 9   (b) 3

    (c) 1   (d) $\frac{1}{3}$

( ) 5. 下列哪些方法可以優化一個 CNN 分類模型的訓練？

    (a) 套用 BN 函數   (b) 增加卷積層

    (c) GPU 運算   (d) 以上皆是

10
chapter

物件偵測理論

第九章的實作中，我們成功地做到了用卷積神經網路完成圖像辨識。但現實生活中，不是只有分辨圖片類型的問題，甚至會希望能夠找出一張圖片中的多個物件。以近年相當熱門的機器人或自駕車來說，最重要的不是攝影機前的主要物體，整個視野中的每個物體以及它們的相對位置才是實用的資訊。CNN 從 AlexNet 出現以來的十年間多次進化，並發展出各類的卷積層架構，當然也在物件偵測上有很大的突破。這個章節將會介紹近期出現的多種 CNN 架構，並討論物件偵測的一些專門的技巧。

10.1 ResNet

10.1.1 梯度消失

在 9-2 小節中,我們提到增加卷積層是個小幅增加訓練參數但能提升模型表現的方法。那用很多卷積層的神經網路,是不是能把準確率提升到極限?答案是做不到。先不論記憶體或運算資源等硬體方面的限制,當你用了超過20層卷積層,參數收斂後的表現反而會更差。

為什麼?我們回顧一下 6-6 小節提過的梯度消失問題。當損失從輸出層用反向傳播和偏微分逆算參數的梯度時,activation function 的斜率也是梯度計算的一部份。Sigmoid 函數和 Tanh 函數的左右兩側,會分別收斂到0,1和±1,所以這些區間的函數斜率會是接近0的小數;雖然 ReLU 函數的右端沒有收斂區間而且斜率固定是1,但 ReLU 左端的函數值都是0,這段水平射線的斜率也當然是0。如果一個梯度被乘上太多接近0的小數,那接近輸入層的參數梯度也會接近0,更新參數的速度當然會慢上許多;如果某個神經元的 activation function 微分是0就更不用說了,從輸入層到這個神經元的所有傳播路徑,都無法用這個神經元的偏微分更新梯度。在卷積層過多的神經網路上,我們所認定的參數收斂可能是假收斂,並不是參數都調整完了,而是梯度太小所以參數沒辦法再調整了。

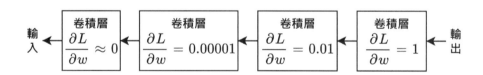

10.1.2 殘差神經網路

⬡ 殘差塊和 skip connection

這個問題可以怎麼解決?在 AlexNet 以誤差率16.4%得到 2012 年的 ILSVRC 冠軍的三年後,深度達152層的 ResNet 將誤差率壓到低於肉眼誤差極限的3.57%。明明會有梯度消失問題,那 ResNet 到底是怎麼做到提升準確率的呢?

不像 AlexNet 只把資料依單一的路徑往前傳播,ResNet 的結構中,某些數據可以走一條名為 skip connection 的捷徑,跳過幾層卷積運算,直接和運算結果相加。一

條 skip connection 和它所跳過的神經網路層，可以看成神經網路中的一個單元，成為殘差塊（residual block），如下方的示意圖。

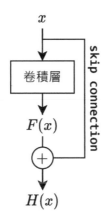

假設一個殘差塊的輸入是x，不經過 skip connection 的運算函數是F，因為經過 skip connection 的資料不變，所以我們會得到以下的殘差塊輸出函數。

$$H(x) = F(x) + x$$

殘差塊的數學意義解讀

我們可以怎麼解讀$F(x)$和$H(x)$的數學意義？第八章中我們提過，一個 CNN 中卷積層的目的是提取特徵，讓最後的全連接層票選出最可能的圖片分類。那麼一個殘差塊中，x和$H(x)$的關係可以看成輸入和特徵的一種映射，而我們的目標是讓前者能透過神經網路運算對應後者。既然如此，因為上面的公式移項後會得到 $F(x) = H(x) - x$，我們也就能把$F(x)$當成「輸入資料和目標特徵的差距」，稱為殘差（residual）。

$$
\begin{array}{rcl}
H(x) & \Rightarrow & 特徵 \\
-)\quad x & \Rightarrow & 輸入 \\
\hline
H(x) - x & \Rightarrow & 特徵 - 輸入 \\
& \Downarrow & \\
F(x) & \Rightarrow & 殘差
\end{array}
$$

x和$F(x)$兩個 residual block 中的傳播路徑，又可以因為兩者的性質分別被稱為恆等映射（identity mapping）和殘差映射（residual mapping）。

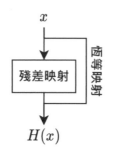

殘差塊的學習優勢

所以殘差塊在神經網路訓練上有什麼效益？如果已經在這個殘差塊前，就提取了某些特徵，那它可以透過 identity mapping 被保留下來；residual mapping 則是具有訓練參數的傳播路徑，我們可以用來學習前面幾個神經網路層中，還沒被發現的特徵。因此我們可以透過多個殘差塊，不斷累積卷積得來的特徵，也比較不會有單一傳播路徑神經網路中，前後層特徵互相抵銷的問題。

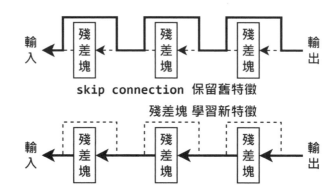

從模型收斂的角度來看，殘差塊可以減緩梯度消失問題。在單一傳播路徑的神經網路中，偏微分的鏈鎖律運算，必須經過每一個神經網路層，梯度會被多個 activation function 大幅縮小；在 ResNet 中，梯度可以透過 skip connection 傳遞，所以即使是第一層隱藏層也能正常更新參數，也就能實現越深的神經網路表現越好的理論。

有了 skip connection 和殘差塊背後的原理，我們拿 9-2 小節所實作的 CNN 用 ResNet 再做一次優化。

■ Jupyter Notebook：ch10/CNN_CIFAR10_ResidualBlock.ipynb

■ Python 完整程式：ch10/CNN_CIFAR10_ResidualBlock.py

```
01  import torch
02  from torch import nn, optim
03  from torchvision import datasets, transforms
04  from torch.utils.data import DataLoader
05  from matplotlib.pylab import plt
```

超參數

殘差塊用到的卷積層比較多，特徵圖也會比較占空間，所以我們把 *batch_size* 縮小，控制 GPU 記憶體使用量。

```
01  batch_size = 16
02  lr = 0.001
03  epochs = 10
```

```
01  transform = transforms.Compose([transforms.ToTensor(),
02  transforms.Normalize((0.5, 0.5, 0.5), (0.5, 0.5, 0.5))])
03  train_set = datasets.CIFAR10('./', download = True, train=True, transform =
    transform)
04  test_set = datasets.CIFAR10('./', download = True, train = False, transform
    = transform)
05  train_loader = DataLoader(train_set, batch_size = batch_size, shuffle=True)
06  test_loader = DataLoader(test_set, batch_size = batch_size, shuffle=True)
```

殘差塊神經網路建構

在講怎麼實作 Residual Block 之前，我們要先介紹 *nn.Module* 中相當好用的函數，也就是 *nn.Sequential*。*nn.Sequential* 用一系列的神經網路層引數，把輸入依序傳入這些神經網路層。當我們確定神經網路中的一個子架構沒有問題，我們可以把它用 *nn.Sequential* 包裝成單一的函式，甚至寫成建構函式來模組化這幾層神經網路。

為了實作方便，接下來定義的殘差塊架構都相當固定，兩層卷積層穿插一些 BN 函數和 Dropout 函數。既然如此，我們可以寫一個 *nn.Sequential* 的建構函數，模組化這個神經網路。下面的程式碼所定義的 *block* 函數，傳入了殘差塊的通道數

10-5

10

物件偵測理論

channels，目標是回傳的 *nn.Sequential* 函數也能有對應的輸入和輸出深度。運用 *block* 函數，我們可以輕易建構神經網路中的 *res1~ res5* 五個殘差塊。*block* 函數所傳入的 *kernel_size* 則是調整 kernel 大小，擷取不同尺度的特徵。為了讓輸出的特徵圖能有一樣的寬度和高度，我們需要調整原圖補零的寬度。以邊長是奇數的方形 kernel 來說，$padding = \lfloor \frac{kernel\_size}{2} \rfloor$ 會讓輸入和輸出的尺寸相同。

　　一個殘差塊的輸入深度和輸出深度不會一樣，所以恆等映射時不能直接把一個殘差塊的輸入張量加到輸出張量上。這時我們可以用一個技巧，稱為1×1卷積，也就是神經網路中的 *conv1~conv5* 五個函數。顧名思義，這是用1×1的 kernel 進行卷積運算。這麼做不只能調整張量的深度，還能把張量乘上一個參數，讓恆等映射跟殘差映射的輸出差異太大時還能微幅修正，讓神經網路的傳播不會傾向其中一個路徑。

　　因為 CIFAR-10 中每張圖片的大小都是32×32，所以進行五次2×2的池化恰好會得到1×1的特徵圖，所以這次的神經網路架構就以五個殘差塊和五次最大池化生成$1 \times 1 \times 512$的特徵圖。因為多次卷積的特徵圖很占用記憶體空間，所以全連接層只有一層，512個神經元接輸出層的10個分類機率。模型的基本架構，可以參考下方的圖片。可以留意 forward() 函式中對張量用了 repeat() 這個函式，這是為了在進行殘差運算時仍能擴充特徵圖的數量，故在通道數 C 的方向上擴充一倍的通道數。也就是說，我們將大小為 (N, C, H, W) 的張量複製擴充為 (N, 2C, H, W) 再進入殘差塊進行運算。

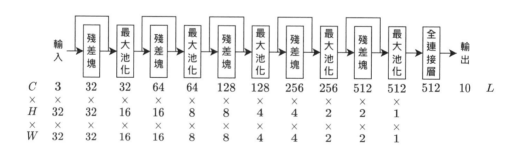

　　如同過去的實作，我們宣告神經網路物件，並輸出各層的架構。可以發現 *res1~ res5* 是以 *nn.Sequential* 的形式表示，而不是單一的神經網路層。每個殘差塊各有兩層 nn.Conv2d 卷積層、兩層 BN 層和兩層 Dropout 層。

```
01    # 建構 Sequential
02    def block(channels, kernel_size):
03        padding = kernel_size // 2
04        return nn.Sequential(
05            nn.Conv2d(channels, channels, kernel_size, padding = padding),
06            nn.BatchNorm2d(channels),
07            nn.Dropout(0.1),
08            nn.Conv2d(channels, channels, kernel_size, padding = padding),
09            nn.BatchNorm2d(channels),
10            nn.Dropout(0.1)
11        )
12
13    # 建構 CNN 類別
14    class CNN_CIFAR10(nn.Module):
15        def __init__(self, input_size, output_size):
16            super().__init__()
17            self.conv = nn.Conv2d(input_size, 32, 1)
18            self.res1 = block(32, 7)
19            self.res2 = block(64, 5)
20            self.res3 = block(128, 5)
21            self.res4 = block(256, 3)
22            self.res5 = block(512, 3)
23            self.pool2 = nn.MaxPool2d(2)
24            self.fc = nn.Linear(512, output_size)
25            self.relu = nn.ReLU()
26        def forward(self, x):
27            batch_size = x.size(0)
28            # 卷積與池化
29            x = self.conv(x)
30            x = self.relu(self.res1(x) + x)
31            x = self.pool2(x)
32            x = x.repeat(1, 2, 1, 1)
33            x = self.relu(self.res2(x) + x)
34            x = self.pool2(x)
35            x = x.repeat(1, 2, 1, 1)
36            x = self.relu(self.res3(x) + x)
37            x = self.pool2(x)
38            x = x.repeat(1, 2, 1, 1)
39            x = self.relu(self.res4(x) + x)
40            x = self.pool2(x)
41            x = x.repeat(1, 2, 1, 1)
42            x = self.relu(self.res5(x) + x)
43            x = self.pool2(x)
```

```
44        # 四維張量轉二維張量
45        x = x.view(batch_size, -1)
46        # 全連接層
47        x = self.fc(x)
48        return x
```

模型宣告與 GPU 運算

　　為了縮短深度學習的時間，訓練過程若有 GPU 仍會使用 GPU 運算，最大 GPU 記憶體使用量約為0.9GB，如果 GPU 記憶體不足建議縮減特徵圖的通道數。

```
01   CNN = CNN_CIFAR10(3, 10)
02   criterion = nn.CrossEntropyLoss()
03   optimizer = optim.Adam(CNN.parameters(), lr = lr)
04   print(CNN)
```

▼ 輸出

```
CNN_CIFAR10(
  (conv): Conv2d(3, 32, kernel_size=(1, 1), stride=(1, 1))
  (res1): Sequential(
    (0): Conv2d(32, 32, kernel_size=(7, 7), stride=(1, 1), padding=(3, 3))
    (1): BatchNorm2d(32, eps=1e-05, momentum=0.1, affine=True,
track_running_stats=True)
    (2): Dropout(p=0.1, inplace=False)
    (3): Conv2d(32, 32, kernel_size=(7, 7), stride=(1, 1), padding=(3, 3))
    (4): BatchNorm2d(32, eps=1e-05, momentum=0.1, affine=True,
track_running_stats=True)
    (5): Dropout(p=0.1, inplace=False)
  )
  (res2): Sequential(
    (0): Conv2d(64, 64, kernel_size=(5, 5), stride=(1, 1), padding=(2, 2))
    (1): BatchNorm2d(64, eps=1e-05, momentum=0.1, affine=True,
track_running_stats=True)
    (2): Dropout(p=0.1, inplace=False)
    (3): Conv2d(64, 64, kernel_size=(5, 5), stride=(1, 1), padding=(2, 2))
    (4): BatchNorm2d(64, eps=1e-05, momentum=0.1, affine=True,
track_running_stats=True)
    (5): Dropout(p=0.1, inplace=False)
  )
  (res3): Sequential(
    (0): Conv2d(128, 128, kernel_size=(3, 3), stride=(1, 1), padding=(1, 1))
```

```
    (1): BatchNorm2d(128, eps=1e-05, momentum=0.1, affine=True,
track_running_stats=True)
    (2): Dropout(p=0.1, inplace=False)
    (3): Conv2d(128, 128, kernel_size=(3, 3), stride=(1, 1), padding=(1, 1))
    (4): BatchNorm2d(128, eps=1e-05, momentum=0.1, affine=True,
track_running_stats=True)
    (5): Dropout(p=0.1, inplace=False)
  )
  (res4): Sequential(
    (0): Conv2d(256, 256, kernel_size=(3, 3), stride=(1, 1), padding=(1, 1))
    (1): BatchNorm2d(256, eps=1e-05, momentum=0.1, affine=True,
track_running_stats=True)
    (2): Dropout(p=0.1, inplace=False)
    (3): Conv2d(256, 256, kernel_size=(3, 3), stride=(1, 1), padding=(1, 1))
    (4): BatchNorm2d(256, eps=1e-05, momentum=0.1, affine=True,
track_running_stats=True)
    (5): Dropout(p=0.1, inplace=False)
  )
  (res5): Sequential(
    (0): Conv2d(512, 512, kernel_size=(3, 3), stride=(1, 1), padding=(1, 1))
    (1): BatchNorm2d(512, eps=1e-05, momentum=0.1, affine=True,
track_running_stats=True)
    (2): Dropout(p=0.1, inplace=False)
    (3): Conv2d(512, 512, kernel_size=(3, 3), stride=(1, 1), padding=(1, 1))
    (4): BatchNorm2d(512, eps=1e-05, momentum=0.1, affine=True,
track_running_stats=True)
    (5): Dropout(p=0.1, inplace=False)
  )
  (pool2): MaxPool2d(kernel_size=2, stride=2, padding=0, dilation=1,
ceil_mode=False)
  (fc): Linear(in_features=512, out_features=10, bias=True)
  (relu): ReLU()
)
```

```
01  classes = ('plane', 'car', 'bird', 'cat', 'deer', 'dog', 'frog', 'horse',
    'ship', 'truck')
02
03  def visualize(model, data_loader):
04      data_iter = iter(data_loader)
05      images, labels = next(data_iter)
06      model.eval()
```

```
07     print(f'Labels: {" ".join(f"{classes[label]:>5s}" for label in labels[:
   5])}')
08     predict = model(images.to(device)).cpu() # 把訓練資料送到 GPU 上，再把預測
   機率送回主記憶體
09     pred_label = torch.max(predict.data, 1).indices
10     print(f'Predictions: {" ".join(f"{classes[label]:>5s}" for label in
   pred_label[: 5])}')
11     torch.cuda.empty_cache() # 清空 GPU 記憶體快取
12     fig, axes = plt.subplots(nrows = 2, ncols = 5)
13     fig.set_size_inches(13, 8)
14     plt.subplots_adjust(wspace = 1, hspace = 0.1)
15     for i in range(5):
16         axes[0][i].imshow((images[i] * 0.5 + 0.5).permute(1, 2, 0).numpy().
   squeeze())
17         x = list(range(10))
18         y = torch.softmax(predict.data[i], 0)
19         axes[1][i].barh(x, y)
20         for j, v in enumerate(y):
21             axes[1][i].text(1.1 * max(y), j - 0.1, str("{:1.4f}".format(v)),
   color='black')
22     plt.show()
23
24 visualize(CNN, train_loader)
```

▼ 輸出

```
Labels: plane truck  ship  deer horse
Predictions:  bird  bird  bird  bird  bird
```

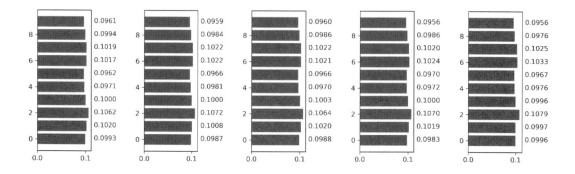

```
01   def train(model, epochs, train_loader, test_loader):
02       train_loss, train_acc, test_loss, test_acc = [], [], [], []
03       for e in range(epochs):
04           model.train()
05           loss_sum, correct_cnt = 0, 0
06           for image, label in train_loader:
07               optimizer.zero_grad()
08               predict = model(image.to(device)).cpu() # 把訓練資料送到 GPU 上，再
把預測機率送回主記憶體
09               loss = criterion(predict, label)
10               pred_label = torch.max(predict.data, 1).indices
11               correct_cnt += (pred_label == label).sum()
12               loss_sum += loss.item()
13               loss.backward()
14               optimizer.step()
15           train_loss.append(loss_sum / len(train_loader))
16           train_acc.append(float(correct_cnt) / (len(train_loader) * batch_size))
17           print(f'Epoch {e + 1:2d} Train Loss: {train_loss[-1]:.10f} Train
Acc: {train_acc[-1]:.4f}', end = ' ')
18           model.eval()
19           loss_sum, correct_cnt = 0, 0
20           with torch.no_grad():
21               for image, label in test_loader:
22                   predict = model(image.to(device)).cpu()
23                   loss = criterion(predict, label)
24                   pred_label = torch.max(predict.data, 1).indices
25                   correct_cnt += (pred_label == label).sum()
26                   loss_sum += loss.item()
27           test_loss.append(loss_sum / len(test_loader))
28           test_acc.append(float(correct_cnt) / (len(test_loader) * batch_size))
29           print(f'Test Loss: {test_loss[-1]:.10f} Test Acc: {test_acc[-1]:.4f}')
30       return train_loss, train_acc, test_loss, test_acc
```

因為特徵圖規模較大，即使進行 GPU 運算，仍需1小時的訓練時間。

```
01   train_loss, train_acc, test_loss, test_acc = train(CNN, epochs,
     train_loader, test_loader) # 訓練
```

```
Epoch  1 Train Loss: 1.7006318767 Train Acc: 0.3799 Test Loss: 1.3500919294
Test Acc: 0.5018
Epoch  2 Train Loss: 1.1779867553 Train Acc: 0.5768 Test Loss: 1.0626631975
Test Acc: 0.6190
Epoch  3 Train Loss: 0.9371573512 Train Acc: 0.6707 Test Loss: 0.9100248492
Test Acc: 0.6834
Epoch  4 Train Loss: 0.8027884040 Train Acc: 0.7199 Test Loss: 0.8229635662
Test Acc: 0.7134
Epoch  5 Train Loss: 0.7176576774 Train Acc: 0.7498 Test Loss: 0.7560806176
Test Acc: 0.7393
Epoch  6 Train Loss: 0.6572827943 Train Acc: 0.7718 Test Loss: 0.7049084894
Test Acc: 0.7524
Epoch  7 Train Loss: 0.6019487396 Train Acc: 0.7921 Test Loss: 0.7129645985
Test Acc: 0.7558
Epoch  8 Train Loss: 0.5631526329 Train Acc: 0.8034 Test Loss: 0.6713310021
Test Acc: 0.7732
Epoch  9 Train Loss: 0.5305805588 Train Acc: 0.8143 Test Loss: 0.6538063754
Test Acc: 0.7806
Epoch 10 Train Loss: 0.4994684907 Train Acc: 0.8260 Test Loss: 0.6978764364
Test Acc: 0.7627
```

```
01   # 損失函數圖表
02   plt.xlabel('Epochs')
03   plt.ylabel('Loss Value')
04   plt.plot(train_loss, label = 'Train Set')
05   plt.plot(test_loss, label = 'Test Set')
06   plt.legend()
07   plt.show()
08   # 準確率圖表
09   plt.xlabel('Epochs')
10   plt.ylabel('Accuracy')
11   plt.plot(train_acc, label = 'Train Set')
12   plt.plot(test_acc, label = 'Test Set')
13   plt.legend()
14   plt.show()
```

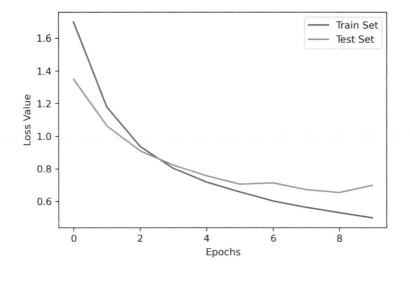

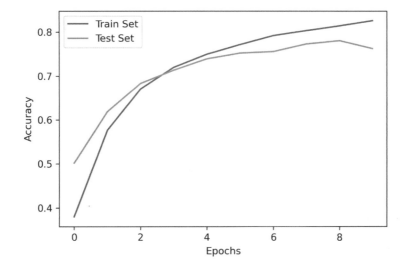

　　準確率提升到 75% 附近，而且過程中損失的下降幅度也比前兩個模型快很多，顯示殘差塊的架構在 CNN 的學習上成效相當不錯。這個章節有提過殘差塊是在神經網路極深時才能發揮最大效益，有足夠運算資源的讀者可以把神經網路多加幾個殘差塊，看看模型表現會不會繼續提升。

```
01  visualize(CNN, test_loader) # 結果視覺化
```

```
Labels:      bird  ship  deer   car   dog
Predictions: plane plane deer   car   dog
```

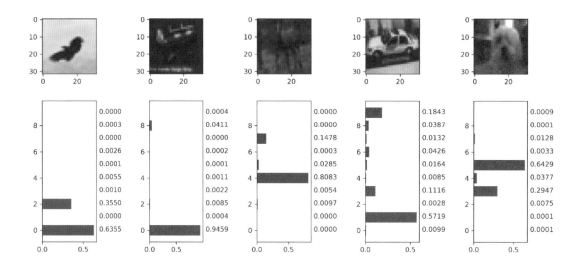

10.2 RCNN

10.2.1 物件偵測與 Sliding Window

　　圖像辨識（image classification）是將單一圖片分類的問題。那如果我們一張圖片上不只一個物體，而且我們要全部認出來，還要指出它們的位置呢？又有沒有辦法在即時的影片上做到這件事情，或是記錄一個物體的移動呢？這就是物件偵測（object detection），或是更高階的物件追蹤（object tracking）的範疇了。

那要怎麼做到物件偵測呢？有個很容易想到的方法，就是拿固定大小的相框在圖片上擷取各個小區域，再輸入一個訓練好的 CNN 進行圖像辨識。因為很像拿一個視窗在圖片上滑動，所以這又被稱為 Sliding Window 演算法。不過這麼做沒有辦法捕捉到各類尺寸的物品，例如長頸鹿跟鱷魚的圖片就會需要長寬比不同的相框；而且這個演算法的運算時間，會跟圖片長寬和相框長寬等四個數值的乘積成正比，即使相框不大，運算時間可能也會很長。

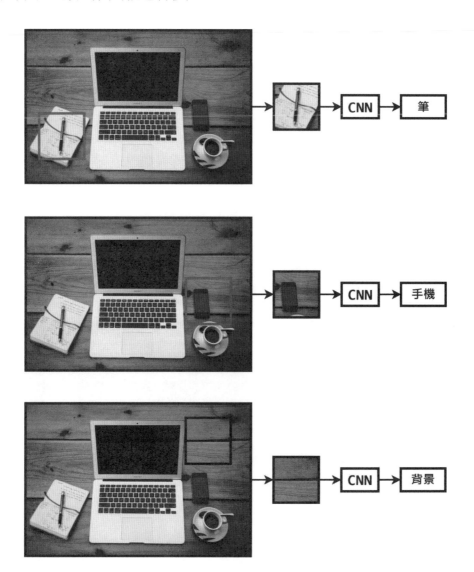

10.2.2 RCNN 模型原理

Sliding Window 在絕大部分的運算過程中，視窗根本沒有涵蓋任何物體，也是為什麼這個方法會這麼浪費時間。那如果我們有辦法先篩選出圖上的潛在物體，再如同 Sliding Window 後半段的演算法，輸入一個預先訓練好的分類模型，會比暴力運算快上許多。UC Berkeley 的團隊用了這個概念提出了 RCNN（Region based Convolutional Neural Networks）模型。

◎ 潛在區域

把圖片輸入 RCNN 後，會先用一個叫做 Selective Search 的演算法，篩選出圖片上的潛在區域。怎麼做呢？我們可以把一張圖片依照顏色，看成一個個色彩相近的色塊。把相鄰的色塊依照顏色、邊界的接觸比例或相似度，逐一合併到剩下2000個區域後，這些色塊群組涵蓋一個完整物件的機會就非常大，我們稱為候選區域（region proposal）。

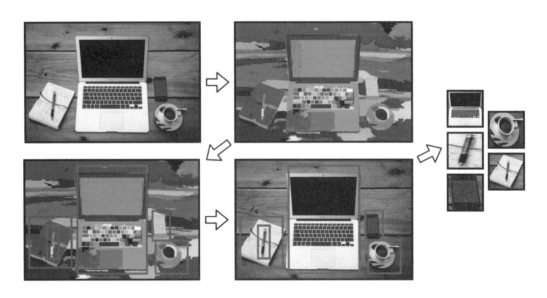

◎ 篩選並去除背景區域

把這些區域用矩形框起來，經過縮放後輸入一個預先訓練好的 CNN，就會得到它分類的機率向量。不過如果篩選出來的區域不一定是物件，也有可能只是背景中顏色相近的一塊。有個做法是在 CNN 上加上「背景」這個類別，但因為不像其他物件有少量明確的特徵，所以既然「什麼特徵都有可能是背景」，訓練模型自然不容易。

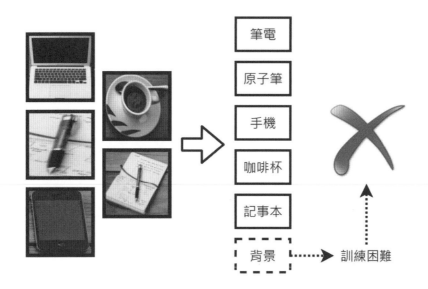

　　與其辨識哪些圖片是背景，判斷哪些東西是物品一樣是種分類方法，而且訓練方式相對容易得多。所以比較有效的做法是不在 CNN 上新增背景分類，而是在取得分類向量後進行。我們可以對每種物品各自訓練一個 SVM，這麼做的話，即使某個選到背景的候選區域輸入 CNN 得到的某項分類機率偏高，經由 SVM 再次分類時就會被篩選掉。舉個例子，假設我們透過 Selective Search 選出的候選區域是上圖桌面木板的其中一塊，而傳入 CNN 後它被因為顏色相似而被認定是咖啡杯，我們就再拿咖啡杯的 SVM 檢驗一次，就會得到這個候選區域出現的不是咖啡杯，而是背景的結論，當然也就不會被偵測成物件。

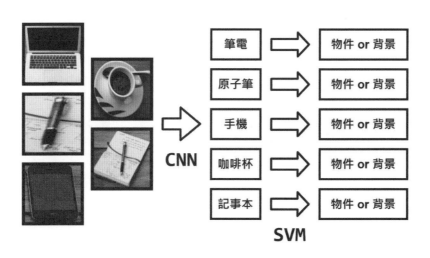

⬡ Ground Truth 與 Bounding Box Regression

如果確定一個候選區域（region proposal）中有一個物體，那可以更進一步地找出它的上下左右四個邊界，並用名為 bounding box 的矩形圍住地面實況（ground truth），也就是物體在圖片上實際出現的區域。雖然候選區域也是個矩形，但可能在 Selective Search 過程中，候選區域內有包含一定比例的背景，所以額外用一個 bounding box 為物體定位是必要的。在 RCNN 中，候選區域和地面實況差距不大，所以可以用相對簡單的線性回歸模型來預測或微調物體的 bounding box。這個步驟在物件偵測中，被稱為 bounding box regression。我們可以在下圖中觀察 region proposal、bounding box 和 ground truth 之間的關係，不難發現點線的 bounding box 有些偏離實線的 ground truth。

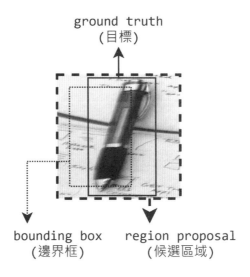

ground truth
（目標）

bounding box
（邊界框）

region proposal
（候選區域）

程式實作 **Selective Search**

■ 檔案：ch10/Selective_Search.ipynb
■ 檔案：ch10/desk.jpg

我們先前有操作過 CNN 和 SVM，那以下我們就用 OpenCV 套件實作 Selective Search，並觀察它所篩選的候選區域。

```
01  # 匯入套件
02  import cv2
03  import numpy as np
04  import matplotlib.pyplot as plt
05  from cv2.ximgproc.segmentation import createGraphSegmentation
06  from cv2.ximgproc.segmentation import createSelectiveSearchSegmentation
```

◎ 基於圖論的圖像分割

在探討 Selective Search 前，我們先來看更底層的圖像分割（Image Segmentation）。圖像分割沒有特定標籤，屬於聚類演算法，也就是把像素格分成各自性質相似的群組。實際的運算的方式有很多種，第三章介紹的 K-Means 演算法也能用在圖像分割上。在這些算法中，基於圖論的圖像分割（Graph-Based Image Segmentation）是 Selective Search 的預處理方法。

想像以下的問題。假設某個鎮長要把一個城鎮，劃分成數個具有一定規模的社區，要怎麼把哪一戶屬於哪個區域區分出來呢？除了參考每一戶在空間上的距離，可能還要考慮這一戶的特性跟哪個鄰近社區的文化比較接近，或是跟哪一群鄰居比較合得來；如果某兩個相鄰的社區太小，可能還要合併這兩個社區。

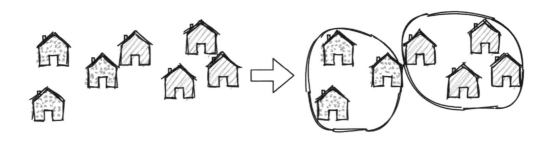

基於圖論的圖像分割，運用相同的原理區分圖片上的各個區域。把整張圖片當成剛剛所說的城鎮，像素格當成城鎮中的每一戶，那把圖片切割成數個區域，跟把城鎮劃分成數個社區是同樣的問題。除了參考像素格的相鄰關係，我們還要看各個像素格的特性，也就是它的顏色，才能把空間上和色彩上相似的像素當成同一個區域。

以下我們用 *cv2* 套件，來實際運算基於圖論的圖像分割。在 *cv2* 的圖像分割補充套件 *ximgproc.segmentation* 中，*createGraphSegmentation* 函式可以建構一個圖像分割器物件，並以參數k的大小決定圖像分割的區塊多寡。筆者實驗後發現 k = 800用在這次實作的範例圖片時效果最好；讀者也可以拿手邊的照片，調整參數找出較為理想的圖像分割。建立圖像分割器後，我們便能用它的子函式 *processImage* 分割我們選定的圖檔 desk.jpg。

```
01   segmentator = createGraphSegmentation(k = 800) # 建構圖像分割器
02   src = cv2.imread('desk.jpg') # 讀入圖檔
03   segment = segmentator.processImage(src) # 分隔圖片
```

分割圖片後，我們會得到一個陣列 *segment*，告訴我們各個像素格的區域編號。為了瞭解總共有多少個不同的區域，我們用 *np.unique* 函數取得分割區域的數量，並為每個區域生成一個隨機的顏色向量。最後宣告一張空白張量 *seg_image*，再依照所屬區域上色，就能得到分割圖。

為了觀察原圖和分割圖的差異，我們把這兩張圖的色彩用 *cv2.addWeighted* 加權疊合再輸出。

```python
01   segment_cnt = len(np.unique(segment)) # 取得分割區域數
02   color = [np.random.rand(3) * 255 for i in range(segment_cnt)] # 生成隨機顏色
03
04   seg_image = np.zeros(src.shape, np.uint8) # 產生空圖片
05
06   for x_i, y_i in np.ndindex(segment.shape): # for 迴圈迭代每一個像素格
07       seg_image[x_i, y_i] = color[segment[x_i, y_i]] # 分割圖上色
08
09   result = cv2.addWeighted(src, 0.5, seg_image, 0.5, 0) # 原圖和分割圖加權合併
10   result = cv2.cvtColor(result, cv2.COLOR_BGR2RGB)
11   plt.imshow(result)
12   plt.show()
```

▼ 輸出

10-20

Selective Search

完成圖像分割後，Selective Search 會用第三章提過的階層式聚類法，篩選實際的候選區域。這個部分的實作比較複雜，有興趣的讀者可以自行嘗試。接下來會用 *ximgproc.segmentation* 子套件下的 *createSelectiveSearchSegmentation* 建構 Selective Search 分割器物件，一次完成包含圖像分割在內的演算。

不同於前一個圖像分割物件，我們需要先用 *setBaseImage* 子函式設定基底圖像。另外，篩選候選區域時這個套件提供速度取向和品質取向的兩種算法。後者會篩選出比較多個候選區域，但運算時間比較長，所以我們預設使用比較快的演算法。完成基本設定後，便能用 *process* 子函式取得候選區域的相關參數。我們定義一個 *getRegions* 函式，完成上述的所有操作。

```
01  def getRegions(image_src, fast = True):
02
03      img = cv2.imread(image_src)
04
05      ss = createSelectiveSearchSegmentation() # 選定 Selective Search 分割
06      ss.setBaseImage(img) # 決定分割圖片
07      if fast: # 快速篩選候選區域(精確度低)
08          ss.switchToSelectiveSearchFast()
09      else: # 精確篩選候選區域(速度慢)
10          ss.switchToSelectiveSearchQuality()
11
12      return ss.process() # 回傳候選區域矩形陣列
13
14  regions = getRegions('desk.jpg')
15  print(f'Regional proposal count：{len(regions)}') # 輸出可行候選區域總數
```

▼ 輸出

Regional proposal count： 11764

從 *getRegions* 取得的陣列，包含各個候選區域的座標和大小。我們可以用 *cv2.rectangle* 函式在原圖上畫矩形，標示候選區域的位置。為了觀察候選區域多寡的差異，我們寫了 *compareRegions* 函式觀察多用幾個候選區域會選到哪些物件。

```
01   def compareRegions(image_src, regions, region_cnt1, region_cnt2):
02       # 標示左圖候選區域
03       img1 = cv2.imread(image_src)
04       for i, region in enumerate(regions[: region_cnt1]):
05           x, y, w, h = region # 取得左上角座標和候選區域大小
06           cv2.rectangle(img1, (x, y), (x + w, y + h), tuple(np.random.rand(3)
     * 255), 5, cv2.LINE_AA) # 繪製矩形
07       # 標示右圖候選區域
08       img2 = cv2.imread(image_src)
09       for i, region in enumerate(regions[: region_cnt2]):
10           x, y, w, h = region
11           cv2.rectangle(img2, (x, y), (x + w, y + h), tuple(np.random.rand(3)
     * 255), 5, cv2.LINE_AA)
12       # 繪製對照圖
13       fig, axes = plt.subplots(nrows = 1, ncols = 2)
14       fig.set_size_inches(15, 5)
15       img1 = cv2.cvtColor(img1, cv2.COLOR_BGR2RGB)
16       img2 = cv2.cvtColor(img2, cv2.COLOR_BGR2RGB)
17       axes[0].imshow(img1)
18       axes[1].imshow(img2)
19       plt.show()
```

　　我們利用剛剛實作的函式輸出兩張圖，左右分別呈現最佳的100個候選區域和最佳的200個候選區域的框選範圍。不難發現，其實篩選的候選區域數只有數百個時，不少物件是沒有被篩選到的。這也是為什麼 RCNN 需要至少2000個候選區域才有一定的運作品質，但這個數量級的候選區域數目也就直接影響了模型的運作效率。

```
01   compareRegions('desk.jpg', regions, 100, 200)
```

▼ 輸出

10-22

10.3 YOLO

10.3.1 YOLO 概念簡介

◎ RCNN 系列的核心概念與速度瓶頸——候選區域

我們先前提到的 RCNN 是將一張圖片上的數千個候選區域,各做一次圖像辨識,無論後續的 SVM 或 bounding box regression 會花多少時間,一張圖片要拆成很多份重讀好幾次,本身就是相當耗費時間的做法。RCNN 對一張圖片進行物件偵測就要接近50秒,即使同一個系列的後續模型 Fast-RCNN、Faster-RCNN、Mask-RCNN 等,都有再加速或優化模型表現的設計,但拆解圖片進行圖像辨識,會讓候選區域必定和偵測的時間呈正相關,想在圖片上找出越多東西花的時間就越久,沒有辦法把候選區域數量這個變數獨立於運算時間之外。

◎ You Only Look Once

"You only live once." 人生中每個時刻你只能活過一次,這是鼓勵人們及時行樂,即使冒險也要享受或挑戰人生的金句。它的縮寫 YOLO 也是青少年文化中相當普及的用語,或是社群媒體上常出現的關鍵字或 hashtag。我們能不能用 YOLO 的精神,稍微犧牲一點準確率,但每張圖片只讀一次就進行物件偵測?

和 RCNN 相比,這個方法能讓原本1分鐘的運算時間被縮短了數千倍,一秒能偵測數十張照片上的物件,甚至有可能做到串流影片中的即時偵測(real time detection)!

2016 年，華盛頓大學的研究生 J. Redmon 提出"You only look once"的物件偵測模型 YOLO，並在 Github 上公開 YOLO 的底層架構 Darknet 的原始碼，讓所有人可以拿自己的資料，訓練一個客製化的即時物件偵測模型。YOLO 近年也逐步增進模型表現，除了 Redmon 後來發表的 YOLOv2 和 YOLOv3，後來接管 Darknet 的俄羅斯人 A. Bochkovskiy 與中研院資訊所廖弘源所長和王建堯研究員，在 2020 年共同發表的 YOLOv4。Redmon 曾在知名分享平台 TED 發表一段相當具啟發性的演講，有興趣的讀者可以參考下列網址。（https://www.ted.com/talks/joseph_redmon_how_computers_learn_to_recognize_objects_instantly）

◎ 兩階段偵測 vs. 單階段偵測

RCNN 和 YOLO，正好是兩階段偵測（Two-Stage Detection）和單階段偵測（One-Stage Detection）的代表模型。前者把物件的位置和分類分開算，需要訓練兩個模型，準確率高但速度慢；後者則同時判斷位置和分類，只要訓練一個 CNN，準確率比較低但速度快上許多。以下我們來探討 YOLO 的模型架構，以及其所運用的多項技術。

10.3.2 全卷積神經網路

絕大多數的分類模型中，CNN 的最後會有幾層全連接層，拿取得的特徵投票得到分類機率向量。不過因為全連接層的神經元數量固定，卷積層所輸出的特徵圖元素數量也要固定，所以輸入的圖片長寬當然也要固定，這對不同大小的圖片相當不利，因為原圖必須經過縮放或剪裁才能傳入一個模型。

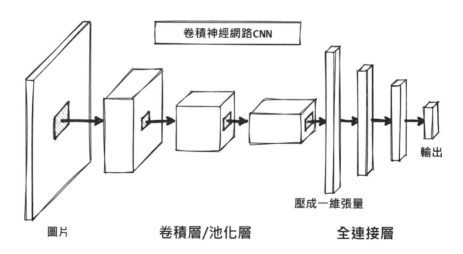

因此有人提出一種卷積神經網路，它只用卷積層和池化層，沒有最後的全連接層，故被稱為全卷積神經網路（Fully Convolutional Network，簡稱 FCN）。FCN 沒有輸入的大小限制，只要圖片的通道數正確就能正常運算。

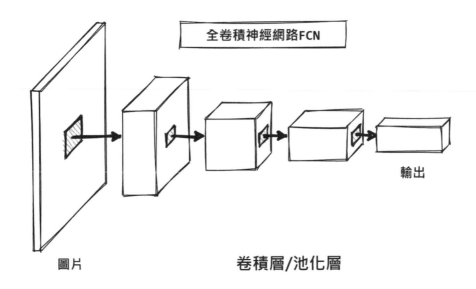

雖然比較難和 CNN 一樣算出分類向量，但是可以針對每種特徵甚至類別，算出它們在輸出的特徵圖上之熱點圖（heatmap）。從先前的方框和叉號例子中之特徵圖可以看出這點，特徵圖上的元素越高表示那個區域越有可能出現相關特徵。得到各個物件的分布，對物件偵測反而是更有用的資訊。如同第八章的例子，下圖中透過偵測叉號特徵的 3 個 kernel 得到數值較高的「熱區」，我們再把熱區的對應區域（最右側三張圖的灰色斜線區域）和原圖比對，就可以知道叉號大概出現在哪個地方。

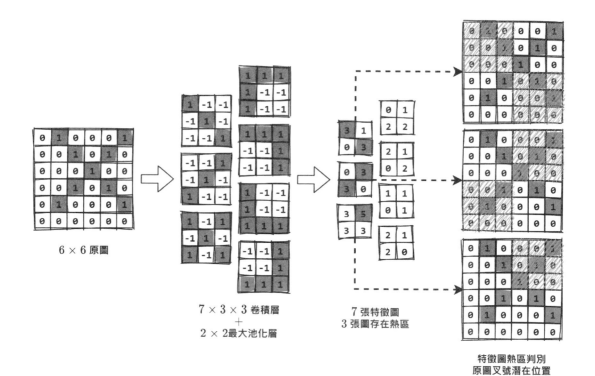

6 × 6 原圖

7 × 3 × 3 卷積層
+
2 × 2 最大池化層

7 張特徵圖
3 張圖存在熱區

特徵圖熱區判別
原圖叉號潛在位置

在 YOLO 的運算中，會運用 FCN 最後輸出特徵圖的性質，但仍然會縮放圖片，來固定輸入張量的大小。這麼做有助於把不同的資料合成一個 batch，一次傳入多筆資料以加速並穩定訓練結果。

10.3.3 錨框

RCNN 用 Selective Search 逐步找出各個候選區域，雖然這麼做對最後 bounding box 的推算上的精準度很高，但整體來說還是太花時間了。一個效率上比較高的作法，是選定幾種矩形放到圖片上偵測物件，我們稱為錨框（anchor box）。Anchor 是船錨的意思，anchor box 的概念就是拋一個固定長寬比的箱子，看能不能抓到一些物件。

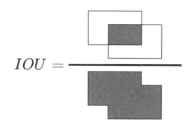

$$IOU = $$

那這些矩形要怎麼選呢？我們要介紹一個重要的指標，稱為 IOU（Intersection over Union）。顧名思義，IOU 就是圖上兩個區域的交集面積除以聯集面積。當兩個區域完全重疊時，IOU 就會是1；反之當兩個區域不完全重疊時，IOU 就會是0。理想的 anchor box，要跟 ground truth 的 IOU 越高越好，也就是盡可能涵蓋整個物件。

因為 IOU 越高，長寬比一定也很接近，所以 YOLO 選用了高的矩形、寬的矩形和方形三種 anchor box。以上圖為例，點線的高矩形可以捕捉人形，虛線的寬矩形可以捕捉腳踏車，實線的方形可以捕捉後面的垃圾桶，如此一來就能用固定形狀的矩形偵測到大部分的物件。除了像這樣由經驗選取 anchor box，也可以用 K-Means 等機器學習手段來完成，讀者可再自行探究。

10.3.4 YOLO 層

雖然有了 anchor box，但要怎麼放才能有效率地偵測物件？這時我們就要討論到 YOLO 最後的偵測層（Detection Layer）──又被稱為 YOLO 層，以及它所輸出的特徵圖形式。

因為 YOLO 預設的輸入是張方形的圖片，最後的特徵圖也會是方形的，我們可以把這個張量的寬度和高度用S × S表示。在這張特徵圖上，我們分別以這S × S個位置為中心，放置三個 anchor box，直接從特徵圖上偵測物件，再推測它的 bounding box。如同任意的卷積層，我們可以控制輸出張量的深度，來記錄並訓練每個 bounding box 的必要資訊。

⬡ Bounding box 的中心座標和長寬

　　從 RCNN 模型我們已經知道 anchor box 與 ground truth 不一定完全吻合,所以需要回歸函數來校正 bounding box 的相關參數。以下面這張圖為例,雖然寬的 anchor box 的確捕捉到了一台腳踏車,但位置、寬度和高度仍有些微偏差。我們的目標是用一個函數,使得 anchor box 會變形成與 ground truth 大小相同的 bounding box,同時讓 anchor box 的中心點映射到 ground truth 中心;也就是讓圖上的虛線矩形對應到實線矩形,同時讓空心圓對應到實心圓。

　　假設(t_x, t_y)、t_w、t_h分別是神經網路輸出的中心座標、寬度和高度,且在$S \times S$的特徵圖上,這些 anchor box 的中心格位置、寬度和高度分別是(c_x, c_y)、p_w和p_h,那麼 bounding box 的中心座標、寬度和高度 (b_x, b_y)、b_w和b_h,分別能用以下的非線性函數表示。

$$\begin{cases} b_x = \sigma(t_x) + c_x \\ b_y = \sigma(t_y) + c_y \\ b_w = p_w e^{t_w} \\ b_h = p_h e^{t_h} \end{cases}$$

　　YOLO 層的座標指的是特徵圖上的位置,所以b_x和b_y會落在$[0, S]$的區間內。我們對t_x和t_y套用了 Sigmoid 函數,所以b_x和b_y分別只會落在$(c_x, c_x + 1)$和$(c_y, c_y + 1)$兩個開區間中。這麼做是為了保證特徵圖上(c_x, c_y)這個位置的確是被偵測物件的中心格。前一段的圖片中,腳踏車的 anchor box 落在(3,3)的方格裡,那表示目標的 ground truth 中心也應該落在同一個格子裡。假設今天中心格(0,0)的 anchor box 找到了一個物件,但它的 bounding box 中心點座標卻是(0.5,1.5),那這個物件實際的中心

格應該是右邊的格子(0,1)。Bounding box 的大小相對單純,只要找一個函數適當地縮放原本的 anchor box 即可,這裡選用自然指數函數,讓微幅的輸入值變動能涵蓋各類大小物體的尺寸。如此一來,我們就能正確地框出一個物件了。

物件性和分類

　　一張圖片的內容再怎麼豐富,也不可能$S \times S \times 3$個 anchor box 都偵測到物件。RCNN 為每個分類各訓練了一個 SVM,分類後再來分辨是物件還是背景;YOLO 層則是用一個單一的數值,來表示 bounding box 框選範圍的物件性(objectiveness)或物件可信度(object confidence),並用 Sigmoid 函數控制這個機率落在[0,1]之間。只要物件可信度超過門檻值,我們就認定這個 bounding box 中的確包含一個物件。

　　跟一般 CNN 一樣,能夠偵測C種物件的 YOLO 模型,當然也會有C個分類機率,但從 YOLOv3 之後,不再用 Softmax 當計算機率的非線性函數,而是使用 Sigmoid。這是因為同一個物件可能同時符合多種分類,例如一張卡車的照片,可能同時屬於「卡車」和「車輛」兩種分類,所以只要 Sigmoid 的輸出超過一定的門檻值,有可能對一個 bounding box 同時輸出多個標籤。

　　從 YOLO 處理物件可信度和分類機率的方式,我們可以看出這個模型偵測物件的標準。如果物件可信度達到一定的門檻,YOLO 層才會視其為物件,並輸出分類機率超過門檻的標籤。右圖舉了三個例子,說明不同的物件性和分類機率怎麼對應最後的輸出標籤。

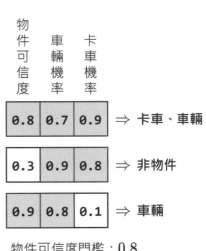

物件可信度	車輛機率	卡車機率	
0.8	0.7	0.9	⇒ 卡車、車輛
0.3	0.9	0.8	⇒ 非物件
0.9	0.8	0.1	⇒ 車輛

物件可信度門檻:0.8
分類機率門檻:0.7

　　從以上的推算來看,一個 anchor box 需要預測它的中心座標b_x和b_y、bounding box 的長寬b_w和b_h、bounding box 框選範圍的物件性p_{obj},以及C個分類機率$p_{c_1}, p_{c_2}, \cdots, p_{c_c}$共$5 + C$項預測數值;則若一個 YOLO 層有B個 anchor box,那輸出特徵圖的深度就會是$B \times (5 + C)$。考慮到這些 anchor box 是套用在圖片上$S \times S$個方格區域計算,YOLO 層輸出的特徵圖的深度、寬度、高度三個維度就會是$(B \times (5 + C), S, S)$。

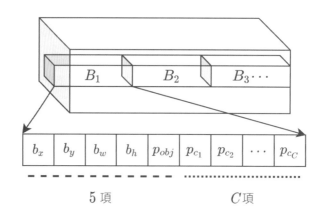

$$\begin{array}{|c|c|c|c|c|c|c|c|c|}\hline b_x & b_y & b_w & b_h & p_{obj} & p_{c_1} & p_{c_2} & \cdots & p_{c_C} \\ \hline\end{array}$$

5 項 C項

一個 YOLOv3 模型中有三個偵測層,分別取不同大小的特徵圖進行物件偵測。多次卷積和特徵圖縮小後,有些比較小的物件的特徵容易消失,所以需要在神經網路的前段偵測才容易發現;反之圖上比較大的物品,是用神經網路的最後幾層輸出。

10.3.5 非極大值抑制

RCNN 模型有一個問題,就是篩選出來的候選區域可能會互相重疊,甚至會有一個候選區域,完全涵蓋別的候選區域的狀況。假設整張照片裡只有一輛車,一個可能的狀況是好幾個候選區域都選了這輛車,分類模型也認為這些候選區域裡是一輛車,最後也都找到類似的 bounding box 把車子框起來。雖然算法上是沒有問題,但有點過度偵測了,畢竟我們不需要10個 bounding box 標示同一台車;或者以下面這張圖來說,我們如果知道有一台筆電,就不需要知道同一張圖上有一台螢幕和一支鍵盤。

　　Bounding box 更多的 YOLO 當然也有這個問題。以 YOLOv4 模型來看，傳入三個 YOLO 層的寬度和高度分別是76 × 76、38 × 38和19 × 19，又因為用了3個 anchor box，所以總共會算出 $3 \times (76 \times 76 + 38 \times 38 + 19 \times 19) = 22743$ 個 bounding boxes。那麼要怎麼做才能把22743個 bounding box 篩選到只剩1個呢？物件可信度雖然能幫我們排除框到背景的 bounding box，但和 RCNN 類似的問題還是無解。

　　如果對於區域相近的 bounding box，我們選擇只留下一個呢？這麼做便能解決過度偵測的問題，但接下來的問題就是怎麼選到最適當的那一個。有個算法可以篩選出物件可信度最高且重疊比例低的數個 bounding box，稱為非極大值抑制（Non Maximum Supression，簡稱 NMS）。這個演算法逐次把物件可信度最高的 bounding box 挑出來，並計算其他的 bounding box 和它的 IOU，並排除幾個 IOU 偏高的 bounding box。如此一來，我們也就能把框住同一個物體的多個 bounding box 限縮到只剩一個。

　　以桌面那張圖片為例，我們如何用 NMS 適度減少 bounding box，但又不會意外刪掉不重複的 bounding box 呢？我們定義五個被框起來的物品以及它們的物件可信度，並假設 IOU 門檻是0.4。方便起見，我們將五個 bounding box 用A、B、C、D、E 命名。

$A(p_{obj} = 0.9)$：筆電
$B(p_{obj} = 0.6)$：螢幕
$C(p_{obj} = 0.8)$：鍵盤
$D(p_{obj} = 0.7)$：記事本
$E(p_{obj} = 0.6)$：原子筆
IOU門檻：0.4

　　因為A的物件可信度最高，所以我們把A標記為物件，並計算它和另外四個 bounding box 的 IOU。B與C因為和A的重疊比率過高，所以模型視為非物件，也就被排除於 NMS 的計算外。這麼一來，就不會在偵測到筆電的狀況下，又標出同一個裝置上的螢幕和鍵盤了。

○ $A(p_{obj} = 0.9)$：筆電
✖ $B(p_{obj} = 0.6)$：螢幕
✖ $C(p_{obj} = 0.8)$：鍵盤
　 $D(p_{obj} = 0.7)$：記事本
　 $E(p_{obj} = 0.6)$：原子筆
　 IOU門檻：0.4

$IOU_{AB} = 0.4$
$IOU_{AC} = 0.45$
$IOU_{AD} = 0$
$IOU_{AE} = 0$

剩下的 bounding box 中，物件可信度最高的是D。和E計算 IOU 後，雖然D完全涵蓋了E，但兩者交集面積比例過低，所以E被視為不同的物件。這顯現 NMS 可以剔除過度框選的 bounding box，但像記事本和原子筆兩樣重疊但互相獨立的物件，還是能用 IOU 明確區分。

$$IOU_{DE} = 0.2$$

作為僅存的 bounding box，E被標記為物件，也就用 NMS 篩選完最精簡的 bounding box 組合，以及其所包含的筆電、記事本、原子筆三個物件。

10.3.6 CSPNet

YOLO 是一個至少50層卷積層的 FCN，為了避免梯度消失問題，自然會用不少 skip connection 和 residual block，整體來說和 ResNet 類似。不過 YOLOv4 和它的前身最大的不同，在於神經網路的細部架構。

ResNet 出現後的隔年，以類似的殘差結構製成的 DenseNet 也同時問世。DenseNet 的基本單位是一串殘差塊，稱為 Dense Block。因為一串殘差塊的輸出寬度和高度固定，所以 Dense Block 內的每一對殘差塊之間都有 skip connection，層與層

之間的特徵損失，自然會比一般的殘差塊來得少。不過 Dense Block 的作法是直接把各層的輸出併成一個深度極深的張量，相當耗費記憶體。

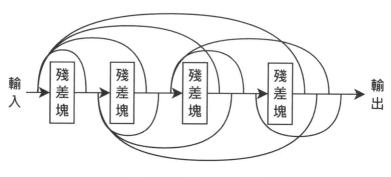

Dense Block 架構

2019 年底，中研院資訊所廖弘源所長和王建堯研究員改良了 Dense Block，並以 Partial Dense Block 打造 CSPNet。與 Dense Block 不同的是，Partial Dense Block 會把輸入張量分成兩部分，一部分輸入一般的 Dense Block，另一部分直接跟 Dense Block 的輸出合併。這麼做不只能保留上一個 Dense Block 的特徵，還能減少 Dense Block 運算所需要的記憶體，同時達成 CNN 的輕量化和提升準確率。接手 Darknet 的 Bochkovskiy 注意到 CSPNet 後，就和中研院把以 DenseNet 為基底的 YOLOv3 改良成以 CSPNet 為基底的 YOLOv4，也藉此在速度和準確率上，贏過了絕大多數的兩階段模型。

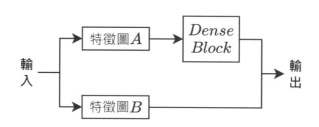

Partial Dense Block 架構

YOLOv4 之後也有許多團隊發表後續版本，包含 YOLOv5、YOLOX、YOLOv6 等，而 Bochkovskiy 與中研院的團隊也在 2022 年發表了 YOLOv7。這些模型的後續改良，使用了電腦視覺的優化技巧和訓練手段，本書不會深入說明，有興趣的讀者可以參考相關論文。

- YOLOX: https://arxiv.org/pdf/2107.08430.pdf

- YOLOv6: https://arxiv.org/pdf/2209.02976.pdf

- YOLOv7: https://arxiv.org/pdf/2207.02696.pdf

10.4 習題

( ) 1. 下列何者不是 skip-connection 的優勢？

    (a) 增加反向傳播路徑　　(b) 減少訓練參數

    (c) 保留已經學到的特徵　　(d) 減緩梯度消失

( ) 2. 何者是 Sliding Window 演算法的問題？

    (a) 耗費時間

    (b) 視窗捕捉到的畫面絕大部分都是背景，而不是物件

    (c) 固定窗格無法捕捉多種尺寸

    (d) 以上皆是

( ) 3. RCNN 的分類模型如何處理背景？

    (a) 候選區域不會選到背景，專注在分類上即可

    (b) 在各項物品的分類中新增「背景」一項

    (c) 每個分類下再訓練一個 SVM 模型，CNN 分類完再確認是物品還是背景

    (d) 分類前先用一個 SVM 模型把背景篩選掉

( ) 4. 何者不屬於全卷積神經網路（FCN）的特性？

    (a) 只有卷積層和池化層

    (b) 可以輸入任意尺寸的圖片

    (c) 可以觀察特徵的熱點

    (d) 可以算得圖像的分類機率

10

物件偵測理論

( ) 5. 平面上有和x軸與y軸平行的兩個矩形A與B，矩形A左下角和右上角的座標點分別為$(6,2)$和$(8,5)$，矩形B左下角和右上角的座標點分別為$(3,4)$和$(7,7)$，試求兩個矩形的 IOU？

(a) $\frac{1}{17}$ (b) 0

(c) $\frac{1}{5}$ (d) $\frac{1}{9}$

( ) 6. 如果一個可以偵測10種分類的 YOLO 模型用了5個 anchor box，試問這個模型中每個 YOLO 層的深度？

(a) 75   (b) 80

(c) 100   (d) 255

11
chapter

物件偵測實作

理解 YOLO 的基本運作原理後，我們就要來實際運用這個模型。從前一個章節的理論中，不難看出 YOLO 的架構比前面數個章節的神經網路複雜不少，所以我們不會用 *nn.Module* 一層一層實作，而是直接用 YOLO 官方在 Github 上的專案和公開原始碼來執行這個模型，訓練它判斷一些自定義物件。這次的實作會用筆者提供的資料集，章節的最後則會說明怎麼用 labelImg 軟體，自行建構 YOLO 格式的資料集，讀者也可以嘗試判斷生活周遭的人事物。

11.1 YOLOv7 自定義資料集物件偵測 ——————

■ Jupyter Notebook：ch11/YOLOv7_Custom.ipynb

因為訓練 YOLOv7 時 GPU 的記憶體使用量接近 10 GB，所以這個實作我們會移到提供免費 GPU 和 Linux 虛擬環境的 Google Colab 上進行。這份 notebook 的 Colab 連結如下，如果讀者希望在自己的設備上運算，可以參考官方的說明文件。

● Colab 連結：https://colab.research.google.com/drive/1NAN0uf0z4aWl7KpceCk6I2qn T5XL6Mq-?usp=sharing

● YOLOv7 官方 Github 專案：https://github.com/WongKinYiu/yolov7

這次實作中，我們很常會在 Linux 的虛擬環境中對檔案進行一些操作。雖然在 notebook 的程式格中，我們通常打的都是 Python 程式碼，但有一些方法，可以讓我們執行終端機指令。如果在一行的開頭打一個驚嘆號（！），notebook 運算時會直接將整行當成終端機指令，交由終端機運行，調整環境中的檔案或設定，或是做一些 Python 程式碼沒辦法做到的事。不過有一些指令會影響 notebook 運行，用!是無效的，需要用百分符號（％）和 IPython 中定義的魔術函式（magic function），才能讓一些設定在 notebook 的執行環境生效。我們不會深入討論這份 Notebook 使用的 Linux 指令，有興趣的讀者可以自行研究各個指令以及參數意義。

11.1.1 GPU 連線

進入 Colab 頁面後，為了使用 GPU 運算，所以要先進行一些環境設定。選擇工具列上的【執行階段/變更執行階段類型】選項」。

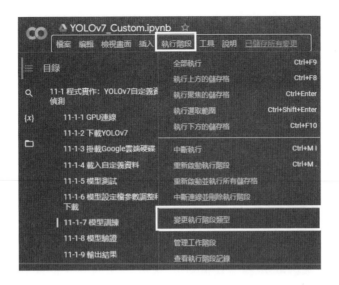

在浮動視窗中將「硬體加速器」改成「*GPU*」，並按下儲存。

點選右上角的「連線」，就能使用 GPU 加速運算。

為了確認我們是否以連上 GPU，可以使用以下的 *nvidia-smi* 指令查看 GPU 狀態。Colab 在長時間沒有任何運算時，會直接停止硬體和虛擬環境的連線，這是在用 Colab 進行機器學習時需要注意的一點。

```
01  !nvidia-smi
```

11.1.2 下載 YOLOv7

我們用 git 指令把整個 YOLOv7 專案複製到我們的虛擬環境中，並用 cd 指令將 Colab 目前的執行目錄切換到專案目錄 yolov7 下。

```
01   !git clone https://github.com/WongKinYiu/yolov7
02   %cd yolov7
```

11.1.3 掛載 Google 雲端硬碟

為了運用自己定義的類別進行物件辨識，我們需要把訓練資料上傳到虛擬環境上。不過虛擬環境的運算有一個問題，就是只要運算硬體斷線了，虛擬環境也會跟著消失，我們下次開 notebook 時又要重新上傳資料集。

Colab 有一個實用的功能，就是可以和 Google 雲端硬碟連線並使用雲端硬碟上的檔案。因此我們只要把相關的訓練資料，放在雲端硬碟上的一個資料夾，要執行時再把那些檔案複製到對應的目錄下即可。

為了使用自己 Google 帳戶的雲端硬碟上的檔案，我們要先用 *google.colab.drive* 的 *mount* 函式，把雲端硬碟的根目錄掛載到 Linux 的虛擬環境上。下面這段程式碼執行後可能會被要求選擇 Google 帳戶並貼上驗證碼，照著步驟完成即可。

```
01   from google.colab import drive
02   drive.mount('/content/drive/')
```

11.1.4 載入自定義資料

接下來我們要把自定義訓練集複製到 *yolov7* 中的 data 目錄下。在這之前，先把已經準備好的 YOLO 訓練集，也就是這個章節相關資源的 *custom_data* 資料夾，上傳到自己 Google 雲端硬碟的根目錄下。雲端硬碟的根目錄在虛擬環境上的絕對路徑是 */content/drive/MyDrive*，因為資料集在 *custom_data* 資料夾中，所以這時要把 */content/drive/MyDrive/custom_data* 的所有檔案，用 Linux 的 cp 指令複製到 *data* 目錄下。因為我們已經在 *yolov7* 的專案目錄下，所以後者用的是相對路徑而非絕對路徑。可以注意到第一個路徑有一個星號*，表示我們要將 *custom_data*

這個資料夾裡的所有檔案複製出來；*cp* 指令用了 *-r* 這個參數，是為了連同訓練資料的 *fifa* 資料夾一起複製。

```
01  !cp -r /content/drive/MyDrive/custom_data/* data/
```

方便起見，我們寫了個顯示圖片用的 *imShow* 函式。這裡和 8-2 小節一樣，用 *cv2* 套件讀入圖片並用 *plt* 輸出。

```
01  import cv2
02  import matplotlib.pyplot as plt
03
04  # 顯示圖片
05  def imShow(path):
06      image = cv2.imread(path)
07      height, width = image.shape[:2]
08
09      fig = plt.gcf()
10      fig.set_size_inches(18, 10)
11      plt.axis("off")
12      plt.imshow(cv2.cvtColor(resized_image, cv2.COLOR_BGR2RGB))
13      plt.show()
```

用剛剛實作的 *imShow* 函式來看看自定義資料中的圖片。這次的資料集取自 2018 世界盃決賽，法國對上克羅埃西亞的官方回顧影片（網址：https://www.youtube.com/watch?v=GrsEAvRerTg）。這次的實作目標是要讓 YOLO 偵測兩隊的球員、守門員、場上的裁判以及足球，並用 bounding box 在影片上標示這些物件。筆者截取影片中的 60 個畫格後，用 labelimg 程式為各個物件標示 bounding box 當作訓練資料，六個類別分別以 *France*、*Croatia*、*France_GK*、*Croatia_GK*、*Referee*、*Ball* 表示。下圖是一張法國隊要準備踢自由球的畫面，我們要讓模型能成功框選這個畫格中的 8 位法國隊球員、10 位克羅埃西亞隊球員、克羅埃西亞隊的守門員、場中的裁判和法國隊球員腳下的足球。

```
01  imShow('data/fifa/img01.JPEG')
```

11.1.5 模型測試

我們可以先來測試看看 YOLOv7 的效果。雖然還沒訓練自定義資料集，但 YOLO 在微軟的 COCO 物件偵測資料集中，已有一定的訓練成果，所以我們可以用 *wget* 指令從 Github 上直接下載訓練完成的參數載入模型進行偵測。

```
01    !wget https://github.com/WongKinYiu/yolov7/releases/download/v0.1/yolov7.pt
```

有了參數檔之後，我們就可以拿測試資料實際執行一次 YOLO 模型的偵測了。因為是 Python 程式碼，偵測程式 *detect.py* 要以 *!python detect.py* 執行，相關的執行參數則如下所列。

1. weights：模型參數路徑，這裡用剛剛下載的 yolov7.pt。

2. source：待偵測的影像路徑，因為我們還沒進行自定義訓練，這裡先用專案目錄下的 data/dog.jpg。也可以填參數 0 使用網路攝影機收錄即時影像。

3. name：指定偵測代號，所有的模型參數與相關圖表都會存檔於 runs/training/<name>的目錄下。我們在這裡不做設定，使用預設的目錄名稱 exp。

```
01    !python detect.py --weights yolov7.pt --source inference/images/horses.jpg
```

在不指定儲存路徑時，YOLOv7 會在 *runs/detect/exp/* 的目錄下用相同的檔案名稱儲存檔案，也就是 *runs/detect/exp/horses.jpg*。用先前寫的 *imShow* 函

式來輸出圖片，可以發現模型正確地偵測了圖片上的多數物體，bounding box 的位置和大小也都符合各個物體的尺寸。

```
01 │ imShow('runs/detect/exp/horses.jpg')
```

 輸出

11.1.6 模型設定檔參數調整和初始參數下載

測試完 COCO 資料集訓練出來的模型後，我們這時就要來調整我們模型的設定檔了。我們把 *cfg/training* 目錄下的 *yolov7.yaml* 用 *cp* 指令複製一份，用新檔案 *yolov7-custom.yaml* 當自定義模型的設定檔。調整模型參數的目的大致可以分成減少記憶體用量和根據偵測類別數改值兩個類型。由於原始的模型使用有 80 個分類的 COCO 資料集進行訓練，所以我們需要修改成僅有 6 個分類的模型設定檔。

這時我們使用 *sed* 指令來取代設定檔中的內容。我們需要傳入一個字串「*s/<待取代文字>/<取代文字>*」，在第一個斜線後放入要被取代的文字，第二個斜線後放入要用什麼文字取代。因為 YOLOv7 的 YAML 設定檔中，用了 *nc: <數字>* 表示模型的分類數量，所以我們要將 *nc: 80* 取代為 *nc: 6*。有了取代規則後，我們需要在 *sed* 指令後，指定檔案路徑決定要修改哪個檔案，並用*-i* 這個參數原地修改檔案（修改後不另存新檔）。

```
01   !cp cfg/training/yolov7.yaml cfg/training/yolov7-custom.yaml
02   !sed -i 's/nc: 80/nc: 6/' cfg/training/yolov7-custom.yaml
```

調整好設定檔後，我們只要有初始的參數就能開始訓練，所以再用 *wget* 指令取得官方文件指定的初始參數檔。

```
01   !wget https://github.com/WongKinYiu/yolov7/releases/download/v0.1/yolov7_
     training.pt
```

11.1.7 模型訓練

所有檔案和設定就緒後，我們就能用 train.py 程式訓練 YOLOv7 模型了。相關的訓練參數如下，筆者實測的訓練時間約為 40 分鐘。

1. *device*：使用哪一個 GPU 進行訓練，這裡只有一個 GPU，用 0 表示。

2. *data*：指定訓練資料的設定檔，即根據本章課後補充創建的 *data/custom.yaml*。

3. cfg：指定模型訓練的設定檔，即剛剛所創建的 cfg/training/yolov7-custom.yaml。

4. weights：指定模型的初始參數檔，即剛剛所下載的 yolov7-custom.pt。

5. *epochs*：訓練的週期數，我們在此設為 600。

6. *name*：指定訓練代號，所有的模型參數與相關圖表都會存檔於 *runs/training/<name>* 的目錄下。

```
01   !python train.py --device 0 --data data/custom.yaml --cfg cfg/training/
     yolov7-custom.yaml --weights 'yolov7_training.pt' --epochs 600 --name
     yolov7-custom
```

YOLO 在訓練時的輸出相對複雜，我們可以來試著理解看看幾個參數的意義。

● Epoch：目前進行到第幾個訓練週期，以及總共有幾個訓練週期

● gpu_mem：GPU 記憶體使用量

- box：box loss，即 bounding box 的預測誤差

- obj：objectiveness loss，即物件性的預測誤差

- class：class loss，即分類的預測誤差

- total：上述三者的誤差總和

物件偵測的研究中很常用 mAP 當作參考指標，相關的說明讀者可以回頭參考第一章 1.2.9 小節。

- P：精確度

- R：召回率

- mAP@.5：考慮 ground truth 和 bounding box 的 IOU 達 0.5 的預測結果進行 mAP 的計算

- mAP@.5:.95：分別考慮 ground truth 和 bounding box 的 IOU 達 0.5、0.55、0.6、...、0.95 的預測結果，計算十次 mAP 的平均值

模型訓練完畢後，我們顯示訓練圖表 *runs/train/yolov7-custom/results.png* 來從數據上看模型的訓練過程。訓練過程正常的話，上述屬於 loss 類型的參數應該要逐漸降低，mAP 則是要越來越高。

```
01 │ imShow('runs/train/yolov7-custom/results.png')
```

▼ 輸出

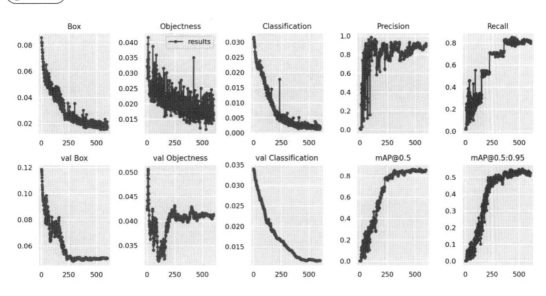

11.1.8 模型驗證

最新的模型參數儲存在 runs/train/yolov7-custom 目錄下，我們先把它複製到主目錄，再用 detect.py 程式看剛剛自由球那張照片的標示情形。做為區別，我們用了 name 參數指定偵測結果要存在 runs/detect/fifa-img 的資料夾下。用 imShow 顯示圖片，看來偵測結果相當不錯。

```
01   !cp backup/yolo-obj_last.weights yolo-obj_last.weights
02   !./darknet detector test data/obj.data cfg/yolo-obj.cfg yolo-obj_last.
     weights data/obj/img01.JPEG
03   imShow('runs/detect/fifa-img/img01.JPEG')
```

▼ 輸出

```
8 Frances, 10 Croatias, 1 Croatia_GK, 1 Referee, 1 Ball, Done. (16.2ms)
Inference, (1.5ms) NMS
The image with the result is saved in: runs/detect/fifa-img/img01.JPEG
Done. (0.196s)
```

11.1.9 輸出結果

對訓練結果滿意後,就可以使用 *detect.py* 實際在影片上進行物件偵測。筆者的影片檔名是用 *fifa_video.mp4*,影片則是跟著雲端硬碟上 *custom_data* 資料夾的檔案,被複製到 *data* 目錄下,讀者可以視狀況自行調整檔案路徑。一樣是做為區別,我們用 *name* 參數指定偵測結果要存在 *runs/detect/fifa-video* 的資料夾下。模型偵測約需 5 分鐘,執行完成後再用 cp 指令將影片複製回自己的雲端硬碟的根目錄下進行觀看。

```
01  !python detect.py --weights best.pt --source data/fifa_video.mp4 --name
    fifa-video
02  !cp runs/detect/fifa-video/fifa_video.mp4 /content/drive/MyDrive
```

在物件偵測的領域中,YOLOv7 是一個表現非常優秀的模型,讀者可以修改這份 notebook,根據自己的需求或喜好標示幾張圖片,訓練不同的自訂模型。

YOLO 因為偵測單張圖片的速度夠快,所以可以進行即時的物件偵測,YOLOv4 在台灣甚至被拿來用在高速公路的即時車流監測上。這次的實作沒有展現 YOLO 這樣的特性,有興趣讀者可以試著拿幾張自己和親友人臉的照片訓練模型,再架網路攝影機收錄即時影像,看看 YOLO 能不能即時判斷路過鏡頭的是誰。

11.2 習題

( ) 1. 在 Colab 的程式窗格中輸入哪一個指令可以讓 notebook 的運作環境移動到上一層的目錄？
   (a) %cd .　　　　　　　　　　　(b) %cd ..
   (c) !cd .　　　　　　　　　　　(d) !cd ..

( ) 2. 在修改 yolov7-custom.yaml 設定檔時，要用 sed 編輯哪些設定？
   (a) nc　　　　　　　　　　　　(b) anchors
   (c) head　　　　　　　　　　　(d) 以上皆是

( ) 3. yolov7-custom.pt 是個什麼樣的檔案？
   (a) 自定義模型初始參數檔　　　　(b) 已訓練完畢的模型參數
   (c) 模型設定檔　　　　　　　　(d) 模型訓練的紀錄檔

( ) 4. YOLOv7 以哪一個程式進行影片的偵測？
   (a) train.py　　　　　　　　　(b) val.py
   (c) detect.py　　　　　　　　 (d) test.py

( ) 5. 下列哪些指標的趨勢代表不正常的訓練過程？
   (a) mAP 提升　　　　　　　　　(b) box 下降
   (c) object 提升　　　　　　　　(d) class 下降

( ) 6. 下列何者不是 YOLO 適當的應用？
   (a) 攝影機的車流偵測　　　　　(b) 監視器檢測人像
   (c) 計算一張照片裡的人數　　　(d) 分辨貓狗照片

補充：使用 labelImg 軟體建構 YOLO 自定義資料集

以下將用世界盃足球賽影片當作範例原始資料，一步一步介紹怎麼在自己的圖片上標註 bounding box，並建構 YOLO 格式的物件偵測自定義資料集。

1. 下載 labelImg 程式

在圖片上標示訓練資料集的物件時，我們會用一支名為 labelImg 的程式進行運算。我們可以先到 Github 的 labelImg 專案上下載執行檔（網址：https://github.com/tzutalin/labelImg/files/2638199/windows_v1.8.1.zip）。解壓縮後有個 windows_v1.8.1 的資料夾，裡面有一個名為 data 的資料夾和主程式 labelImg.exe，方便起見我們把主資料夾命名成 labelImg 並移到桌面上。

2. KMPlayer 影片截圖

在標註圖片之前，可以先收集自己手邊的訓練資料。如果打算用靜態圖片訓練 YOLO，把圖片複製到 data 資料夾內即可；如果希望用影片截圖進行模型的學習，筆者推薦使用 KMPlayer 64X（網址：https://www.kmplayer.com/pc64x）進行截圖。

　　安裝好 KMPlayer 後，開啟影片並在自己希望截圖的畫面暫停，然後滑鼠按右鍵。鍵盤上按 Ctrl + E 會跳出截圖儲存檔案的窗格，再把影片截圖存到 data 資料夾內即可。

　　影片一秒至少有 24 個畫格，如果要一一精選訓練用的截圖，可能要花費不少時間。既然是用影片當作訓練資料，為了模型也能處理具有些微晃動的圖片，截圖品質不用太高，甚至可能要比較採樣式的訓練資料。KMPlayer 有一個叫做「高級捕獲」的功能，讓我們可以在影片中，每隔一段時間或畫格幀數就

截一張圖，這麼做的話，靜態和動態圖片能在訓練集中各占一定比例。從左上角主選單選擇「捕獲」→「高級捕獲」，或是鍵盤上按 Alt＋V，便會跳出高級捕獲窗格。

指定「資料夾路徑」、「編號（截圖總數）」和「每/毫秒（間隔毫秒數）」，並按下開始後，KMPlayer 就會從影片暫停的地方用選定的間隔開始截圖。

3. 篩選圖片和標籤設定

　　點開 data 資料夾後會發現截取的圖片的確都存下來了，但我們要把不好的訓練資料篩選掉。影片開頭展示獎盃的片段，不是我們的偵測重點，所以訓練集裡不需要這些照片；有幾張圖剛好截到切換鏡頭的畫面，這些過度模糊的圖片即使真的加了物件標籤，可能也會弱化模型的學習。篩選照片時也需要注意最後的訓練資料中，每個物件出現了多少次，理想的資料集中每個物件出現100 次是下限。篩選完的圖片，可以考慮重新命名成方便處理的格式（例：img01.jpg），但若只是為了簡化檔案路徑，則不是必要的步驟。

　　在 data 資料夾中，有一個叫做 predefined_classes.txt 的文字檔，點開後會發現每行有一個預定義的物件標籤。在開始標記訓練資料的 bounding box 前，先把 predefined_classes.txt 清空，並把希望偵測的物件，一行一行地打到這個文字檔中。

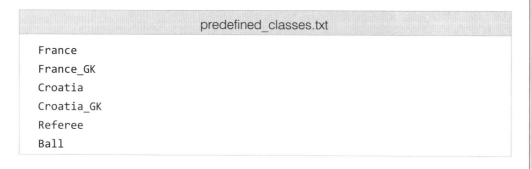

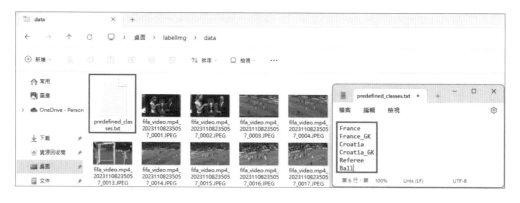

4. labelImg.exe基本設定

　　我們打開 labelImg.exe 來看一下這個軟體的介面。左邊是一些基本的操作按鈕，右邊是當前圖片的一些相關資訊，中間空間則是用來標示 bounding box。各類物件偵測模型的輸入格式各有不同，所以我們要先點選左欄 PascalVOC 的格式切換鈕，把它改成 yolo 模式。

　　再來，我們要修改標籤資料的儲存路徑。點選左欄的 Change Save Dir 按鈕，並選定和訓練圖片相同的 data 資料夾做為儲存路徑。

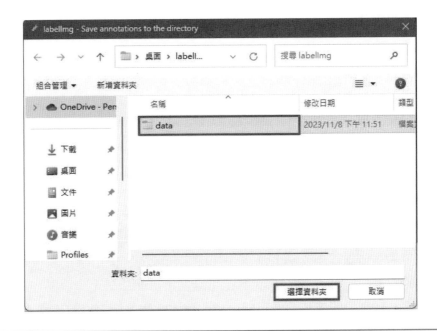

接著點選 Open Dir，選擇同樣的路徑，就能把訓練用的圖片
載入 labelImg 程式了。

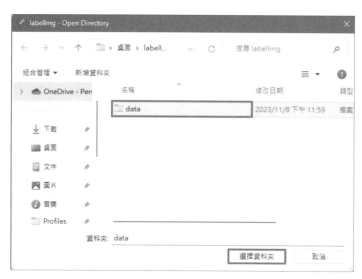

5. 截取圖片

　　labelImg 的圖形化介面讓我們可以很直覺地用左側欄的按鈕，對圖片上的
物件進行標籤，但方便起見開發者設計了不少好用的快速鍵。這個軟體是用英
文開發的，所以在中文輸入法下快速鍵是無效的，使用時要注意一下。另外，
物件的標籤即使有了 labelImg 等工具輔助，可能還是至少需要一個小時，所以
建議進行圖片的標籤時，使用滑鼠會比筆電的觸控板來得有效率。

- w：產生矩形，標示 ground truth 位置

- a：資料夾中的上一張圖片

- d：資料夾中的下一張圖片

- Ctrl + S：儲存當前圖片的標籤資料

- Ctrl + Shift + P：顯示矩形標籤

　　以下示範怎麼活用快速鍵來標示圖上的物件。假設我們現在要框選左下角的法國隊球員，我們可以先按 w 進入繪製矩形模式，這時畫面上會出現一個黑十字。

　　接著把滑鼠游標移動到球員的左上角，按住滑鼠左鍵並把游標移動到球員的右下角。這時圖上的斜線區域就是即將繪製的矩形，放開滑鼠左鍵就能構成一個矩形。

labelImg 這時會跳出一個小視窗，讓你選擇這個物件的對應標籤，以這個例子來說選擇 France 並按 OK，就完成了一個物件的標籤。

依序標籤完圖上的各個物件，再按 Ctrl + S 就能儲存整張圖片上所有物件標籤的資料。按 Ctrl + Shift + P 還能在各個矩形上方秀出這個物件的標籤，在圖片中的物件比較複雜時非常實用。這時按 d 就能切換到下一張圖片，繼續對整個資料集賦予物件標籤。

我們可以在資料夾中看一下標籤資料檔的形式。儲存第一張圖片的標籤檔後，回到 data 資料夾會多一個儲存物件標籤檔 classes.txt，還有和圖片同名的標籤資料文字檔。點開標籤資料檔，會看到每一行各有五個數字。第一個數字是從 0 開始的物件類別編號，也就是這個物件在 predefined_classes.txt 中是第幾個標籤，所以第一個數字是 0 的都是 France 標籤，是 2 的都是 Croatia 標籤，也就是兩隊的球員。後面四個數字則是以原圖的寬度和高度為單位，標註矩形的中心點座標、寬度和高度。因為 YOLO 模型會把圖片壓縮成同一大小輸入模型，把矩形的座標和尺寸限縮在[0, 1]之間，相較於直接用像素座標，會是資料處理上比較方便的做法。

```
0 0.244531 0.780556 0.045312 0.194444
0 0.317969 0.350000 0.031250 0.138889
(中間省略)
2 0.434375 0.576389 0.026562 0.163889
2 0.634375 0.556250 0.026562 0.173611
(中間省略)
3 0.798828 0.311806 0.047656 0.143056
4 0.194922 0.300000 0.041406 0.130556
5 0.173828 0.804861 0.014844 0.029167
```

6. YOLO 資料集設定

完成整個資料集的圖片標記後，我們在 labelImg 資料夾下開一個名為 custom_data 的資料夾。資料夾中我們開了一個資料夾 fifa，一個設定檔 custom.yaml，並在 fifa 資料夾裡開兩個文字檔 train.txt 和 val.txt。

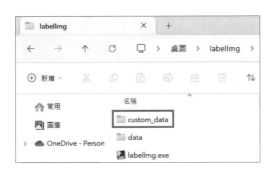

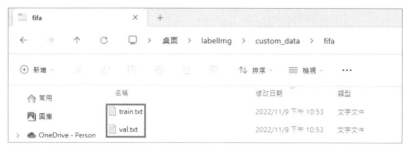

　　fifa 資料夾裡要放所有的訓練圖片和它們的標籤設定檔，也就是 data 資料夾中除了 predefined_classes.txt 和 classes.txt 的所有檔案。

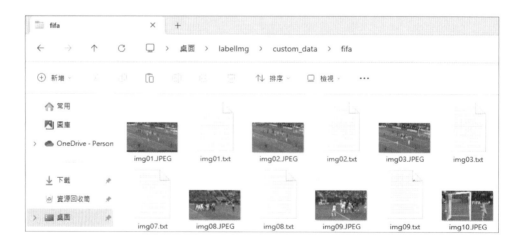

　　設定檔 custom.yaml 提供 YOLO 訓練和測試資料與標籤的路徑 train 和 val，自定義分類總數 nc，還有一個字串陣列提供各個 class 的名稱。因為各個訓練圖片的標籤資料檔裡只有標籤編號，所以只要字串陣列和 classes.txt 的標籤順序不同，最後訓練完的標籤物件就會非常雜亂，填到設定檔上時需要特別注意。

```
                            custom.yaml
train: data/fifa/train.txt
val: data/fifa/val.txt

# number of classes
nc: 6

# class names
names: ['France', 'France_GK', 'Croatia', 'Croatia_GK', 'Referee', 'Ball']
```

設定檔 train.txt 儲存所有訓練圖片的路徑。上傳到虛擬環境後，fifa 資料夾會被放在 darknet 的 data 路徑下，所以每一行的形式都是 **data/fifa/檔名**。

```
                            fifa/train.txt
data/fifa/img01.JPEG
data/fifa/img02.JPEG
data/fifa/img03.JPEG
(中間省略)
data/fifa/img50.JPEG
```

我們可以分出 **10~30%**的圖片作為測試使用，這裡筆者選用的是最後十張照片。設定檔 val.txt 儲存所有測試圖片的路徑。上傳到虛擬環境後，fifa 資料夾會被放在 darknet 的 data 路徑下，所以每一行的形式都是 **data/fifa/檔名**。須注意 train.txt 和 val.txt 中的檔案路徑不能重複。

```
                            fifa/val.txt
data/fifa/img51.JPEG
data/fifa/img52.JPEG
data/fifa/img53.JPEG
(中間省略)
data/fifa/img60.JPEG
```

訓練完模型如果有想拿來測試的圖片或影片，建議放在 custom_data 資料夾中一併上傳，例如這裡就把 fifa_video.mp4 上傳作為模型訓練完成時的測試資料。用 labelImg 標記好圖片上的各個 ground truth，並把設定檔都修改好後，就能把 custom_data 資料夾上傳到自己 Google 帳戶雲端硬碟的主目錄，並用這個章節的 Colab Notebook 訓練 YOLOv7 模型。

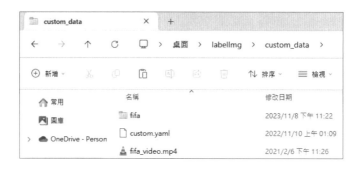

12
chapter

自然語言處理

目前為止我們用機器學習學會處理很多問題，無論是找尋資料間的規則，還是用強化學習適當決策達成目標，抑或是偵測圖上的物件，都是人工智慧非常實際的應用。但即使近十年來 AI 的進步神速，有個領域一直很難有所突破，也就是自然語言處理（Natural Language Processing，簡稱 NLP）。人類語言有數千種，建構全語系的語言模型本來就很困難，但電腦連理解單一語言，或是產生一個語言的一段文字，甚至一個句子都是艱困的工作。我們看不懂原文資料或他國的文章，想用 Google 翻譯查詢意義時，常發現單詞的翻譯 Google 得心應手，但長篇文字的語意解讀上則是常有偏差。這個章節中，我們會討論 NLP 為何棘手，以及現今的研究方法，並運用基本的機器學習手段，進行簡單的文句分析。

12.1 自然語言與機器學習

　　自然語言，指的是自然地隨文化演化的語言，也就是各地以文字或聲音等形式，不斷傳承和演變的溝通方式。以0和1方式記錄並分析這個世界的電腦，在處理自然語言上有它的難處，但也逐步找到了一些簡單的方法。

12.1.1 自然語言處理為何困難

　　學習自然語言是相當困難的一件事，連創造它的人們也這麼認為。我們在學自己母語的時候可能沒感覺，但求學時期的英文課，許多人是被背不完的單字和文法埋沒，有時連一些基本的句子都講不好。我們接下來從機器學習的角度，了解學習自然語言會遇到的各種問題。仔細觀察會發現，其中幾個難點跟人類學習外語是相似的。

⬡ 語言的無限性

　　自然語言中的一個特性是我們可以用有限的單詞創造無限長的句子。舉個例子，假設現在有個句子是「我在跑步」；補個地點，變成「我在操場跑步」；再加個時間，變成「我晚上在操場跑步」。我們一定有辦法把一個句子永無止盡地加長，卻仍然合乎文法。以知名英文小說《權力遊戲》來看，不重複的單字只有12000個，但整本書的單字量逼近30萬字，可見即使單詞集合不大，文句的組合卻是無限大。

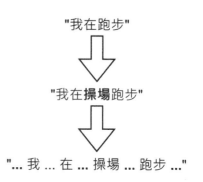

　　目前的機器學習模型大多是固定的架構，因此參數數量也是固定值，但自然語言的語料數目並沒有上限。再者，圖像辨識問題的訓練資料和測試資料有固定的範疇，模型訓練和運作時的偏差不大；但因為語言的無限性，再完善的訓練，都可能把一個架構不同但意思一樣的句子進行錯誤的解讀。用有限的變數分析無限的結果，本來就是一件相對困難的事。

⬡ 人類的學習方法無法參考

　　前面提到的各類機器學習，都是把人類已經知道的學習過程，轉換成數學函數，再用既定的資料訓練而來。「我們怎麼知道眼前橙色的球狀物體是顆橘子？」

一定是看過幾次，被他人告知並記住它的名字，才能在下次看到時正確辨認；同樣的道理，電腦科學家把一定數量的照片和標籤給 CNN 學習，就能訓練出準確率不差的圖像辨識模型。「可是你知道你怎麼學會說話的嗎？」一般人能在六歲以前就精通自己的母語，但人類也是六歲左右才開始有記憶，所以很難從人腦內部回顧學習過程。

關於人類學習母語的方式，行為科學領域的史金納（B. F. Skinner）和認知科學領域的喬姆斯基（N. Chomsky）在 1950 年代前期和後期各自有所主張。前者假設人剛出生時什麼都不知道，認定環境和賞罰會影響行為，所以我們學會母語都是聽長輩講話跟被糾正才學會的；後者提出普遍語法（Universal Grammar），也就是假設人腦出生就具備一定的語言機制和架構原則，甚至能辨識全語系的語言，只是在大人說話的耳濡目染下，特化成自己母語的使用者。

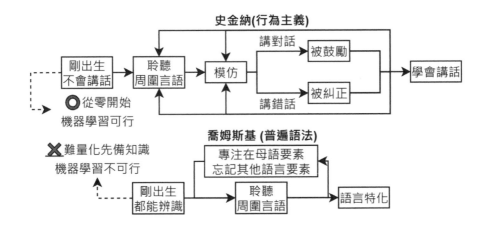

數十年來的研究傾向後者的理論，但普遍語法目前只能從各國語言的特性，發現一些枝微末節的性質，根本沒有辦法找到大方向的原則，其完整機制連提出概念的喬姆斯基也不了解。以機器學習來說，如果要用人類學習母語的方式進行 NLP，需要把普遍語法量化成「預訓練參數」，也就是從一個半成品的模型繼續精進或是特化；既然這些知識很難用數字的形式呈現，電腦科學家也就不能依循人類的學習途徑，只能用行為主義的手段，透過外界的資料來訓練模型。

12.1.2 機器學習處理自然語言的方法

那我們目前可以設計什麼樣的模型來處理自然語言呢？從語言學的角度來看，可以分成以下兩種架構。

有限狀態文法

在很多問題的演算法上，我們會用有限狀態自動機（Finite State Machine，簡稱 FSM）來表示各式各樣的數學模型。在一個 FSM 中，我們會用數個節點當作狀態（state），來表示電腦對目前情境的理解，並用節點間的邊或是箭頭，來表示改變狀態的行動，通常又被稱作狀態轉移（state transition）。除了表示行動和狀態之間的關係，在一些機率模型上，我們還可以賦予每個行動一個轉移機率（transition probability），進而從某個起始狀態推算數個時間點後的結束狀態或是收斂模型。

在自然語言中，相同的架構被稱為有限狀態文法（Finite State Grammar，簡稱 FSG）。我們可以把講出一個詞視為一種行動，而每個狀態則視為一句話的暫停點。在機率模型中，我們可以從前一個詞是什麼，來設定下一個詞的轉移機率，或是從一句話講完的狀態，推算說話者的態度屬於正面還是負面。

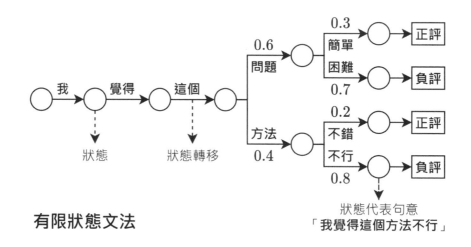

有限狀態文法

前面我們提過語言的無限性，人有辦法在固定的文法下，講出任意長度的話。我們可以拉長 FSG 的記憶，讓它參考數個狀態而不只用最後經過的狀態，來決定狀態間的轉移機率，但這個模型架構本質上就容易損失資訊。不過 FSG 雖然因為有限性捕捉所有語言特徵，也正是它的有限性，讓我們可以用深度學習等技術實作這類的語法架構。FSG 犧牲了一些語料中的資訊，但可實現性讓它在 NLP 領域有比較深入的研究。本章節討論的機器學習，也會以 FSG 的架構為主。

短語結構語法

FSG 根本的問題在它是以序列解讀一個語言，但一句話很有可能因為前後或中間的一兩個字，讓意思完全不同，例如「不」等否定詞。日文中的否定詞放在句

尾，用 FSG 的模型可能會損失一些細節資訊，但大意上偏差不大；但把否定詞放在句子前段的中文或英文等語言，內容可能更精確，但更可能誤解成肯定句。

國高中英文課在學習文法時，通常解讀一句英文的方式，會是用某個字或某個片語，修飾一個主詞或一個子句。如果我們把每個字、片語、子句之間的關係全部表示出來，因為這些關係通常都在相鄰的字詞上，所以可以用樹狀結構來表示一句話，稱為短語結構語法（phrase structure grammar，簡稱 PSG）。

PSG 最常見的應用是語法剖析樹（parse tree），也就是把一句話甚至一個段落，用樹狀圖來表示彼此的相依關係。這樣的文法架構可以把文字拆解到詞語的層級，所以我們可以由每個詞獨立的詞性或意義逐步合併句子，並在過程中逐步修飾或翻轉句意。以中文否定詞的例子來說，可以藉由右半部的句法剖析子樹，完整保留一句話的細節句意，再用句子開頭的「不」字得到相反的意義。

另外，PSG 也解決了 FSG 無法處理代名詞的問題。我們在用「它」之類的代名詞前，通常會對那件事物有一定的描述，但 FSG 只會認定這是個「它」字，而不是我們之前闡述的內容。在語法剖析樹中，我們可以把「它」可以用前面那段說明所對應的子樹取代，取得更精確的意思。

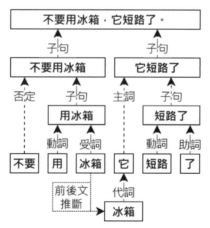

短語結構語法

PSG 的架構在處理自然語言上看似深具成效，但可以從它是個大小不定的模型，也還需要夠明確的自然語言文法，才能分析詞與詞之間的關係，所以實作上較困難，目前在機器學習上的發展較慢，主要的應用還是句法剖析為主。不過也因為這個方法與人類解讀語言的方式最接近，PSG 架構在 NLP 領域被認定具備一定的潛

力，如果在研究上有所突破，或許不只會做到 NLP，更有可能做到最困難的 NLU（Natural Language Understanding，自然語言理解）。

12.2 斷詞和關鍵字查找

中文 NLP 的進展，通常比英語系國家慢了幾拍。東方的電腦科學確實比西方晚開始發展，但這不是唯一的原因。我們知道英文的每個單字之間會有空格，在處理字詞上很方便；中文的文字是連續的，直接從句子下手的話，根本不知道哪幾個字是一個單位，像「這幾天天天天氣不好」這種連人都要一段時間解讀的句子，人工智慧更有可能會錯意。所以我們需要對中文句子進行預處理，找到每個詞在句子中的前後邊界，這個步驟稱為斷詞。經過斷詞，「這幾天天天天氣不好」這句話就會變成「這幾天、天天、天氣、不、好」五個詞，後續處理也就容易多了。

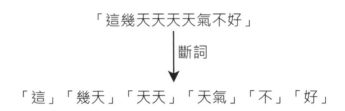

12.2.1 jieba 套件與斷詞方法

具體來說，有什麼樣的斷詞策略？中國百度工程師開發出來的斷詞套件 jieba（「結巴」的諧音），大概是目前成效最好的一個斷詞套件，我們可以從它的運作原理一探究竟。

字典樹

人的斷詞方法通常是從左到右解讀整個句子，然後順著這個方向找到適當的斷點。能在斷詞結果中迅速找到最適當的理解方法，有一部分要歸功於人的「語感」，也就是對語言的直覺。這是機器學習中很難模擬的元素，所以作為電腦，只能先把句子裡可能是字詞的中文字組，一個一個抓出來，再來看怎麼連接比較適合。

jieba 套件中，會預先載入一個詞庫，並把它建成一顆字典樹（Trie）。字典樹可以看做一張樹狀圖，這張圖上有很多代表詞狀態的節點（node），還有表示單一文

字關係的邊（edge）。我們從根節點（root，樹的源頭），依循任意路徑往下走，無論停在哪裡，路上經過的中文字依序排列就能構成一個詞。

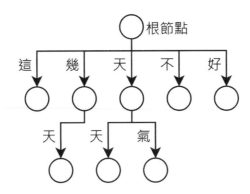

相對於用陣列儲存的字典，這麼做可以省去一直重複的字首占用記憶體的問題，查詢時也不用逐字完全比對，只要發現字典樹上接不下去。以下圖的字典樹來說，如果要查詢「天氣」這個詞，只要從根節點能找到一條「天」的邊，繼續往下走能找到一條「氣」的邊，表示這棵字典樹上有「天氣」這個詞；查詢「天空」這個詞的時候，因為「天」的邊所指向的節點沒有接「空」的邊，所以我們可以確定「天空」這個詞不在字典樹上。

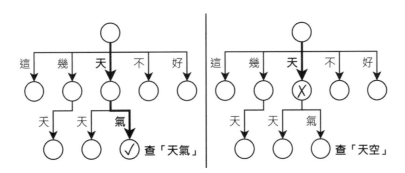

有向無環圖

得到可能的斷詞方法之後，我們回到原本的句子，建構一張有向無環圖（Directed Acyclic Graph，簡稱 DAG）。假設句子裡有N個字，在 DAG 上我們就會有$0, 1, ..., N$共$N+1$個節點。圖上的邊我們則賦予兩種意義，分別是一個字詞和一個轉移機率，也就是這在句子中是合理斷詞的機率。單一的中文字當然也在字典樹上，所以編號$i-1$的節點和編號i的節點之間的邊，恰好就代表第i個字。在這張 DAG 上，從0號節點走到N號節點的意義，就是這N個字的句子的一種斷詞方法。以

「這幾天天天天氣不好」這句話結合前面的字典樹，我們可以得到這樣的 DAG，轉移機率我們以箭頭的粗細表示，這裡假設雙字詞的斷詞潛力都比單字詞來得高。

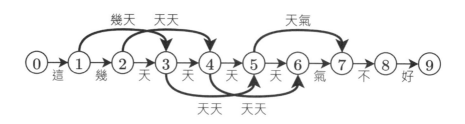

動態規劃

當一個句子在字典樹裡找到的詞越多，從0號節點走到N號節點的方法數就不會少，那要怎麼找到最好的斷詞方法？我們可以運用一個技巧，稱為動態規劃（Dynamic Programming，簡稱 DP）。

動態規劃主要是在模擬從一個初始狀態（initial state）或最小形式，透過狀態轉移（initial state）逐步推算大問題的解。以斷詞的問題來說，我們可以從0號點的轉移機率，依據各條不同的路徑，推算一路走到N號點的最高轉移機率，就能得到斷詞的最優解了！

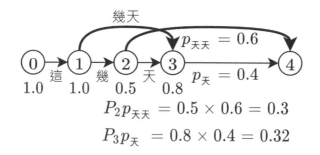

$$P_2 p_{天天} = 0.5 \times 0.6 = 0.3$$
$$P_3 p_{天} = 0.8 \times 0.4 = 0.32$$

可是我們要怎麼推算0號點，走到中途任意一個i號點的轉移機率呢？假設我們已經算出0號點到3號點的轉移機率，如節點下方的小數。我們知道了「這」、「這幾」、「這幾天」這三句話怎麼斷詞，怎麼推算4號點的轉移機率，也就是找「這幾天天」的斷詞點呢？根據字典樹，我們會有兩種斷詞法：「這幾」這句話的斷詞加上「天天」這個詞，或是「這幾天」這句話的斷詞加上「天」這個字。不難發現雖然「天天」作為一個詞的潛力比「天」來得強，但「這幾」＋「天天」這句話的轉移機率，低於「這幾天」＋「天」這句話，$0.5 \times 0.6 = 0.3 < 0.32 = 0.8 \times 0.4$，所以，後者才是這四個字比較合理的斷詞方法，也就推算出4號點的轉移機率是0.32。

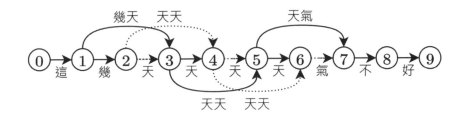

用類似的手段，我們可以逐步推出0號節點走到N號節點的最高轉移機率了，可是要怎麼找到斷詞方法？我們在計算每個狀態的轉移機率時，我們可以記錄這個轉移機率是從哪個狀態，用哪條邊推算而來的，例如上圖中的實線。

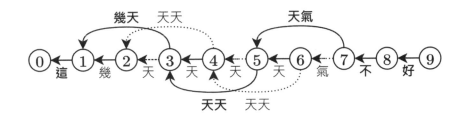

一個狀態所代表的句子中，最後一個詞一定是實線邊表示的字詞，我們才會認定這是最有可能的句子組合形式。既然如此，我們可以從N號點依循實線走回0號點，這條路徑上的所有字詞即是文章最佳的斷詞。

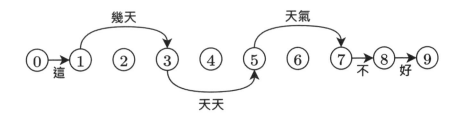

尋找新詞

有些專有名詞可能不會在詞典裡，那除了把這些詞語直接編到詞典裡，要怎麼斷詞呢？jieba 模型的概念中，每一個中文字當作一個詞的開頭、中間、結尾或獨立解讀都有一定的機率，所以會用隱藏式馬可夫模型（Hidden Markov Model，簡稱 HMM）和運用動態規劃的維特比算法（Viterbi Algorithm）把斷完的字詞分成 B（begin，起始字）、M（middle，中間字）、E（end，結尾字）、S（single，單獨字）。在 jieba 的模型中，「S」、「BE」、「BME」等皆視為合法的詞，所以對於不在字典裡的詞，除了 S 是獨立斷詞，我們可以用前後距離最近的 B 和 E 配對當成一個詞。

冠　狀　病毒
B　M　　E　- -➤ 冠狀病毒

舉個例子，假設一篇文章的斷詞結果中，「冠」、「狀」、「病毒」三個詞經常連續出現，則「冠」、「狀」、「病毒」三個詞，很有可能被分別分類為 B、M 和 E，也就很有可能被湊成一個詞。

HMM 和維特比算法的數學理論較為複雜，本書不會深度討論，讀者可自行查閱相關資料。

程式實作 使用 jieba 套件進行中文斷詞　　　　■ 檔案：ch12/Jieba.ipynb

■ 檔案：ch12/dict.txt.big、ch12/stopword.txt

理解 *jieba* 的運作理論後，我們實際用這個套件來進行中文斷詞。

```
01  # 匯入套件
02  import jieba
03  import jieba.posseg
```

設定詞典

我們需要先用 *set_dictionary* 函式引入詞典，這裡我們用 *jieba* 的開發者所提供的 *dict.txt.big* 檔案。

```
01  jieba.set_dictionary('dict.txt.big')
```

斷詞

我們呼叫 *cut* 函式就可以對一個中文字串進行斷詞，在這段程式碼中我們用了 COVID-19 的維基百科中文頁面的第一句話。函式會回傳一個可以迭代的物件，我們把這個物件轉成陣列，並在詞語之間補空格後輸出。

```
01  sentence_cut = jieba.cut('嚴重特殊傳染性肺炎疫情是一次由嚴重急性呼吸道症候群冠狀
        病毒 2 型（SARS-CoV-2）導致的嚴重特殊傳染性肺炎（COVID-19）所引發的全球大流行疫
        情。')
02  print(' '.join(list(sentence_cut)))
```

▼ 輸出

嚴重 特殊 傳染性 肺炎 疫情 是 一次 由 嚴重 急性 呼吸道 症候群 冠狀病毒 2 型 （ SARS - CoV - 2 ） 導致 的 嚴重 特殊 傳染性 肺炎 （ COVID - 19 ） 所 引發 的 全球 大 流行 疫情 。

全斷詞模式

jieba 有個全斷詞模式，就是把詞典中所有可能的詞全部輸出，在呼叫 *cut* 函式時設定參數 *cut_all = True* 就會以這種模式斷詞。從輸出結果可以發現，「呼吸」、「呼吸道」等詞重複出現，也的確都是可能的斷詞方式。一般 *cut_all = False* 時，則是用動態規劃尋找最佳的斷詞路徑。

```
01  sentence_cut = jieba.cut('嚴重特殊傳染性肺炎疫情是一次由嚴重急性呼吸道症候群冠狀病毒 2 型（SARS-CoV-2）導致的嚴重特殊傳染性肺炎（COVID-19）所引發的全球大流行疫情。', cut_all = True)
02  print(' '.join(list(sentence_cut)))
```

▼ 輸出

嚴重 特殊 傳染 傳染性 性肺炎 肺炎 疫情 是 一次 由 嚴重 急性 呼吸 呼吸道 症候 症候群 冠狀 冠狀病毒 病毒 2 型 （ SARS - CoV - 2 ） 導致 的 嚴重 特殊 傳染 傳染性 性肺炎 肺炎 （ COVID - 19 ） 所 引發 的 全球 大流 流行 疫情 。

搜尋引擎模式

jieba 還有種叫做搜尋引擎模式的斷詞方法。有些專有名詞比較長，用較短的詞語在線上查詢，可能會有比較準確的結果。*cut_for_search* 函式以 *cut* 函式的斷詞結果為基礎，把比較長的詞語斷成更小的單位。

```
01  sentence_cut = jieba.cut_for_search('嚴重特殊傳染性肺炎疫情是一次由嚴重急性呼吸道症候群冠狀病毒 2 型（SARS-CoV-2）導致的嚴重特殊傳染性肺炎（COVID-19）所引發的全球大流行疫情。')
02  print(' '.join(list(sentence_cut)))
```

▼ 輸出

嚴重 特殊 傳染 傳染性 肺炎 疫情 是 一次 由 嚴重 急性 呼吸 呼吸道 症候 症候群 冠狀 病毒 冠狀病毒 2 型 （ SARS - CoV - 2 ） 導致 的 嚴重 特殊 傳染 傳染性 肺炎 （ COVID - 19 ） 所 引發 的 全球 大 流行 疫情 。

⬡ 詞性標註

我們還能用 *jieba* 的 *posseg* 子套件，在斷詞的同時對詞典裡的詞進行詞性標註。各個代號與對應的詞性如下：

- a：形容詞

- c：連接詞

- eng：標點符號

- k：後置成分

- l：慣用語（專有名詞）

- m：數量詞

- n：名詞

- p：介詞

- uj：結構助詞（的）

- v：動詞

- x：非語素詞（標點符號）

從輸出的詞性標註可以發現，不少我們相當清楚詞性的詞彙被歸類為「非語素詞」，可能是因為字典中不存在這個詞，或是只有這個詞的簡體字形式。

```
01  sentence_cut = jieba.posseg.cut('嚴重特殊傳染性肺炎疫情是一次由嚴重急性呼吸道症
    候群冠狀病毒 2 型（SARS-CoV-2）導致的嚴重特殊傳染性肺炎（COVID-19）所引發的全球大流
    行疫情。')
02  for word, pos in sentence_cut:
03      print(word, pos)
```

▼ 輸出

```
嚴重 x
特殊 a
傳染性 x
肺炎 n
疫情 n
是 v
一次 m
由 p
```

嚴重　x

急性　n

呼吸道　l

症候群　n

冠狀病毒　x

2　m

型　k

（　x

SARS　eng

-　x

CoV　eng

-　x

2　x

）　x

導致　x

的　uj

嚴重　x

特殊　a

傳染性　x

肺炎　n

（　x

COVID　eng

-　x

19　m

）　x

所　c

引發　x

的　uj

全球　n

大　a

流行　v

疫情　n

。　x

◎ 停用詞

　　從斷詞結果可以發現，句子裡有不少標點符號和助詞。在 NLP 中，我們稱這些詞為停用詞，也就是對句意影響甚小的字詞。通常我們會用一個停用詞詞典篩選掉這些字，保留重點詞語。這份實作中的停用詞檔案為 *stopword.txt*，我們先將其讀入，並把各個停用詞存在一個集合中。

註：本書所使用的停用詞取自下列兩個連結：

- 繁體中文：https://github.com/GoatWang/ithome_ironman/blob/master/day16_NLP_Chinese/stops.txt

- 簡體中文和英文：https://github.com/goto456/stopwords/blob/master/baidu_stopwords.txt

```
01   with open('stopword.txt', 'r', encoding = 'UTF-8') as f:
02       stopwords = set(f.read().split('\n'))
```

去除停用詞

接著從 *cut* 函式的物件陣列中，取出不在停用詞集合裡的詞語存入 *key_cut* 陣列，就可以取出這句話的重點用字。

```
01   sentence_cut = jieba.cut('嚴重特殊傳染性肺炎疫情是一次由嚴重急性呼吸道症候群冠狀病
     毒 2 型（SARS-CoV-2）導致的嚴重特殊傳染性肺炎（COVID-19）所引發的全球大流行疫情。')
02   key_cut = [word for word in list(sentence_cut) if word not in stopwords]
03   print(' '.join(list(key_cut)))
```

▼ 輸出

嚴重 特殊 傳染性 肺炎 疫情 一次 嚴重 急性 呼吸道 症候群 冠狀病毒 型 SARS CoV 導致 嚴重 特殊 傳染性 肺炎 COVID 19 引發 全球 流行 疫情

從詞性標註來看，我們確實刪除了大部分的助詞和標點符號。

```
01   sentence_cut = jieba.posseg.cut('嚴重特殊傳染性肺炎疫情是一次由嚴重急性呼吸道症
     候群冠狀病毒 2 型（SARS-CoV-2）導致的嚴重特殊傳染性肺炎（COVID-19）所引發的全球大流
     行疫情。')
02   key_cut = [(word, seg) for word, seg in sentence_cut if word not in stopwords]
03   for word, pos in key_cut:
04       print(word, pos)
```

▼ 輸出

嚴重 x
特殊 a
傳染性 x
肺炎 n
疫情 n

一次 m
嚴重 x
急性 n
呼吸道 l
症候群 n
冠狀病毒 x
型 k
SARS eng
CoV eng
導致 x
嚴重 x
特殊 a
傳染性 x
肺炎 n
COVID eng
19 m
引發 x
全球 n
流行 v
疫情 n

12.2.2 TF-IDF

　　各大新聞網站通常會在每篇報導或專論的頁首或頁尾，放幾個關鍵字標籤，讓讀者可以一眼了解這篇文章的主題，或是從標籤的連結再去看主題類似的文章。現今生活步調極快，精確的關鍵字或標題，除了能讓我們對事物一目瞭然，也能花更多時間專注在自己所關心的事物上。許多人在用搜尋引擎 Google，也會用各類的關鍵字查詢自己想要的資訊。對這些資訊，Google 也會進行一定的分析，並將熱門結果以圖表顯示於 Google Trends 網站（網址： https://trends.google.com.tw/）上，讓大眾了解現在或過去的搜尋趨勢。

　　怎麼擷取關鍵字？關鍵字通常是一篇文章中頻率比較高的專有名詞，那我們只要分別找出專有名詞和出現頻率高的詞，再取兩個集合的交集就能得到關鍵字。這個方法的主要問題在於很難確定兩個集合裡應該有哪些詞。哪些字詞在一篇文章裡有代表性很難定義，所以很難建構專有名詞的集合；例如：「如果」、「但是」之類的連接詞，其實才是任何文章最常出現的，所以如果是用出現頻率篩選字詞的話，真正的關鍵字反而會被稀釋掉。

當我們手邊有很多篇文章的時候，一個加權算法便派得上用場——TF-IDF（Term Frequency-Inverse Document Frequency）。從英文全名來看，TF-IDF 可以分成單字頻率（Term Frequency）和文章頻率倒數 IDF（Inverse Document Frequency）兩個指標。TF-IDF 的提出者主張一篇文章的關鍵字，會是只出現在少數文章裡，卻在那些文章中特別常出現的詞組。這麼一來，我只要分別算出一個指標，乘積最大的幾個詞就會是關鍵字了。

計算一個詞在一篇文章中的 TF-IDF 時，可以分成文章裡目標詞出現頻率的 TF，還有目標詞在多篇文章裡，出現的頻率倒數對數 IDF 來計算。為了方便說明，下列數學式子中以 t_i 表示所有檔案裡的第 i 個詞，d_j 表示第 j 篇文章，D 表示文章集合，n_{ij} 表示第 i 個字在第 j 篇文章裡的出現次數。那麼，TF 和 IDF 分別能用以下的公式求得。

$$tf_{ij} = \frac{n_{ij}}{\sum_k n_{kj}}, idf_{ij} = log\frac{|D|}{|\{j : t_i \in d_j\}|}$$

TF 是一篇文章裡目標詞的出現次數除以這篇文章的總字數，IDF 則是文章總篇數除以出現目標詞出現的文章篇數再取對數，兩者相乘便是目標詞在一篇文章裡的 TF-IDF 指標。不過為什麼 IDF 要取對數？

文學作品上可能會出現一些艱深用字，這些字不只出現在少數幾篇文章中，連在一篇文章裡的出現次數也很少。假設某個生難詞只在某篇文章裡出現一次，雖然 TF 值可能很小，但 IDF 值是最大可能值 $|D|$，所以可能會被意外當作關鍵字。取對數時能夠縮小這些比較稀有的字詞和真正的關鍵字在 IDF 上的差距，除了過濾這些比較特殊的用語，也能平衡兩個指標的影響力。

另一個原因是常用的連接詞每篇文章裡都會出現，IDF 值即使只有 1，也會因為它在文章中大量出現，乘上 TF 後得到異常高估的 TF-IDF 指標。既然每篇文章裡都會出現的字相對不重要，我們可以把 IDF 取對數，這樣的話連接詞的 IDF 就會逼近 0，也就不會在用 TF-IDF 的時後篩選出這樣不關鍵的關鍵字了。

程式實作 使用 TF-IDF 算法尋找關鍵字　■檔案：ch12/Jieba_TFIDF.ipynb

■檔案：dict.txt.big、stopword.txt、ch7/BBC2020TOP10 資料夾

　　看完 TF-IDF 的運算公式，我們就來實際用一些語料來找找看一些文章的關鍵字。

```
01  # 匯入套件
02  import math
03  import jieba
04  from collections import Counter
```

載入詞典和停用詞

　　首先，我們載入 *jieba* 的詞典跟停用詞詞庫。

```
01  jieba.set_dictionary('dict.txt.big') # 設定詞典
02  with open('stopword.txt', 'r', encoding = 'UTF-8') as f: # 讀入停用詞
03      stopwords = set(f.read().split('\n'))
```

讀入語料

　　TF-IDF 需要多篇語料才能找出單篇文章的關鍵字。我們這裡選用了英國廣播公司 BBC 中文網的 2020 十大國際新聞，並把十則新聞分別當作一篇語料來找尋其中的關鍵字。筆者已將這些文章進行預處理，儲存於實作資源中的 BBC2020TOP10 資料夾，並用 1 ~ 10 編號，故讀入這些 txt 檔即可。因為各則新聞已斷落為單位呈現，所以我們用 *replace()* 函式把換行符號取代成空字串。

```
01  # 讀入文章
02  corpus = []
03  for i in range(10):
04      with open(f'BBC2020TOP10/{str(i+1)}.txt', 'r', encoding = 'UTF-8') as f:
            corpus.append(f.read().replace('\n', ''))
05
```

斷詞

　　接下來我們要進行斷詞，剔除停用詞並計算剩下來每個詞的出現次數。前兩個步驟的細節可以參考先前 *jieba* 套件的實作，計算詞語出現次數時，我們可以用 *collections* 套件中的 *Counter* 物件。當我們把陣列給一個 *Counter* 物件時，它

會用 Python 字典的形式，把每個元素當作鍵，它的出現次數當作值來儲存，相當地方便。把十個 *counter* 存入陣列中，就完成了資料的預處理。

```python
01  # 文章斷詞
02  counters = []
03  for news in corpus:
04      cut = list(jieba.cut(news))
05      counter = Counter([word for word in cut if word not in stopwords])
06      counters.append(counter)
```

⬡ TF-IDF 運算

我們宣告一個 *tf_idf* 函數來進行實際的數字統計。我們可以先用 *len* 函式取得文章總數（IDF 公式中的 $|D|$）並用 *sum(counter.values())* 求出單篇文章每個字出現次數的總和（IDF 公式中的 $\sum_k n_{kj}$）。對於一個 *Counter* 裡的每一個字，可以用它的出現次數除以單篇字數總和求出 TF，再用 *sum()* 函數計算這個字總共在幾篇文章裡出現過，拿來除文章總數再取對數就會得到 IDF。把用詞照 TF-IDF 排序，再取出前 *N* 個，就會得到一篇文章的關鍵字了。

```python
01  def tf_idf(counters, top_n = 5):
02      doc_count = len(counters) # 文章篇數
03      results = []
04      for counter in counters:
05          word_sum = sum(counter.values()) # 取得用詞集合
06          words = []
07          for word in counter:
08              tf = counter[word] / word_sum # 計算 TF
09              doc_occur = sum(1 for ctr in counters if word in ctr) # 計算各篇
    文章出現與否
10              idf = math.log(doc_count / doc_occur) # 計算 IDF
11              tf_idf = tf * idf # 得到 TF-IDF
12              words.append((word, tf_idf))
13          words.sort(key=lambda x: -x[1]) # 依 TF-IDF 值逆序排序
14          results.append(words[: top_n]) # 取出前 N 項當作關鍵字
15      return results
```

關鍵字呈現

我們從輸出結果來看看 TF-IDF 擷取關鍵字的效果。BBC 原文上的十大國際新聞標題如下。

1. 新冠病毒疫情

2. 澳洲叢林大火

3. 氣候變暖

4. 籃球巨星布萊恩特和足球名將馬拉多納去世

5. 美國總統選舉

6. 黑人的命也是命

7. 黎巴嫩大爆炸

8. 以色列與阿拉伯國家外交突破

9. 泰國抗議

10. 英國脫歐

除了第三篇的氣候異常和第八篇的中東外交問題,其他幾篇取得的關鍵字還算精確。這是由每篇文章的總字數少於600字的數個段落中篩選而來,可見統計上的方法在自然語言處理上是具有一定的成效。

```
01  results = tf_idf(counters, 3) # 取得關鍵字
02  # 輸出關鍵字
03  for i, result in enumerate(results):
04      print('Article {}:'.format(i + 1))
05      for keyword, tf_idf in result:
06          print(keyword, tf_idf)
```

▼ 輸出

```
Article 1:
新型 0.02927014948721245
冠狀病毒 0.02927014948721245
封城 0.02927014948721245
Article 2:
天氣 0.08942078031044838
大火 0.07812805400165536
炎熱 0.06706558523283629
```

Article 3:
氣候 0.060897650740749744
地區 0.0497856236323037
年份 0.037339217724227776
Article 4:
籃球 0.05482345459509633
科比 0.05482345459509633
馬拉多納 0.05482345459509633
Article 5:
拜登 0.07467843544845555
美國 0.04121415668194269
總統 0.039623382999963465
Article 6:
佛洛伊德 0.05417847277633049
黑人 0.027089236388165246
警察 0.027089236388165246
Article 7:
黎巴嫩 0.05980740501283237
港口 0.05980740501283237
貨船 0.05980740501283237
Article 8:
以色列 0.15648636554328466
實現 0.04471039015522419
正常化 0.04471039015522419
Article 9:
抗議 0.07170762976191536
泰國 0.06374011534392476
曼谷 0.03419680831179276
Article 10:
英國 0.11841866192540808
脫歐 0.11841866192540808
歐盟 0.09210340371976183

12.3 詞向量

　　如果我們有一個既定的詞庫，可以怎麼用數學或向量的形式，表示其中一個單字呢？從神經網路的分類問題，我們很容易聯想到 one-hot encoding，也就是有幾個字就開幾維的向量，第i項是1，其他項是0的向量，代表第i個字。但是如果詞庫有20000個字，要開20000維的向量表示一個字當然不難，但表示一個句子就要用數十

萬的數字，表示一篇文章可能記憶體就吃不消了，更不用談怎麼拿這些向量進行
NLP。

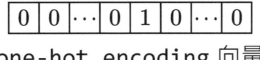

one-hot encoding 向量

　　one-hot encoding 向量的最大問題，在於過度占用記憶
體空間。整個向量的1代表「用了哪個字」，但剩下那
19999個0卻只有表示「沒用哪個字」。如果要節省空間，
一個叫做詞嵌入（word embedding）的做法是改用降低維
度的200維向量，然後把20000個單字均勻散佈在200維的
空間中。不過如果這麼做的話，我們需要訓練一個分類模
型對應回這 200 維向量代表的字。這個成本遠大於直接在
陣列裡用迴圈逐一找字，所以需要能從中算得更多資訊，
才有透過神經網路降維的價值。

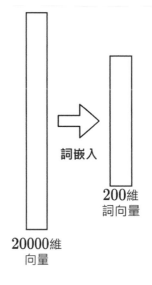

12.3.1 相似度與 Word2Vec

　　一個向量上每個維度都是一個參數，如果只用 one-hot encoding 來表示一個單詞
其實有點大材小用。我們可以試著用向量來表示文字間的性質，例如兩個字的相似
度。2013 年，Google 的團隊提出 Word2Vec（Word to Vector）演算法，降低 one-hot
encoding 向量的維度，並轉換成可以比較相似度的詞向量（word vector）。
Word2Vec 演算法的概念，結合了文字上與向量上的相似性質。

文字的相似

　　怎麼定義兩個詞，甲跟乙兩者是相似的？我們可以從甲的例句中，把甲這個詞
用乙代替，如果大意相同的話我們就稱這兩個詞相似。舉個例子，「橡皮擦」、
「擦布」、「擦子」都是指可以塗改鉛筆痕跡的橡膠塊，那我們用後面兩個詞把
「我用橡皮擦塗改筆記」的「橡皮擦」換掉後，這句話的意思還是沒變，所以我們
可以說這三個字是相似，甚至相同的。既然如此，一個比較有系統的判斷方法，就
是看兩個詞在各自的例句中，前後幾個詞是不是一樣的，如果是的話就代表兩個詞
意義或主題相近。

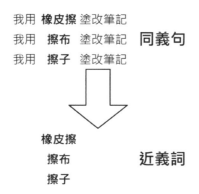

我用 **橡皮擦** 塗改筆記
我用 **擦布** 塗改筆記　**同義句**
我用 **擦子** 塗改筆記

橡皮擦
擦布　　　**近義詞**
擦子

⬡ 向量的相似

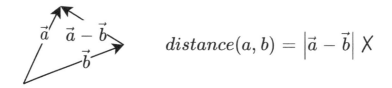

$$distance(a, b) = \left| \vec{a} - \vec{b} \right| \; \mathsf{X}$$

　　數學上怎麼判斷兩個向量的相似性？常見的算法是把兩條向量相減，求這兩個向量的距離。不過以詞向量來說，這麼做可能會忽略文字的強度。譬如說「大」和「巨」兩個詞，都是某個事物具有一定規模的意思，但從文字上能感受到後者的程度比前者來得強。如果是用向量的距離來當作相似度，這兩個詞的距離，很有可能因為前後文的相似性而接近0，也就代表兩個詞意義幾乎相同，但實際上並不是這麼一回事。

$$similarity(a, b) = \frac{\vec{a} \cdot \vec{b}}{|\vec{a}||\vec{b}|} \; \checkmark$$

　　我們可以退而求其次，只要詞向量的方向接近，我們就認定兩個詞相似。方向接近的話，表示兩個向量的夾角很小，所以我們可以用三角函數值作為判定標準。根據定義，兩個向量$\vec{a}$跟$\vec{b}$的夾角餘弦值$\cos \theta = \frac{\vec{a} \cdot \vec{b}}{|\vec{a}||\vec{b}|}$。既然cos函數是在夾角越小時，數值會逼近最大值1，我們可以拿來當作向量上相似度的指標。要注意的是，Word2Vec 演算法只關注詞語的相似度而非相異度，所以兩個詞向量方向相反，不一定代表意義上的相反，甚至意義相反的字詞可能因為前後文接近，相似度反而不低。

12.3.2 Word2Vec 運作原理

Word2Vec 的一個功用是把文字向量降維，那我們又可以怎麼做到這件事？假設今天的詞庫有V個字，而我們希望把向量維度縮減成E維，one-hot encoding 向量大小就會是V × 1。我們只要對這個向量乘上一個E × V的矩陣，就能透過這個線性變換得到E × 1的向量。第六章介紹的全連接神經網路，剛好是用同一個方法計算神經元的輸出，所以我們可以用一個全連接層得到降維的向量。輸入向量是 one-hot encoding 的形式也有一個好處，就是第i個字的詞向量恰好是權重矩陣上的第i行，而不是相對複雜的加權運算。

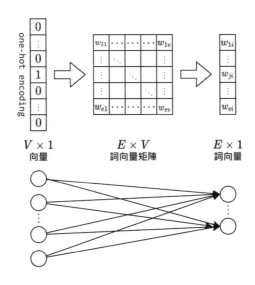

可是要怎麼訓練這層神經網路的參數，讓輸出的詞向量具有比較相似度的性質？開發 Word2Vec 的團隊分別提出 skip-gram 和 CBOW 兩種算法，這裡只會介紹前者，後者涉及的數學理論較深，讀者有興趣可以參考 Word2Vec 的論文（網址：https://arxiv.org/abs/1301.3781）。

◎ Skip-gram

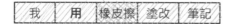

(橡皮擦, 我)
(橡皮擦, 用)
(橡皮擦, 塗改)
(橡皮擦, 筆記)

　　我們提到文字的相似度可以參考前後文，所以一個方法是讓輸入的字詞映射到它前後的幾個字。以「我用橡皮擦塗改筆記」這句話來說，可以先把它斷詞變成「我」、「用」、「橡皮擦」、「塗改」、「筆記」。如果我們選擇前後兩個詞作為映射目標，「橡皮擦」的映射目標就會是「橡皮擦→我」、「橡皮擦→用」、「橡皮擦→塗改」、「橡皮擦→ 筆記」，從句法架構上來看也是合理的。「我」和「用」分別是橡皮擦使用者的主詞和動詞，「塗改」和「筆記」則是運用橡皮擦時可能的動詞和受詞。既然「橡皮擦」有固定的語法架構，我們可以映射到前後的用詞，如果「擦布」也映射到前後的用詞，就能認定兩個詞的相似性。

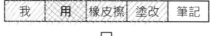

(用, 我)
(用, 橡皮擦)
(用, 塗改)

◎ 模型架構

　　怎麼構造這個映射？前面我們提過可以用分類模型把低維度向量對應回 one-hot encoding 向量，那麼就用一模一樣的方法，只是把這個字的詞向量，對應到它前後字的 one-hot encoding 向量。既然我們是用全連接層把V維向量轉成E維向量，那我們可以再接一層全連接層，把E維向量轉成V維向量，再透過 Softmax 函數輸出分類機率，就能訓練模型進行前後字的映射了。

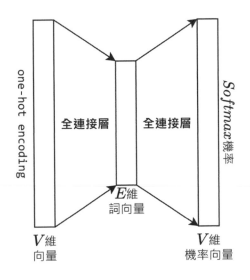

以橡皮擦的句子和下圖為例，雖然兩者「擦布」和「橡皮擦」的 one-hot encoding 一定不一樣，但我們會希望兩者的詞向量在最後的輸出都要能映射到「塗改」這個詞，也就是讓「塗改」輸出的分類機率越高越好。因為訓練完畢時，兩個詞向量都要能提高「我」、「用」、「塗改」、「筆記」四個詞的分類機率，在最後的輸出機率高度相同的情況下，傳入第二層全連接層的詞向量也要相近，向量間的夾角自然也會比較小。因為這樣的映射屬於一對多，數學上並非函數，所以我們並不關注最後的全連接層的運作結果，但這樣的技巧能幫我們訓練中間隱藏層的輸出，也就是所求的詞向量。

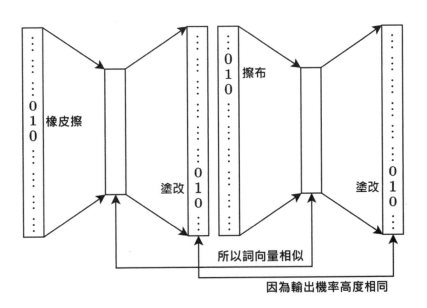

完成機器學習後第一層全連接層的參數矩陣，第*i*列恰好是一個詞的向量，所以我們就能輕易取得訓練的語料庫中各個詞的詞向量了。透過上述的方法，我們就能用 Word2Vec 演算法得到近義詞具有相似性的詞向量。

程式實作 使用 Word2Vec 函式建構詞向量

■ 檔案：ch12/Word2Vec_Wikipedia.ipynb
■ 檔案：ch12/dict.txt.big、ch12/stopword.txt

理解 skip-gram 的模型架構後，我們可以實際嘗試把文字轉成詞向量，並觀察相關性質。*gensim* 是處理機器學習和 NLP 相當方便的套件，我們會用其中的 *word2vec* 函式來建構詞向量模型。

為了產生較為廣泛且準確的詞向量模型，我們需要非常大量的語料。這次我們所使用的是維基百科 Wikipedia 每週會發布的暫存檔，總共擷取有接近40萬篇維基百科中文頁面，屬於巨量的開源語料。

注意：本次實作的語料、預處理的暫存資料和詞向量模型磁碟大小約為 8GB，實作時請注意電腦的磁碟容量。

```
01    # 匯入套件
02    import jieba
03    from gensim.corpora import WikiCorpus
04    from gensim.models import word2vec
05    from opencc import OpenCC
```

小提示：如果程式在執行時，發生「UserWarning: detected Windows; aliasing chunkize to chunkize_serial」警告，通常是因為在 Windows 上使用了多工處理，在這種情況下，Python 可能會警告你使用了 chunkize_serial 而不是 chunkize，我們可以加入兩行程式碼，以忽略 UserWarning 類型的警告。

```
import warnings
warnings.filterwarnings("ignore", category=UserWarning)
```

◎ 預處理

首先我們要從維基百科網站上下載最新的暫存檔（網址：https://dumps.wikimedia.org/zhwiki/latest/zhwiki-latest-pages-articles.xml.bz2），得到的檔案會是一個壓縮 *xml* 檔的 *bz2* 檔。維基百科是個多數人拿來進行自然語言處理的語料，*gensim* 的開發者

當然也知道，所以 *gensim.corpora* 子套件中有個專門處理這個壓縮檔的 *WikiCorpus* 物件。只要呼叫物件中的 *get_texts()*函式，*WikiCorpus* 就會參照維基百科暫存檔的格式，去除文章中的所有標點符號，這對 NLP 的開發者來說是非常方便的設計。

我們寫一個 *getWikiText* 函式取得單篇文章的各個短句後，只要將他們用 *join* 函式接起來存入 *wiki-text.txt*，就完成第一階段的預處理了。因為接下來要進行斷詞，所以建議 *join* 的時候在不同的短句間補上空格，才不會有錯誤的斷詞結果。筆者實測 *getWikiText* 在電腦上執行約需40分鐘，所以每完成一萬篇文章的預處理，我們就進行一次輸出，確認資料處理的進度。

```
01  def getWikiText():
02      corpus = WikiCorpus('zhwiki-latest-pages-articles.xml.bz2') # 建構
    WikiCorpus 物件
03      with open("wiki_text.txt", 'w', encoding='utf-8') as f: # 開啟輸出檔
04          article_cnt = 0
05          for doc in corpus.get_texts(): # 取得維基百科文字
06              f.write(' '.join(doc) + '\n')
07              article_cnt += 1
08              if article_cnt % 10000 == 0: # 輸出進度
09                  print('{} articles read.'.format(article_cnt))
10
11  getWikiText()
```

▼ 輸出 （觀察資料處理進度用，大部分已省略）

```
450000 articles read.
```

得到文字段落後，中文 NLP 的下一步就是斷詞。我們一樣會使用 *jieba* 套件的 *cut* 函式進行斷詞，但有一些特殊符號要特別處理。因為 *open* 函式是逐行讀檔，所以最後一個字元一定是換行符號 *\n*，所以我們需要在斷詞前把它剔除，取得斷詞結果後再把它加回來；因為我們輸入的文章字串是以空白切割短句，所以空白符號也會是斷詞結果的一部分，要把它當成停用詞篩選掉。

另外，維基百科的暫存檔中有繁體中文語料，也有簡體中文語料，所以我們使用開源的 *OpenCC* 套件建構文字翻譯器 *converter*，在斷完詞後把簡體字轉成繁體字。這裡我們使用 *s2twp.json* 指定換詞法，除了將簡體中文（s）轉換為臺灣正體中文（tw），同時也將用詞換為臺灣常用語彙，例如「計算機」會被換成「電

腦」。注意繁體中文和簡體中文有些用字不同，所以筆者建議先翻譯再斷詞，避免
結果出現偏差。

　　和剛剛一樣，我們寫一個 *getWikiWords()* 函式，讀入剛剛建立的 *wiki_text.
txt*，取得斷詞結果再存入 *wiki_word.txt*。*getWords()* 的執行時間約需90分鐘，
所以我們一樣會在過程中輸出資料處理的進度。

```
01  def getWikiWords():
02      jieba.set_dictionary('dict.txt.big') # 設定 jieba 辭典
03      with open('stopword.txt', 'r', encoding = 'UTF-8') as f: # 匯入停用詞
04          stop = set(f.read().split('\n'))
05      converter = OpenCC('s2twp.json') # 簡體轉繁體
06      with open('wiki_word.txt', 'w', encoding = 'UTF-8') as out_f: # 開啟輸出檔
07          with open('wiki_text.txt', 'r', encoding = 'UTF-8') as in_f: # 開啟
            輸入檔
08              article_cnt = 0
09              for article in in_f:
10                  cut_list = jieba.cut(converter.convert(article[: -1])) # 刪
                除換行符號再斷詞
11                  content_list = [word for word in cut_list if word not in
                stop and word != ' ']
12                  out_f.write(' '.join(content_list) + '\n') # 補回換行符號存入檔案
13                  article_cnt += 1
14                  if article_cnt % 10000 == 0:
15                      print('{} articles cut.'.format(article_cnt))
16
17  getWikiWords()
```

▼ 輸出 （觀察資料處理進度用，大部分已省略）

```
450000 articles cut.
```

訓練模型

　　得到兩次預處理的資料後，我們就可以拿 *gensim.model.word2vec* 子套件訓
練詞向量模型了。以下一樣寫一個 *genModel* 函式來建構並回傳模型。首先我們運用
LineSentence 子函式讀入 *wiki_word.txt* 並調整成方便訓練的格式。在
wiki_word.txt 檔案中，每一行都是各篇文章的斷詞結果，但 Word2Vec 視一行為
一句話，不僅長度上參差不齊，模型的訓練也可能因為文章太長而耗費不少時間。
LineSentence 函式可以把原本的文章，變成以數千個字為單位的句子（預設值是

10000），方便模型進行運算。決定最後詞向量的維度 *vector_size* 後，再呼叫建構函式 *Word2Vec* 函式，就能訓練詞向量模型了。我們同時指定亂數種子 *seed* 為一固定常數，其數值為何並不關鍵，僅是讓每次生成模型的結果不變。

詞向量維度除了影響結果的精確度，也會影響訓練時間和記憶體用量。筆者使用 400 維的詞向量模型約占 1.5GB，實測訓練耗時約 50 分鐘。讀者可視手邊硬體設備及時間，考量調整詞向量的維度，但若與本實作不同，可能會有和下方不一樣的輸出結果。為了節省未來執行模型的時間，我們可以用 *save* 子函式把模型存起來，之後再用 *load* 子函式載入模型，其中後者的操作我們宣告了 *loadModel* 來實現。

```python
01  def genModel(model_name, model_size):
02      sentences = word2vec.LineSentence("wiki_word.txt") # 語料分段
03      model = word2vec.Word2Vec(sentences, vector_size = model_size, seed =
    19) # 建構模型
04      model.save(model_name) # 儲存模型
05      return model
06
07  def loadModel(model_name):
08      return word2vec.Word2Vec.load(model_name) # 匯入模型
09
10  model = genModel('word2vec_400.model', 400) # 訓練模型
11  # model = loadModel('word2vec_400.model') # 載入模型
```

測試模型

有了模型之後，來測試看看產生的詞向量效果如何。*model.wv* 即是詞向量矩陣的子物件，其中有些好用的函式，例如可以用 *most_similar()* 函式尋找最相近的數個詞，或是用 *similarity()* 函式比較兩個詞的相似度。

我們用「人工智慧」這個詞來找相近字，會發現雖然cos值最高只有0.7附近，但字詞本身的「電腦」、「ai」等，都的確是意義相近甚至相同的文字。

```python
01  similar_words = model.wv.most_similar('人工智慧') # 取得近義詞
02  for word, similarity in similar_words:
03      print(word, similarity)
```

▼ 輸出

```
電腦 0.6603658199310303
計算機 0.6589922308921814
ai 0.6361268758773804
```

```
機器人學 0.6239730715751648
高科技 0.5997911095619202
虛擬現實 0.5994805693626404
機器人 0.5987138748168945
計算能力 0.5966577529907227
虛擬實境 0.5937903523445129
智慧 0.5867375731468201
```

我們拿「程式」和「電腦」來比較相近程度，會發現其相近程度比「程式」和「小說」來得高不少。我們曾討論過意義相反的字，在 Word2Vec 模型中不一定也是如此，從「優」和「劣」兩個字來看，兩者的相似度接近0，在幾何上兩個詞向量垂直，而非想像中兩者方向恰好相反的狀況。

```
01  # 比較相似度
02  print(model.wv.similarity('程式', '電腦'))
03  print(model.wv.similarity('程式', '小說'))
04  print(model.wv.similarity('優', '劣'))
```

▼ 輸出

```
0.4746671
0.08477895
0.08549603
```

⬡ 詞向量加減法

詞向量的一個有趣應用，便是詞向量的加減法。我們可以認定每個詞向量都記錄著這個詞的一些特徵，所以只要把拿詞向量進行加減法，就能算出內容類似的向量。舉個例子，當我們說「球拍之於網球，如同球棒之於棒球」時，可以把網球理解成「用球拍打的球」，棒球理解成「用球棒打的球」，如果用數學來表示，我們可以寫成以下的兩個算式。

$$網球 = 球 + 球拍$$
$$棒球 = 球 + 球棒$$

既然如此，如果我們把「網球」的詞向量扣掉「球拍」的詞向量，再加上「球棒」的詞向量，以上述的算式來看理論上要跟「棒球」的詞向量相當接近。以下我們寫一個函式 *vectorEquation*，讀入一個加減法運算式，然後輸出最接近的幾個詞向量。

　　most_similar 函式除了可以輸入單一的字詞，還能傳入兩個陣列 *positive* 和 *negative*，分別把兩組詞語當成正相關和負相關參數找出相近詞。以「網球 - 球拍 + 球棒」這句話來說，我們可以把「網球」和「球棒」放入 *positive* 陣列，然後把「球拍」放入 *negative* 陣列進行運算。

　　實際在建構兩個陣列時，我們會先把運算式的字串前面補一個+號，讓運算子和字詞數量相同，再分別從陣列中取出來用 *zip* 配對成 *tuple* 的形式，並把運算子是+的詞語放入 *positive* 陣列，運算子是−的詞語放入 *negative* 陣列。考慮有些人輸入算式的習慣，我們會在所有的處理前用 *replace()* 函式移除字串中所有的空白。

```
01  def vectorEquation(equation_str, top_n = 1):
02      equation_str = ('+' + equation_str).replace(' ', '') # 移除空白
03      operator_list = [op for op in equation_str if op in ['+', '-']] # 取出運算子
04      word_list = equation_str[1: ].replace('-', '+').split('+') # 取出詞語
05      pos = [word for op, word in zip(operator_list, word_list) if op == '+'] # 找出正詞語
06      neg = [word for op, word in zip(operator_list, word_list) if op == '-'] # 找出副詞語
07      print(model.wv.most_similar(positive = pos, negative = neg, topn = top_n)) # 運算
```

　　雖然相似度偏低，但詞向量加減的最接近字詞還算符合預期。我們不一定要減去某些特徵，也可以把兩個詞向量的特徵相加，尋找同時符合兩類特徵的詞。雖然結果不一定是每個人最先想到的那個詞，但仍然與其組合的詞向量高度相關。我們可以看看「臺灣」和「高山」兩個詞進行實驗，並透過 *vectorEquation* 函式中的引數 *top_n*，來決定輸出前十名相近的詞彙，確實大多為玉山、阿里山等臺灣知名的高山。

```
01  # 詞向量加減法
02  vectorEquation("網球 - 球拍 + 球棒")
03  vectorEquation("蘋果 - 紅色 + 黑色")
04  vectorEquation("長袖 - 冬天 + 夏天")
05  vectorEquation("臺灣 + 高山", 10)
```

▼ 輸出

```
[('棒球', 0.49293816089630127)]
[('蘋果公司', 0.5506523847579956)]
[('短袖', 0.7584580779075623)]
```

[('玉山', 0.5963991284370422), ('臺灣地區', 0.5378010869026184), ('阿里山', 0.5355437994003296), ('花蓮', 0.5118806958198547), ('山嶽', 0.5078766942024231), ('蘭嶼', 0.507505655288963), ('花東', 0.5031386613845825), ('宜蘭', 0.5007966160774231), ('日本', 0.48634108901023865), ('合歡山', 0.4791735112667084)]

12.4 習題

( )　1.　下列何者是自然語言處理困難的原因？

(a)　語言的無限性

(b)　人類的學習方法無法參考

(c)　現今模型多以有限狀態的參數表示無限狀態的語言

(d)　以上皆是

( )　2.　短語結構語法相較於有限狀態語法的優勢不包含下列哪一項？

(a)　方便處理代詞　　　　　　(b)　方便處理否定詞

(c)　模型架構簡單　　　　　　(d)　可以處理任意長度的句子

( )　3.　jieba 套件以什麼樣的架構儲存已知的詞庫？

(a)　字典　　　　　　　　　　(b)　字典樹

(c)　集合　　　　　　　　　　(d)　串列

( )　4.　jieba 套件以什麼樣的方式進行初步的斷詞？

(a)　動態規劃　　　　　　　　(b)　決策樹

(c)　貝爾曼方程式　　　　　　(d)　先驗演算法

( )　5.　Word2Vec 演算法以什麼參數當作詞向量的相似度？

(a)　兩向量夾角正弦值　　　　(b)　兩向量夾角餘弦值

(c)　兩向量夾角　　　　　　　(d)　以上皆可

( )　6.　genism.word2vec 套件的 Word2Vec 物件中，何者可以用來找出一個詞在模型中的近似詞？？

(a)　wv.similarity()　　　　　(b)　wv.vector_equation()

(c)　wv.vector_calc()　　　　(d)　wv.most_similar()

13
chapter

循環神經網路

第六章到第十一章所介紹的深度學習，顯然讓機器學習領域近年來有巨大的突破，那麼神經網路又能怎麼運用在 NLP 上？語言是個長度不固定的資料，對於輸入大小固定的 DNN 和 CNN 來說，不是好處理的資料；即使長度相同，不同的句法架構，也很難用單一模型訓練。不像電腦視覺的問題，可以犧牲一點解析度縮放圖片，少一個字都有可能讓一句話的意義完全不同，所以處理序列化資料，我們需要不同的做法。從 jieba 套件的運作架構我們可以發現，前幾個字是了解後續句法架構，甚至預測未來文字組合的重要依據。1990 年代初期，有人提出可以記錄過去資訊的神經網路，也就是循環神經網路（Recurrent Neural Network，簡稱 RNN）的原型。

13.1 RNN

13.1.1 RNN 的單元運算

每個 RNN 單元具有記憶輸入的向量，儲存的既有資訊我們稱為「**隱藏狀態**」（hidden state）。對於某個時間點t所輸入的向量x_t，RNN 單元會結合前一刻留下的隱藏狀態h_{t-1}算出新的隱藏狀態h_t，再計算單元的輸出y_t，完成一個時間點的運算，再把h_t保留給下個時間點運用。一個單元的內部運算，可以看作三個全連接層的神經網路，只是我們不只取最後的輸出，同時也保留中間隱藏層的運算結果，當作下次輸入的一部份。

⬡ 隱藏狀態

$$h_t = \tanh(W_{xh}x_t + W_{hh}h_{t-1} + b_h)$$

算出新的隱藏狀態時，因為輸入向量的維度跟隱藏狀態的維度不一定一樣，所以我們要訓練兩個全連接層的參數矩陣W_{xh}和W_{hh}，前者把x_t變換成維度跟h_{t-1}一樣的向量，後者拿h_{t-1}進行同維度的線性轉換。因為兩個全連接層算出來的維度是一樣的，所以不需要兩組偏差值，可以共用一個向量b_h，不過有時 Pytorch 等深度學習套件為了實作上的方便，還是會把b_h拆成兩個神經網路層各自的偏差向量b_{ih}和b_{hh}。三個向量的和傳入 tanh 函數，就是新的隱藏狀態h_t。

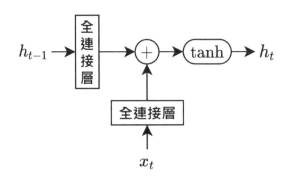

◎ 輸出

$$y_t = \text{Softmax}(W_y h_t + b_y)$$

把 h_t 傳入第三個全連接層，就能得到 y_t。如同大多數的神經網路，y_t 用了 Softmax 函數調整數值，讓最後的輸出呈一個機率分布。因為我們要的不一定是機率分布，所以有些深度學習套件不一定會加上 Softmax，甚至把隱藏狀態直接當作模型輸出($y_t = h_t$)，是否進行額外調整由開發者自行決定。

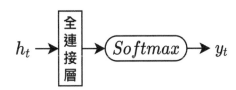

◎ RNN 的示意圖形式

由上方的算式，我們可以完成一個 RNN 單元在單一時間點的運算。完整的運算流程，可以參考下方的示意圖。

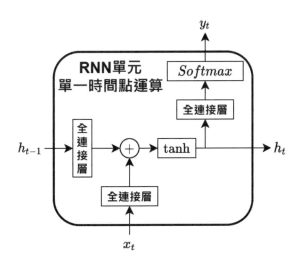

因為 RNN 的架構大同小異，我們在繪製較大的模型架構時，不會把細部運作畫出來，通常只會用輸入 x、輸出 y 和隱藏狀態 h 表示，如下方的形式。RNN 單元上右端繞回左端的箭頭，表示的是隱藏狀態的更新，我們也能清楚地看到這個模型為何被稱為循環神經網路，因為隱藏狀態儲存的特徵，一直在模型中循環和變換，僅和輸入及輸出進行運算，不和其他外界變數互相影響。

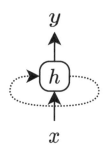

因為 RNN 是會將序列化的輸入輸出依時間點分割的神經網路模型，為了方便理解模型的運作，我們會將模型依時間軸的軌跡畫出來。下圖將每個時間點的 x_t、y_t 和 h_t 分開表示，比起上面的簡圖更容易推演模型的運作。雖然這張簡圖上畫了很多個 RNN 單元，但它們其實是同一個模型，運算時也是用同一個記憶空間，只是隱藏狀態和輸入輸出會隨著時間變化，看到類似的流程圖時需要注意，不要誤解神經網路的架構。

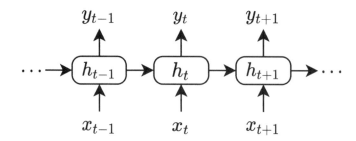

13.1.2 多層 RNN

如果觀察 h_t 的算式，不難猜想 $W_{xh}x_t$ 對運算結果有一定的影響力，也就是前一筆輸入對隱藏狀態的決定性，遠比更久以前的資訊來得大。假設今天的輸出的參考因素需要多一些較久遠的特徵，例如三個時間點以前的資訊呢？

我們可以把一個單元的輸出再接到另一個單元的輸入。這麼做的話，第二個單元的輸入中，原始輸入的影響力已經在前一個單元的運算中被縮小了，換言之第二個單元的隱藏狀態中，更久以前的特徵重要性也被放大了。也因為一個 RNN 單元有三個全連接層，所以這麼做除了可以保留時序更長的資訊，還能用更多參數學習輸入的特徵。下方的示意圖呈現的正是上述的架構，我們稱為多層 RNN（Multi-Layer RNN），是多數處理序列資料的神經網路的基本模型。

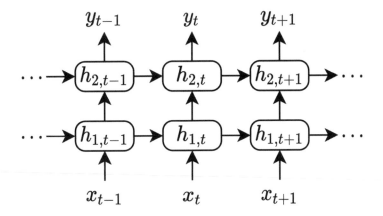

程式實作 使用 RNN 預測三角函數波形

■ Jupyter Notebook：ch13/RNN_TimeSeries.ipynb

■ Python 完整程式：ch13/RNN_TimeSeries.py

看完 RNN 的基本架構後，我們就用 Pytorch 來試著預測波形。週期函數具有一定的規律，預測上簡單很多，所以這次的實作會從波形單純的 sin 函數下手。

```
01  # 匯入套件
02  import torch
03  from torch import nn, optim
04  import numpy as np
05  import matplotlib.pyplot as plt
```

超參數

我們會把 sin 函數的一個週期 15 等分，每個等分點視為 RNN 上的一個時間點，然後讓模型預測下個時間點的位置。每筆資料恰好代表一個週期，共 15 個時間點，所以序列長度 **seq_len** 就會是 15。因為每次輸入的是當前的函數值，輸出的是下個時間點的函數值，所以輸入大小 **input_size** 和輸出大小 **output_size** 都是 1。因為這個模型並不複雜，所以隱藏層大小 **hidden_dim** 我們僅設定為 10。

```
01  # 超參數
02  batch_size = 50
03  epochs = 40
04  lr = 0.01
05  print_every = 10 # 隔幾個週期視覺化一次
```

```
06    seq_len = 15 # 序列長度
07    hidden_dim = 10 # 隱藏層大小
08    layers = 2 # RNN 層數
09    input_size = 1 # 輸入大小
10    output_size = 1 # 輸出大小
```

模型架構

　　一個基本的 RNN 模型架構相當簡潔。我們用 *nn.RNN* 建構一個雙層 RNN 單元，再將輸出的隱藏狀態傳入一個全連接層，得到最後的輸出數值。要注意我們仍是以一個 batch 為單位運算，但 Pytorch 會將 *seq_len* 預設為第一個維度，所以要用 *batch_first* 參數把張量調整成我們習慣操作的形式。要注意的是正向傳播時，RNN 網路層要傳入兩個參數，一個是現在的輸入 *x*，另一個是隱藏狀態 *hidden*。Pytorch 的 RNN 網路層中，*batch_first* 的設定會強制交換原本的張量維度，使得輸出張量在記憶體中不連續，所以 *forward()* 函式中我們需要用 *contiguous()* 函式把張量搬到連續的記憶體上，再用 *view()* 函式轉換維度。這次實作的 RNN 模型架構圖如下，可以作為調整超參數的參考。

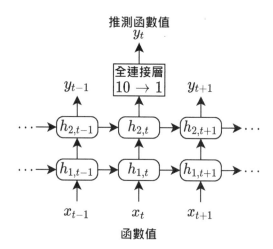

```
01    class RNN(nn.Module):
02        def __init__(self, input_size, output_size, hidden_dim, layers):
03            super().__init__()
04            self.hidden_dim = hidden_dim
05            self.rnn = nn.RNN(input_size, hidden_dim, layers, batch_first = True)
06            self.fc = nn.Linear(hidden_dim, output_size)
07        def forward(self, x, hidden):
08            x, hidden = self.rnn(x, hidden) # 傳入 RNN 層
```

```
09        x = x.contiguous().view(-1, hidden_dim) # 張量大小轉換
10        x = self.fc(x) # 全連接層
11        return x, hidden
```

模型函數和梯度優化

我們一樣輸出模型，觀察它的架構，並設定梯度優化函數和損失函數。我們要輸出的是函數值而不是機率分布，所以這裡用的不是交叉熵函數，而是均方誤差 *MSELoss*。

```
01   TS_RNN = RNN(input_size, output_size, hidden_dim, layers)
02   print(TS_RNN)
03   criterion = nn.MSELoss()
04   optimizer = optim.Adam(TS_RNN.parameters(), lr = lr)
```

13 循環神經網路

▼ 輸出

```
RNN(
  (rnn): RNN(1, 10, num_layers=2, batch_first=True)
  (fc): Linear(in_features=10, out_features=1, bias=True)
)
```

模型視覺化

我們宣告一個視覺化函數來觀察預測結果與函數圖形的吻合程度。為了觀察多個樣本，我們會用 *subplots* 畫三張子圖。在每張子圖的運算中，我們會先隨機選擇 $[0, 2\pi)$ 之間的數字當作起始點 *start_point*，再將 $[start\_point, start\_point + 2\pi]$ 的區間15等分，得到共16個等分點，前15個等分點是輸入，後15個等分點是輸出。我們運用 *plot* 函數把輸入資料和輸出資料的曲線分別用實線和虛線標示。模型在圖上的預測點用紅色表示，可以看到用初始化參數的預測結果和函數看似毫無相關，而最終的目標是將這些紅點映射到虛線上。

```
01   def visualize(model):
02       model.eval()
03       fig, axes = plt.subplots(nrows = 1, ncols = 3)
04       fig.set_size_inches(15, 4)
05       for i in range(3): # 畫三張圖
06           start_point = np.random.rand() * 2 * np.pi # 產生起始點
07           time_stamp = np.linspace(start_point, start_point + 2 * np.pi,
     seq_len + 1) # 產生樣本點
```

```
08          data = np.sin(time_stamp)[..., np.newaxis] # 取得函數值
09          X = torch.Tensor(data[: -1]) # 輸入
10          y = torch.Tensor(data[1: ]) # 輸出
11          predict, hidden = model(X.unsqueeze(0), None) # 模型預測
12          axes[i].plot(time_stamp[1: ], X.numpy()) # 輸入曲線
13          axes[i].plot(time_stamp[1: ], y.numpy(), linestyle = '--') # 理想輸出曲線
14          axes[i].scatter(time_stamp[1: ], predict.detach().numpy(), color =
'red') # 實際預測落點
15
16      plt.show()
17  visualize(TS_RNN)
```

▼ 輸出

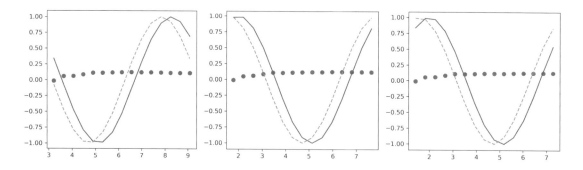

◎ 訓練函式

在訓練函式中，因為訓練資料和測試資料都是*sin*函數的波形，所以我們不需要驗證模式，只要訓練模式即可。訓練資料也不是預先存起來的，而是像 *visualize* 一樣隨機生成訓練資料輸入模型，調整參數和計算平均損失的方式則是跟一般神經網路大同小異。在每個訓練週期結束後，因為少了分類準確率，且只有平均損失看不出模型的擬合效果，所以我們每隔 *print_every* 個週期會呼叫 *visualize* 函式，觀察訓練時預測落點的變化。

另外，為了符合 *batch_first* 的設定，我們用 *np.linspace()* 產生樣本點時設定 *axis=1*，改以第二個維度儲存樣本點，所以回傳的陣列在記憶體上是不連續的，所以要用 *np.ascontiguousarray()* 在新的連續記憶空間中，重新複製一份當作訓練用的資料 *data*。

```
01  def train(model, epochs, seq_len, print_every):
02      for e in range(epochs):
03
04          loss_sum = 0
05          start_point = np.random.rand(batch_size) * 2 * np.pi # 產生多個起始點
06          time_stamp = np.linspace(start_point, start_point + 2 * np.pi,
    seq_len + 1, axis = 1) # 產生樣本點
07          data = np.ascontiguousarray(np.sin(time_stamp)) # 取得函數值
08          X = torch.Tensor(data[:, : -1]).unsqueeze(2) # 輸入
09          y = torch.Tensor(data[:, 1: ]).view(-1, 1) # 輸出
10
11          optimizer.zero_grad() # 梯度歸零
12          predict, hidden = model(X, None) # 模型預測
13          loss = criterion(predict, y) # 計算損失
14          loss_sum += loss.item()
15          loss.backward() # 反向傳播梯度
16          optimizer.step() # 更新梯度
17
18          if (e + 1) % print_every == 0:
19              print(f'Epoch {e + 1:2d} Loss: {loss.item() / batch_size:.10f}')
20              visualize(model) # 視覺化
```

模型訓練與成果

雖然隱藏層參數不多，但可以從過程發現神經網路的訓練相當地成功，紅點的分布也逐漸和虛線吻合，我們也就得到三角函數波形的預測模型。因為輸入和輸出資料相同，再加上直接視覺化波形更能看出模型的訓練成果，所以這裡就不畫圖表觀察損失變化。

```
01  train(TS_RNN, epochs, seq_len, print_every) # 訓練
```

▼ 輸出

```
Epoch 10 Loss: 0.0044071513
```

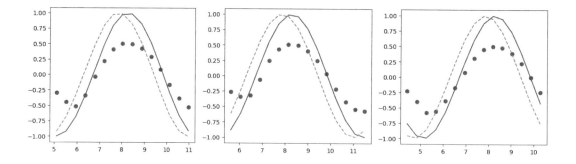

Epoch 20 Loss: 0.0016224657

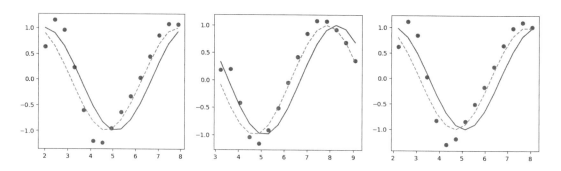

Epoch 30 Loss: 0.0006728338

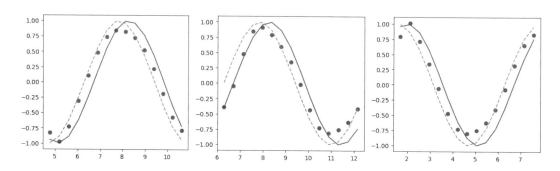

Epoch 40 Loss: 0.0004055332

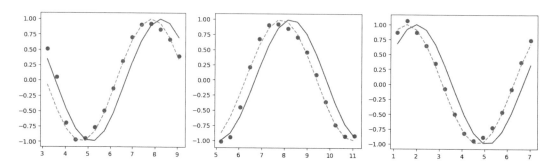

13.2 LSTM

在上個小節中，我們提到可以用多層 RNN 記錄更久遠的資訊，但一直追加 RNN 單元的數量不能完全解決問題，還有可能因為參數過多和神經網路過深，分別導致過擬合或梯度消失，進而降低模型表現。全連接層沒有辦法像 CNN 那樣加上 skip connection，所以我們需要一個新的方法來記錄更久遠的資訊，例如重新設計一個記憶單元。

13.2.1 長短期記憶

可以怎麼設計一個記憶單元呢？

我們可以從生活中的常見例子下手，例如一天的生活，早上出門工作或上學，晚上回家睡覺，可以說是大多數人的日程，偶然的閒暇時間則會跟親朋好友聚會或出去玩。從這句話來看，我們可以把「一天的生活」序列的事件分為兩類：一類是「早上出門工作，晚上回家睡覺」的例行公事；另一種是「跟親朋好友聚會或出去玩」的偶發事件。例行例行公事通常會持續數年而不太會有變動，需要長期記憶的事；偶發事件通常是不定期的，活動結束後短期內不會再發生，或者要累積足夠多次才會成為例行公事，所以屬於需要短期記憶的事。

◎ 兩個隱藏狀態

1997 年，德國的計算機科學家霍克賴特（S. Hochreiter）和施密德胡伯（J. Schmidhuber）提出記錄這兩種資訊的 RNN 單元，稱為長短期記憶模型（Long Short-Term Memory，簡稱 LSTM）。與基本 RNN 單元不同的是，LSTM 用了兩組變數，分別記錄長期記憶和短期記憶的資訊，前者稱為這個 LSTM 單元的單元狀態（cell state），後者則和一般的 RNN 一樣稱為隱藏狀態，當前時間點的記憶內容分別用c_t和h_t表示。

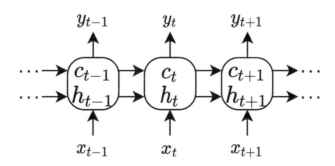

和 RNN 單元相似，獲得新的輸入x_t後，會和先前的隱藏狀態c_{t-1}、h_{t-1}進行三個向量的交互運算，分別得到輸出y_t以及更新的記憶資訊c_t和h_t。至於內部是怎麼運算的，我們以下將抽絲剝繭。

13.2.2 LSTM 單元中的閘門

LSTM 一個很重要的想法，就是使用閘門（gate）來調整進出一個 LSTM 單元的資訊。我們需要判斷輸入的資料中，哪些是重要且有持續性的，保留下來作為記憶內容的一部份；我們還要用輸入資訊和記憶內容，選擇什麼是適當的輸出；最關鍵的，當我們從輸入獲得最新的資訊，它可能跟過去的記憶有所牴觸，或者是之前的記錄已經嚴重過時了，我們需要適時忘記這些資訊，清出空間儲存未來可能輸入的內容。

有了閘門的概念，那要怎麼實作呢？我們可以用一種名為阿達馬積（Hadamard product）的向量運算。阿達馬積取兩個等維度的向量$\vec{a} = (a_1, a_2, ..., a_n)$，$\vec{b} = (b_1, b_2, ..., b_n)$，並輸出同維度的向量$\vec{c} = \vec{a} \odot \vec{b} = (a_1 b_1, a_2 b_2, ..., a_n b_n)$，每一項恰好是原本兩個向量對應位置元素的個別乘積。

$$
\begin{aligned}
\vec{a} &= (a_1, a_2, ..., a_n) \\
\odot) \quad \vec{b} &= (b_1, b_2, ..., b_n) \\
\hline
\vec{c} = \vec{a} \odot \vec{b} &= (a_1 b_1, a_2 b_2, ..., a_n b_n)
\end{aligned}
$$

為什麼這樣具有過濾資訊的功能？假設$\vec{a}$是輸入資訊，我們可以訓練$\vec{b}$當作篩選資訊的遮罩，再把$\vec{a} \odot \vec{b}$記憶資訊的一部份。如果我們發現某個輸入項a_i代表的特徵是不重要的，甚至會對長期記憶有負面影響，b_i可以被訓練成接近0的數值，$a_i b_i$也會趨近於0，最後也就不會更新到記憶內容；另一種可能是a_i和記憶資訊呈正相關，這時也能藉由訓練給予b_i較大的權重，讓最後加到記憶區塊上的資訊是有價值的。

在 LSTM 單元的架構中，總共有三個閘門，分別稱作遺忘閘（forget gate）、輸入閘（input gate）和輸出閘（output gate），每個閘門的輸入都由一至數個全連接層控制。

◎ 遺忘閘

短期記憶雖然記錄的是偶發事件，但如果某個原本不常發生的事，大量且密集地發生，它可以演變成長期記憶的一部份，但在那之前我們需要逐步忘卻過時的長

期記憶，才能記錄新的資訊。以「一天的生活」為例，假設你原本每天都七點起床，但最近養成習慣早上六點起來慢跑，那就要用「六點起床」的短期記憶，稀釋並遺忘掉原本長期記憶中「七點起床」資訊。在 LSTM 中，我們會用輸入向量x_t和隱藏狀態h_{t-1}計算遺忘向量f_t，再和單元狀態c_{t-1}計算阿達馬積，決定要保留多少長期記憶給下一個時間點。

$$f_t = \sigma(W_{xf}x_t + W_{hf}h_{t-1} + b_f)$$

　　和 RNN 單元計算隱藏狀態的方法相似，我們會各用一個全連接層，從x_t和h_{t-1}算出一個維度和單元狀態相同的向量，加上偏差向量b_f後傳入 Sigmoid 函數得到f_t。使用 Sigmoid 函數可以把f_t的各項控制在$[0,1]$之間，要忘記的資訊可以用0篩選掉，非常重要的記憶則可以用1保留。

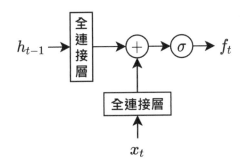

◎ 輸入閘

　　忘掉長期記憶的一部份後，我們接著要把新的資訊植入單元狀態中。既然遺忘長期記憶是 LSTM 模型的重要機制，輸入的資訊也不能照單全收，所以我們會用x_t和h_{t-1}分別算出輸入篩選向量i_t和輸入資訊向量g_t。兩者的算式如下，因為和遺忘閘的數學意義相似，這裡不再贅述。g_t是要新寫入的資訊，所以和 RNN 單元的隱藏狀態一樣用 tanh 當作激勵函數；i_t則是要控制資訊的供給程度，所以和f_t一樣使用 Sigmoid。

$$i_t = \sigma(W_{xi}x_t + W_{hi}h_{t-1} + b_i)$$

$$g_t = \tanh(W_{xg}x_t + W_{hg}h_{t-1} + b_g)$$

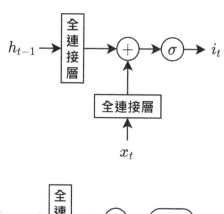

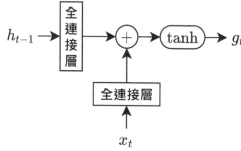

◎ 輸出閘

$$y_t = \sigma(W_{xy}x_t + W_{hy}h_{t-1} + b_y)$$

RNN 單元用新隱藏狀態計算輸出，LSTM 單元的輸出y_t是由兩組全連接層，分別由x_t和h_{t-1}計算而來，最即時的輸入對輸出的影響力，會比前一個模型來得強一些。另外，不同於 RNN 使用 Softmax 激勵輸出，LSTM 則是用 Sigmoid 調整輸出資訊，而且y_t還有些後續運算，所以不能和 RNN 單元一樣揚棄最後的激勵函數。

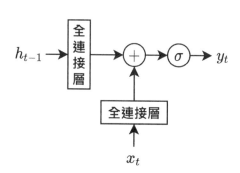

更新記憶

我們得到了要抹除長期記憶的遺忘向量f_t，也有更新長期記憶的i_t和g_t，所以就能用兩組阿達馬積求出新的單元狀態c_t。

$$c_t = f_t \odot c_{t-1} + i_t \odot g_t$$

計算y_t的時候，可能有讀者會質疑根本沒有用到前一刻的單元狀態c_{t-1}。算式上是這樣沒錯，但我們還沒有討論怎麼更新隱藏狀態。大量的短期記憶當然可以改變長期記憶，但當短期記憶強度不足時，短時間的認知也會被長期記憶所控制。為了構造這樣的機制，LSTM用了以下的算式更新隱藏狀態h_t。

$$h_t = y_t \odot \tanh(c_t)$$

也就是說，新的隱藏狀態h_t是輸出y_t和$\tanh(c_t)$的阿達馬積。前者是x_t和h_{t-1}的函數，也就受輸入和短期記憶影響；後者是新的長期記憶，並用 tanh 函數控制前者保留的資訊量。雖然從y_t的算式中我們看不出c_{t-1}的影響，但$h_{t-1} = y_{t-1} \odot \tanh(c_{t-1})$，所以 LSTM 單元的輸出仍然具有長期記憶的成分。

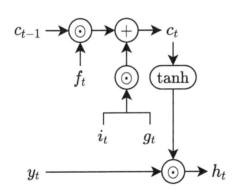

更新完代表長期記憶和短期記憶的單元狀態和隱藏狀態後，我們便完成 LSTM 單元在一個時間點的運算。下方的示意圖有完整的資料流動路徑，簡便起見圖上省略了所有全連接層。

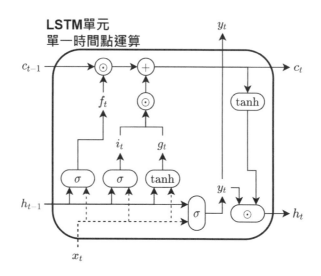

13.2.3 RNN 和 LSTM 的應用

學會了 RNN 和 LSTM 後，我們可以怎麼運用這兩種具有記憶的神經網路單元來進行 NLP，或是學習處理序列化資料呢？我們可以用輸入和輸出時間點的多寡，來分類各個循環神經網路模型。

◎ 一對一

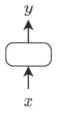

模型輸入單一的張量和輸出單一的張量，時序上只會用到一個時間點，和一般的分類模型不無二致，並沒有使用 RNN 或 LSTM 的必要。

⬡ 一對多

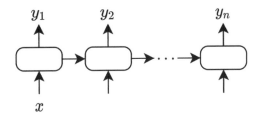

　　模型輸入單一的張量後，輸出序列化的資料，通常輸出會是輸入序列化的解讀，例如讀入一張圖片，再產生描述這張圖片的一段文字。

⬡ 多對一

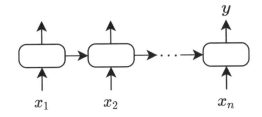

　　模型讀入一段序列化資料後，輸出單一的張量，通常輸出會是序列化輸入以分類的方式進行解讀，例如輸入一段評語判斷評論者的話，屬於正面回饋或負面回饋。

⬡ 多對多

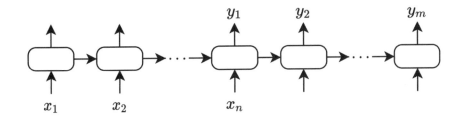

　　模型完整讀完一段序列化資料，解析後再輸出一段序列化資料。這個架構有個進階的模型稱為 Seq2Seq（Sequence to Sequence，序列轉序列），它的一種應用是在輸入完整句子後，翻譯成其他語言。也有人把問題和答案各看做一個序列，把 Seq2Seq 等用在處理常見問題（Frequently Asked Questions，簡稱 FAQ）等問答模型上。

◎ 同步多對多

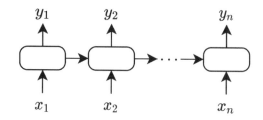

　　與前面介紹的多對多模型一樣是在多個時間點進行輸入和輸出，但每個時間點的輸出，會直接對應當下的輸入。如果是要為影片用 NLP 的方式上字幕，這個架構適合即時資訊的處理，可以把讀入當下的人聲，結合前面數毫秒的發音得到應該輸出的文字。NLP 以外的領域中，同步多對多的模型也常被用來預測天氣，從近幾天的天候和過去的資料進行隔天的氣象預報。

程式實作　NLP 的資料預處理

■ 檔案：ch13/IMDb_Data.ipynb

■ 檔案：stopword.txt

　　介紹了 RNN 模型的多種應用後，我們要來實作多對一模型進行情感分析。這次使用的資料是網路電影資料庫（Internet Movie Database，簡稱 IMDb）的資料集，總共有五萬則附帶標籤的英文電影評論，訓練完成的模型則是要能判斷輸入的評論是正評還是負評。Pytorch 的週邊套件 *torchtext.datasets* 也有 IMDb 套件，我們可以像第七章的 MNIST 那樣直接取得方便運算的資料，但文字資訊的預處理是 NLP 非常重要的一環，所以我們以下會用原始資料集的文字檔（壓縮檔網址：https://ai.stanford.edu/~amaas/data/sentiment/aclImdb_v1.tar.gz）製作成 Pytorch 中方便使用的 *Dataset* 後，再建構模型進行訓練。

```
01    # 匯入套件
02    import torch
03    import glob, os, io
04    from bs4 import BeautifulSoup
05    import pickle as pkl
06    data_path = 'aclImdb' # 資料集路徑
```

◎ 取得原始資料

　　把資料集在和程式碼相同的檔案路徑下解壓縮後，主目錄 *aclImdb* 的整體架構如下，可以發現這個資料集以第二層資料夾區分訓練集（train）和測試集（test），第三層資料夾則是區分正評（pos）和負評（neg）。

- aclIMdb
    - train
        - pos
        - neg
    - test
        - pos
        - neg

　　因為各個檔案的檔名中，還有評論者在 IMDb 網站上給予的評論星數，所以檔名並非單純的連續數字。因此我們用 *glob* 套件中的 *iglob* 函式，把同一個資料夾內的所有 *txt* 檔的路徑變成一個陣列，然後再一一讀檔把字串存起來。因為資料夾名稱恰好就是標籤，我們就可以用來區分正評和負評，為了操作方便我們把正評設成1，負評設成0。這時的資料未經任何處理，我們稱為原始資料（raw data）。

```
01  raw_train_comment = []
02  raw_test_comment = []
03  train_label = []
04  test_label = []
05
06  for label in ['pos', 'neg']:
07      for filename in glob.iglob(os.path.join(data_path, "train", label,
    '*.txt')): # 取得所有 txt 檔路徑
08          with io.open(filename, 'r', encoding="utf-8") as f:
09              text = f.readline()
10          raw_train_comment.append(text) # 儲存文字
11          train_label.append(label == 'pos') # 依資料夾名稱儲存標籤
12
13  for label in ['pos', 'neg']:
14      for filename in glob.iglob(os.path.join(data_path, "test", label,
    '*.txt')):
15          with io.open(filename, 'r', encoding="utf-8") as f:
16              text = f.readline()
```

```
17            raw_test_comment.append(text)
18            test_label.append(label == 'pos')
19
20    print('Raw data imported.')
```

輸出

```
Raw data imported.
```

🔘 去除停用詞和符號

接下來我們要寫一個 *comment2list()*函式讀入評論字串、切成單字、全部轉成小寫字母並把停用詞去掉。因為之前的停用詞檔案也有英文字，所以我們同樣載入 *stopwords.txt*。英文主要是用空格區分單字，沒有斷詞的問題，但標點符號和單字間通常不會空格，所以我們要先把單字前後不是字母或數字的字元去掉，再判斷這個字是停用詞還是文句的重點字。另外，因為一般的 for 迴圈只會修改元素，不會修改陣列內容，所以要用 *enumerate* 函式取得索引值，才能實質上的修改單字。

```
01    with open('stopword.txt', 'r', encoding = 'UTF-8') as f: # 讀入停用詞
02        stopwords = set(f.read().split('\n'))
03
04    def comment2list(comment):
05        word_list = comment.lower().split() # 字串切割
06        for i, word in enumerate(word_list):
07            if not word[0].isalnum(): # 刪除開頭的標點符號
08                word = word[1: ]
09            if len(word) > 0 and not word[-1].isalnum(): # 刪除結尾的標點符號
10                word = word[: -1]
11            if not any(c.isalpha() or c.isdigit() for c in word): # 刪除整個字串
      都是符號的字
12                word = ''
13            word_list[i] = word # 修改陣列
14        return [word for word in word_list if len(word) > 0 and word not in
      stopwords] # 剔除停用詞
```

在刪除標點符號前，因為有些評論的檔案不是單純的文字，而是網頁的原始碼，所以我們要用 *bs4* 套件中的 *BeautifulSoup* 物件把 HTML 的標籤全部移除，再用剛剛寫的函式取得單字序列，並把單字序列裡出現過的字存入一個集合，以便後續編號。

```
01  word_set = set()
02  train_comment = []
03  test_comment = []
04
05  for comment in raw_train_comment:
06      comment_nohtml = BeautifulSoup(comment).get_text() # 去除 HTML
07      word_seq = comment2list(comment_nohtml) # 取得單字序列
08      word_set.update(word_seq[1: -1])
09      train_comment.append(word_seq)
10
11  for comment in raw_test_comment:
12      comment_nohtml = BeautifulSoup(comment).get_text()
13      word_seq = comment2list(comment_nohtml)
14      word_set.update(word_seq[1: -1])
15      test_comment.append(word_seq)
16
17  print('String sequence obtained.')
```

▼ 輸出

```
String sequence obtained.
```

◎ 建構語料詞典

取得單字集合後，我們需要將這些字編號，以便神經網路模型轉換成詞向量，其中我們會設定幾個特殊字的編號。我們需要特殊的編號讓模型知道一段評論的開頭和結尾，也需要用幾個空項把較短的序列補成一樣的長度。另外，如果讀入的是不在字典裡的未知字，我們也要給它們一個編號才能繼續處理資料。補項、開頭、結尾、未知字四個比較特殊的序列元素，我們依序用0 ~ 3號編號，真正的單字從4號開始計數。

```
01  # 特殊編號
02  padding_idx = 0
03  start_idx = 1
04  end_idx = 2
05  unknown_idx = 3
06  # 建構字典
07  dict_size = len(word_set) + 4
08  word_dict = {s: i + 4 for i, s in enumerate(sorted(word_set))}
09  print('Dictionary Size: {dict_size}')
```

```
Dictionary Size: 274266
```

資料集的截長補短

評論有長有短，所以我們要把長評論刪減幾項來縮短，短評論補入空項來加長，以利批次訓練。在那之前，我們需要決定訓練資料的序列長度，這裡我們選擇所有評論的平均。

```
01  def get_avg_len():
02      len_sum = 0
03      for com in train_comment:
04          len_sum += len(com)
05      return len_sum // len(train_comment)
06
07  seq_len = get_avg_len() # 取得評論平均長度
08  print('Sequence Length: {seq_len}')
```

```
Sequence Length: 105
```

序列轉換

調整評論長度時，把過長的序列去除後半部分，太短的陣列則開一個補項陣列。把評論的字串序列轉成數字序列後，在前後分別補上開頭和結尾的編號，最後再加上補項陣列，就會得到我們拿來輸入模型的資料。這個過程我們撰寫一個 *wseq2nseq()* 函式來實現。

```
01  train_seq = []
02  test_seq = []
03
04  # 單字序列轉數字序列
05  def wseq2nseq(word_seq):
06      num_seq = []
07      if len(word_seq) > seq_len:
08          word_seq = word_seq[: seq_len]
09      num_seq = [word_dict.get(word, unknown_idx) for word in word_seq]
10      pad_seq = [padding_idx] * (seq_len - len(word_seq))
```

```
11        return [start_idx, *num_seq, end_idx, *pad_seq]
12
13  train_seq = [wseq2nseq(word_seq) for word_seq in train_comment]
14  test_seq = [wseq2nseq(word_seq) for word_seq in test_comment]
15
16  print('Data sequence obtained.')
```

▼ 輸出

```
Data sequence obtained.
```

⬡ 儲存資料

把資料轉成 *torch.Tensor* 的形式，再用 *pkl* 套件把變數存起來，就能得到封裝的訓練資料、標籤和詞典。

```
01  # 封裝資料
02  train_seq = torch.Tensor(train_seq)
03  with open('train_seq.pkl', 'wb') as f:
04      pkl.dump(train_seq, f)
05  test_seq = torch.Tensor(test_seq)
06  with open('test_seq.pkl', 'wb') as f:
07      pkl.dump(test_seq, f)
08  train_label = torch.Tensor(train_label)
09  with open('train_label.pkl', 'wb') as f:
10      pkl.dump(train_label, f)
11  test_label = torch.Tensor(test_label)
12  with open('test_label.pkl', 'wb') as f:
13      pkl.dump(test_label, f)
14  with open('word_dict.pkl', 'wb') as f:
15      pkl.dump(word_dict, f)
16  print('Processed data saved.')
```

▼ 輸出

```
Processed data saved.
```

運用 LSTM 建構神經網路進行情感分析

■ Jupyter Notebook：ch13/LSTM_IMDb.ipynb　■ 檔案：ch13/stopword.txt

■ 檔案：train_seq.pkl、test_seq.pkl、train_label.pkl、test_label.pkl、word_dict.pkl(參考上一個實作)

■ Python 完整程式：ch13/LSTM_IMDb.py

完成資料的預處理後，我們就可以用 LSTM 進行深度學習。

```python
01  # 匯入套件
02  import torch
03  from torch import nn, optim
04  from torch.utils.data import TensorDataset, DataLoader
05  import matplotlib.pyplot as plt
06  import pickle as pkl
```

載入資料與超參數設定

我們先載入前一個實作處理完的資料集，並設定模型的超參數。有些如序列長度等超參數，需要先取得訓練資料的張量，所以兩個步驟不能顛倒。

```python
01  # 載入資料
02  with open('train_seq.pkl', 'rb') as f:
03      train_seq = pkl.load(f)
04  with open('test_seq.pkl', 'rb') as f:
05      test_seq = pkl.load(f)
06  with open('train_label.pkl', 'rb') as f:
07      train_label = pkl.load(f)
08  with open('test_label.pkl', 'rb') as f:
09      test_label = pkl.load(f)
10  with open('word_dict.pkl', 'rb') as f:
11      word_dict = pkl.load(f)
12
13  # 超參數
14  batch_size = 100
15  epochs = 10
16  lr = 0.001
17  hidden_dim = 100
18  layers = 2
19  embedding_size = 125
20  output_size = 1
21  dropout = 0.5
```

```
22   dict_size = len(word_dict) + 4
23   seq_len = train_seq.shape[1]
```

資料迭代器

再來我們把訓練資料和測試資料用 *TensorDataset* 包裝成 *Dataset* 物件,便能和先前一樣用 *DataLoader* 洗亂資料並分割 batch。

```
01   train_data = TensorDataset(train_seq, train_label)
02   test_data = TensorDataset(test_seq, test_label)
03   train_loader = DataLoader(train_data, shuffle = True, batch_size = batch_size)
04   test_loader = DataLoader(test_data, shuffle = True, batch_size = batch_size)
```

模型架構

因為這是個 NLP 模型,所以我們會需要把序列資訊轉成詞向量。與 12-3 小節不同的是,這裡我們並不使用 Word2Vec,而是用 Pytorch 的神經網路層 *nn.Embedding* 進行詞嵌入。後者具有模型梯度,所以會視模型表現調整詞向量,而不是像 skip-gram 模型使用假標籤的形式進行訓練。另外,由於 LSTM 的過擬合非常嚴重,所以我們使用了比例非常高的 Dropout 來調整模型。

這個雙層 LSTM 的模型架構如下圖,因為這是多對一模型,所以 *forward()* 函式中,我們用索引值-1 取最後一個時間點的輸出即可。

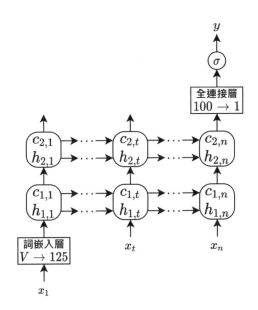

```
01    class LSTM(nn.Module):
02        def __init__(self, dict_size, embedding_size, output_size, seq_len,
      hidden_dim, layers, dropout = 0.5):
03            super().__init__()
04            self.hidden_dim = hidden_dim
05            self.embedding = nn.Embedding(dict_size, embedding_size, padding_idx
      = 0)
06            self.lstm = nn.LSTM(embedding_size, hidden_dim, layers, batch_first
      = True, dropout = dropout)
07            self.bn = nn.BatchNorm1d(hidden_dim)
08            self.dropout = nn.Dropout(0.5)
09            self.fc = nn.Linear(hidden_dim, output_size)
10        def forward(self, x, hidden):
11            batch_size = x.shape[0]
12            x = self.embedding(x.long())
13            x, hidden = self.lstm(x, hidden)
14            x = x.contiguous().view(-1, self.hidden_dim)
15            x = self.bn(x)
16            x = self.dropout(x)
17            x = self.fc(x)
18            x = x.view(batch_size, -1)
19            return x[:, -1], hidden
```

◎ 損失函數與梯度優化

宣告模型時，我們一樣先判斷電腦上能否使用 GPU 來決定訓練用的運算硬體，GPU 記憶體使用量約為 1.4 GB。因為模型的輸出是單項，所以我們用 *nn.BCEWithLogitsLoss()* 當作二元分類的損失函數。

```
01    device = "cuda:0" if torch.cuda.is_available() else "cpu"
02    IMDb_LSTM = LSTM(dict_size, embedding_size, output_size, seq_len,
      hidden_dim, layers, dropout).to(device)
03    criterion = nn.BCEWithLogitsLoss()
04    optimizer = optim.Adam(IMDb_LSTM.parameters(), lr = lr)
05    print(IMDb_LSTM)
```

▼ 輸出

```
LSTM(
  (embedding): Embedding(274266, 125, padding_idx=0)
  (lstm): LSTM(125, 100, num_layers=2, batch_first=True, dropout=0.5)
  (bn): BatchNorm1d(100, eps=1e-05, momentum=0.1, affine=True,
track_running_stats=True)
  (dropout): Dropout(p=0.5, inplace=False)
  (fc): Linear(in_features=100, out_features=1, bias=True)
)
```

模型訓練

train 函式和過去大同小異，我們一樣會記錄模型的訓練過程。前面有提到 LSTM 容易過擬合，所以除了用 Dropout，我們還會用 *nn.utils.clip_grad_value()* 函式限制模型中各個參數的梯度。

```
01  def train(model, epochs, batch_size, train_loader, test_loader):
02      train_loss, train_acc, test_loss, test_acc = [], [], [], []
03      for e in range(epochs):
04          model.train()
05          loss_sum, correct_cnt = 0, 0
06          for data, label in train_loader:
07              optimizer.zero_grad()
08              predict, hidden = model(data.to(device), None)
09              loss = criterion(predict.squeeze(), label.to(device))
10              loss_sum += loss.item()
11              correct_cnt += ((predict.squeeze() > 0) == label.to(device)).
    sum().item()
12              nn.utils.clip_grad_value_(model.parameters(), 5) # 限制梯度
13              loss.backward()
14              optimizer.step()
15          train_loss.append(loss_sum / len(train_loader))
16          train_acc.append(correct_cnt / (len(train_loader) * batch_size))
17          print(f'Epoch {e + 1:2d} Train Loss: {train_loss[-1]:.10f} Train
    Acc: {train_acc[-1]:.4f}', end = ' ')
18          model.eval()
19          loss_sum, correct_cnt = 0, 0
20          with torch.no_grad():
21              for data, label in test_loader:
22                  predict, hidden = model(data.to(device), None)
23                  loss = criterion(predict.squeeze(), label.to(device))
```

```
24              loss_sum += loss.item()
25              correct_cnt += ((predict.squeeze() > 0) == label.to
   (device)).sum().item()
26         test_loss.append(loss_sum / len(test_loader))
27         test_acc.append(correct_cnt / (len(test_loader) * batch_size))
28         print(f'Test Loss: {test_loss[-1]:.10f} Test Acc: {test_acc[-1]:.4f}')
29     return train_loss, test_loss, train_acc, test_acc
```

　　訓練時可以發現過擬合的問題還是相當嚴重，不過這些優化需要更進階的技巧，讀者有興趣可以自行探究。

```
01   train_loss, test_loss, train_acc, test_acc = train(IMDb_LSTM, epochs,
     batch_size, train_loader, test_loader) # 訓練
02
03   # 損失函數圖表
04   plt.xlabel('Epochs')
05   plt.ylabel('Loss Value')
06   plt.plot(train_loss, label = 'Train Set')
07   plt.plot(test_loss, label = 'Test Set')
08   plt.legend()
09   plt.show()
10   # 準確率圖表
11   plt.xlabel('Epochs')
12   plt.ylabel('Accuracy')
13   plt.plot(train_acc, label = 'Train Set')
14   plt.plot(test_acc, label = 'Test Set')
15   plt.legend()
16   plt.show()
```

▼ 輸出

```
Epoch  1 Train Loss: 0.7033218284 Train Acc: 0.5058 Test Loss: 0.6909830143
Test Acc: 0.5176
Epoch  2 Train Loss: 0.6847100818 Train Acc: 0.5471 Test Loss: 0.6941411653
Test Acc: 0.5432
Epoch  3 Train Loss: 0.6580208385 Train Acc: 0.5974 Test Loss: 0.6933916712
Test Acc: 0.5000
Epoch  4 Train Loss: 0.6920863063 Train Acc: 0.5074 Test Loss: 0.6930047803
Test Acc: 0.5031
Epoch  5 Train Loss: 0.6915369403 Train Acc: 0.5117 Test Loss: 0.6931982615
Test Acc: 0.5122
Epoch  6 Train Loss: 0.5874302135 Train Acc: 0.6708 Test Loss: 0.8943404875
Test Acc: 0.6621
```

```
Epoch  7 Train Loss: 0.3213485652 Train Acc: 0.8661 Test Loss: 1.0258412452
Test Acc: 0.6532
Epoch  8 Train Loss: 0.1827532160 Train Acc: 0.9337 Test Loss: 0.9821083415
Test Acc: 0.7063
Epoch  9 Train Loss: 0.1003809013 Train Acc: 0.9674 Test Loss: 1.0919553142
Test Acc: 0.7137
Epoch 10 Train Loss: 0.0539216693 Train Acc: 0.9844 Test Loss: 1.4918530257
Test Acc: 0.6781
```

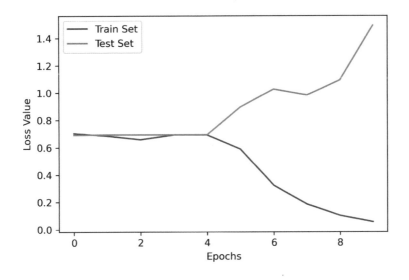

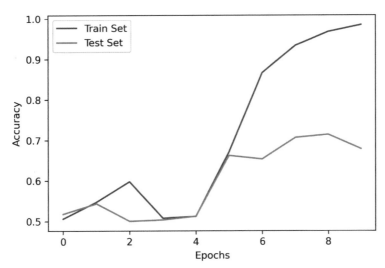

⬡ 文本測試

我們要用實際的文字範本來測試完成學習的模型，所以要再引入上個實作的 *comment2list()* 和 *wseq2nseq()* 兩個函數，把評論句轉成數字序列，再用一個 *demo()* 函式整合所有運算並輸出分類機率和信心水準。*nn.BCEWithLogitsLoss()* 是用 Sigmoid 函數進行二元分類，所以我們把模型的輸出用 Sigmoid 調整後，再看它的機率輸出來計算信心水準。

```
01   # 讀入停用詞
02   with open('stopword.txt', 'r', encoding = 'UTF-8') as f:
03       stopwords = set(f.read().split('\n'))
04
05   # 字串轉單字序列
06   def comment2list(comment):
07       word_list = comment.lower().split()
08       for i, word in enumerate(word_list):
09           if not word[0].isalnum():
10               word = word[1: ]
11           if len(word) > 0 and not word[-1].isalnum():
12               word = word[: -1]
13           if not any(c.isalpha() or c.isdigit() for c in word):
14               word = ''
15           word_list[i] = word
16       return [word for word in word_list if len(word) > 0 and word not in
         stopwords]
17
18   # 特殊編號
19   padding_idx = 0
20   start_idx = 1
21   end_idx = 2
22   unknown_idx = 3
23
24   # 單字序列轉數字序列
25   def wseq2nseq(word_seq):
26       num_seq = []
27       if len(word_seq) > seq_len - 2:
28           word_seq = word_seq[: seq_len - 2]
29       num_seq = [word_dict.get(word, unknown_idx) for word in word_seq]
30       pad_seq = [padding_idx] * (seq_len - len(word_seq) - 2)
31       return [start_idx, *num_seq, end_idx, *pad_seq]
32
33   def demo(model, comment):
```

```
34      word_seq = comment2list(comment) # 字串轉單字序列
35      num_seq = wseq2nseq(word_seq)
36      input_seq = torch.Tensor(num_seq).to(device) # 單字序列轉數字序列轉 torch
   張量
37      model.eval()
38      prediction, hidden = model(input_seq.unsqueeze(0), None) # 取得模型輸出
39      review = 1 / (1 + torch.exp(-prediction[0])) # 取得分類機率
40      if review > 0.5: # 正評分類
41          print(f'Positive review with {2 * review - 1:.5f} confidence.')
42      else: # 負評分類
43          print(f'Negative review with {1 - 2 * review:.5f} confidence.')
```

我們從 IMDb 官網擷取了數個評論，前兩則和後兩則分別是十星和一星的評論，測試效果其實不差。讀者也可以試著自己打一段話測試，不過因為訓練時的序列長度接近100，加上停用詞後可能要長度接近150個英文單字的評論，會有比較準確且高信心水準的分類結果。

```
01  # 測試
02  demo(IMDb_LSTM, "This movies is the greatest superhero movie to ever be
    created. Robert Downey jr. portray Iron man I couldn't see anyone else
    playing as iron man. This movie is very sad because it's an end of an error
    this has been a 11 year in to the making of this movie. I would suggest to
    watching this movie there a great story and excellent finishing")
03  demo(IMDb_LSTM, "You only get to watch this for the first time once, so
    choose your state of mind carefully. It is a film about movies and dreams
    and reality, and what sort of life it is best to find when you leave the
    cinema and return to whatever you left to enter. It is spectacular, and
    brutal, and enigmatic and disturbing. It is beautiful and absorbing. It is
    about one of my favourite characters ever to grace the screen. I don't see
    it often, in case it's not as good as I like to remember it. That is my
    secret, that I lock away in my safe in the basement. That somewhere there is
    a perfect world for us all. For some, perhaps it is in the cinema watching
    this.")
04  demo(IMDb_LSTM, "This is a very sad excuse for a movie if I ever saw one.
    Very boring and very badly done.")
05  demo(IMDb_LSTM, "This movie I saw a day early for free and I still feel like
    I got ripped off. It is totally brain dead. Burping, kicking in the groin
    and boobs all over the place. Lame. What is wrong with society, that films
    like this even get made? The parodies were all horrendous, and un-funny. The
    plot was lackluster at best and the acting was shallow, transparent and
    really quite unnecessary.")
```

```
Positive review with 0.98999 confidence.
Positive review with 0.99531 confidence.
Negative review with 0.99684 confidence.
Negative review with 0.99798 confidence.
```

13.3 Transformer 與 ChatGPT

近幾年來，深度學習在神經網路上的發展進步迅速。2017 年，Google 的研究團隊在一篇名為「Attention Is All You Need」的論文中，發表了 Transformer 這個神經網路單元。其訓練速度和模型表現對於往後幾年的深度學習領域影響深遠。隔年 Google 和 OpenAI 分別發表的預訓練自然語言模型 BERT 和 GPT，可以平行運算的特性也吸引了電腦視覺領域學者的注意。2020 年論文「An Image is Worth 16x16 Words」發表視覺型 Transformer（Vision Transformer，簡稱 ViT），便是將一張圖片分割為 256 個方格當作「字」，把這些字依序排列當作「句子」來訓練圖像辨識，最後也得到比 CNN 更佳的表現。

Transformer 的細部架構涉及較複雜的數學運算，本書不深入探討，有興趣的讀者可以參考以下的兩篇論文。

● Attention Is All You Need：https://arxiv.org/pdf/1706.03762.pdf

● An Image is Worth 16x16 Words：https://arxiv.org/pdf/2010.11929.pdf

近期 Transformer 最轟動的應用，莫過於 2022 年 11 月 OpenAI 團隊所發表的 ChatGPT。ChatGPT 以 GPT 的後續模型 GPT-3.5 為基底，透過網路上大量搜尋可得之文章、論文和程式碼加以訓練而成，並以聊天機器人的形式發布在網路上，讓不具備程式設計背景的社會大眾也能輕鬆運用。雖然 ChatGPT 實質上仍是 NLP（自然語言處理），而非真正理解其訓練語料的 NLU（自然語言理解），其強大的文字生成能力已能在工作或生活上助人們一臂之力。無論是單純當作搜尋使用，或是文字的潤飾、創作、摘要和翻譯，甚至是程式碼的編寫，ChatGPT 幾乎都能達成人類期望的目標，也因為其對過去資訊的記憶能力優異，因此更能持續修飾出更加滿意的內容。

以下筆者示範如何和 ChatGPT 有效地對話。筆者撰寫當下之 ChatGPT，多數人的有效互動形式皆是「先提供基礎問題，再加以修飾」。對於使用繁體中文和 ChatGPT 進行問答的讀者，由於 ChatGPT 透過網路上大量文本訓練時取得的大多為簡體中文的文本，故可以先提醒 ChatGPT，自己希望收到繁體中文的回應。ChatGPT

的介面非常類似聊天軟體，可以留意左側六角狀的大頭貼為 ChatGPT，有寫中文字的大頭貼則是筆者的 Google 帳號。

我們這裡就請 ChatGPT 簡單描述 Transformer 神經網路的架構，也就是提出我們的「基礎問題」。

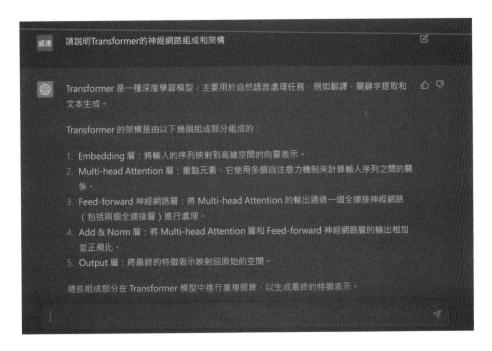

ChatGPT 大致說明了這個神經網路單元中各個子單元的功能。對於看完本書前 13 個章節的讀者們，或許能意會其中幾個名詞，但沒有程式背景的一般大眾，可能非常難理解 Transformer 在做什麼，於是我們提出附加條件來修飾它的回應。

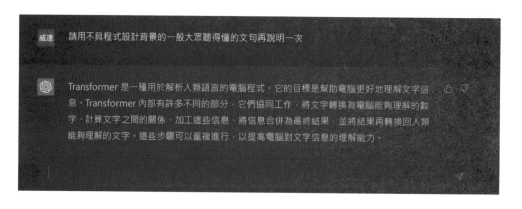

這時，Transformer 的子單元和英文名稱從回應中消失了，變成一段可以輕鬆閱讀的文字。我們再進一步提出要求，看 ChatGPT 能不能修飾出小學生也看得懂的文句。

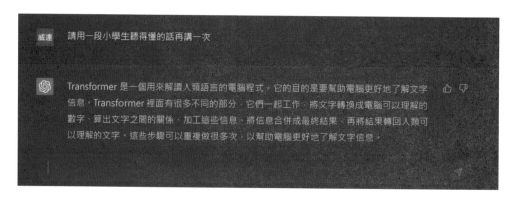

和上述的段落大同小異，不過可以發現一些用字上，的確更貼近小學生會用的語彙。

讀者們可以上 ChatGPT 的官網透過 Google 帳號進行註冊，親自體會現今深度學習最先進的應用。ChatGPT 對於一般帳號的回應速度較慢，也容易受伺服器流量限制，所以如果讀者發現在生活或工作上，希望能頻繁使用 ChatGPT，可以自行評估是否付費訂閱 ChatGPT Plus。

ChatGPT 官網：https://chat.openai.com/

13.4 習題 ────────────

( ) 1. LSTM 的隱藏狀態h的計算是由哪兩個變數進行（不考慮間接運算）？

    (a) 輸出y、單元狀態c (b) 輸入x、單元狀態c

    (c) 輸出y、隱藏狀態h (d) 輸入x、隱藏狀態h

( ) 2. 已知兩向量$\vec{a} = (1, 2, 3)$, $\vec{b} = (-6, 5, -4)$，求$\vec{a} \odot \vec{b}$？

    (a) $(-23, -14, -17)$ (b) -8

    (c) $(-6, 10, -12)$ (d) $(-5, 7, -1)$

( ) 3. LSTM 的架構以哪些閘門控制輸入和輸出？

    (a) 遺忘閘   (b) 輸入閘

    (c) 輸出閘   (d) 以上皆是

( ) 4. 自然語言的預處理中，我們可以善用哪一個套件幫助我們去除 HTML 語言標籤？

    (a) jieba   (b) BeautifulSoup

    (c) os   (d) io

( ) 5. 當訓練資料的序列長度不同時，有哪些方法可以讓這些資料以批次為單位進行訓練？

    (a) 短序列補空項   (b) 長序列拆成多筆資料

    (c) 長序列僅取頭段或尾段資料   (d) 以上皆可

( ) 6. 以 LSTM 進行正負評的情感分析時，應以哪一個激勵函數調整最後輸出？

    (a) Softmax   (b) Sigmoid

    (c) Tanh   (d) ReLU

14
chapter

生成對抗網路

有個名為「此人不存在」的網站（網址：https://thispersondoesnotexist.com/），每次刷新頁面時，都會出現一張人臉圖片。這些圖片背景各自不同，人的容貌也大多相異，看起來像是普通的日常生活照。但這些照片中的人如網站名稱，不存在於這個世界上，而是由一組名為生成對抗網路的神經網路，亂數產生而來的。以下我們將探討其運作原理，以及為何它能產生如此逼真的資料。

14.1 生成對抗網路

14.1.1 文物鑑定

　　世界上不少藝術創作有真品跟贗品，這類問題甚至可以追溯到兩千年前。過了這麼久，雖然仍有查獲一些贗品，但也不是每一件都會被發現。這樣的問題依然存在，有一個原因在於仿造者與鑑定者的能力，在某種競爭關係之下不斷提升。以畫作為例，起先仿造者可能真的是自己臨摹畫家的作品，但仿作中的瑕疵被鑑定者識破；隨著高品質列印技術的出現，仿造者可能會用高品質列印的方式，大幅減少手繪的瑕疵，使用碳 14 定年法等文物鑑定手段，便能破解高品質列印仿造手法。

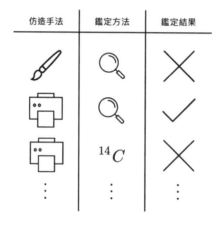

　　如果一個仿造方法被鑑定者識破的機率逐漸提高，表示鑑定者已經掌握了這種手法的瑕疵，故會嘗試用不同的方法混淆鑑定者；如果鑑定者對真贗品分辨的正確率偏低，也會修正自己的參考標準與鑑定技術。兩方彷彿在進行一場競爭，仿作者試圖造出不被鑑定者識破的贗品，鑑定者試圖識破仿作者的贗品。從結果來看，雙方各自的成功率變化可能不大，但仿作者與鑑定者在競爭過程中，逐步提升各自的能力。當旁人幾乎將仿作者的贗品視同真品，也無法像鑑定者準確判別真偽時，就能發現經過競爭後，兩者的技術都變得相當高超。

14.1.2 GAN 的神經網路架構

　　2014 年，深度學習研究者古德費洛（I. Goodfellow）運用這樣的概念，設計了一組神經網路，稱為生成對抗網路（Generative Adversarial Network，簡稱 GAN）。GAN 的架構中包含兩個神經網路，分別是生成器（Generator）和判別器

（Discriminator）。顧名思義，Generator 就是要生成資料，而 Discriminator 就是要分辨資料的真偽。我們曾提過神經網路可以視為一個函數，以下也會用G函數和D函數分別表示 Generator 和 Discriminator 在數學上的意義。

兩個神經網路的隱藏層架構視資料類型而定，輸入輸出的概念則大同小異。Generator 會輸入一組隨機向量（random vector）z，並輸出和真實資料格式相同的生成資料$G(z)$。D函數則是會輸入真實資料（real data）x或生成資料（generated data）$D(x)$，最後輸出一個介於$[0, 1]$區間的數值，接近1表示輸入被認定為真實資料，反之則是生成資料。

GAN 透過兩個神經網路的輪流訓練進行深度學習。在一個訓練週期中，首先會固定 Discriminator 的參數，訓練 Generator 用隨機向量z生成資料欺騙 Discriminator，讓$D(G(z))$趨近於1；再來會固定 Generator 的參數，將真實資料與生成資料加上標籤（真實資料為1、生成資料為0），訓練使其正確分辨兩類資料，也就是讓$D(x)$趨近於1，$D(G(z))$趨近於0。如此反覆多個週期後，就會得到一個相當擬真的 Generator，以及一個能夠區分真假的 Discriminator。GAN 中神經網路與資料的相互關係，可以參考以下的示意圖。

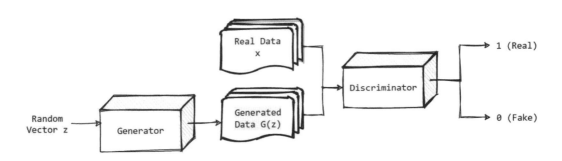

14.1.3 GAN 的訓練為何可行

為什麼 GAN 的做法是正確且可行的？我們用數據空間（data space）的概念進行說明。這指的不是物理上的空間或記憶體，而是數學上以各個維度，表示特定參數的高維度空間。某種格式下所有可能出現的資料點所構成的集合就稱為 data space，例如：「擲一次骰子所得之正面數字」的 data space 就是$\{1, 2, 3, 4, 5, 6\}$。

生成特定類型的資料，一個蠻容易想到的方法就是枚舉所有可能結果，再挑出偏好的幾項作為輸出結果，也就是俗稱的「暴力法」。當 data space 很小時，我們可以枚舉生成所有元素，但通常 data space 大小相當可觀；以第七章用到的 MNIST 資

料集為例，解析度28×28像素下共有$256^{28 \times 28}$（約為10^{1900}）種可能的灰階圖片。現今電腦的運算能力，暴力法生成這樣的資料需要的時間遠超過宇宙壽命，故多數情況下，不是個可行的手段。

　　既然枚舉過於費時，如何有效率地生成適用的資料便是主要的目標。因此我們分析希望得到的產物，有時會發現一些可以善用的規律或性質。以 MNIST 資料集為例，如果想生成手寫數字的圖片，可以觀察手寫數字，大致可以發現這些圖片由簡單的線條構成，背景與文字色差分明，不同的數字又會有各自的形狀差異等。從 data space 的角度來看，這些手寫數字代表的資料點，可能會在 data space 中的特定區域大量分布，聚成點群。這樣的區域稱為資料的潛在空間（latent space），理想的情況便是讓生成資料大多落在其中。與其逐一確認每個資料點的真偽，尋找 latent space 的範圍與邊界相對容易實現。

　　Latent space 在 data space 中的位置、邊界，可以運用先前第七章和第九章所實作的分類神經網路進行尋找與修正，GAN 當中的 Discriminator 在功能與架構上大同小異，只是從原本超過兩個類別的多重分類問題（multi classifier），變成僅是分辨是否為特定類別的二元分類問題（binary classifier）。Generator 的函數目標，則是要將輸入轉換為 latent space 中的一個數據點，代表希望生成的資料。為了維持一定性質下讓生成資料有所變化，我們使 Generator 的輸入具有隨機性，也就是先前提到的隨機向量，讓 Generator 的函數將任意向量盡可能轉換到 latent space 上。

　　我們假想一個二維 data space 來具象化 Generator 與 Discriminator 的修正過程。以下以虛線表示 Discriminator 所認定的 latent space 界線，實心數據點與空心數據點分別對應真實資料與生成資料。為方便說明，這裡假設真實資料所代表的數據點，在這個 data space 中呈兩個稍有距離的點群。

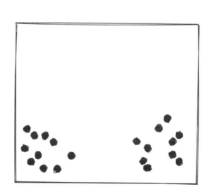

剛開始訓練時，可以觀察到生成數據點在平面上算是均勻散佈，認定的 latent space 分類邊界也相對單調，僅用一條直線將 data space 分為兩個半平面。

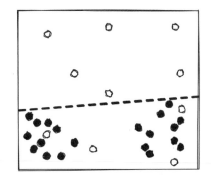

圖中上半平面外的點會被視為生成失敗，故 Generator 會開始盡量下半平面內的點。

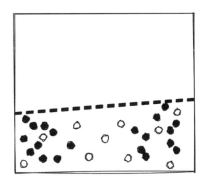

被視為假資料的生成數據點，落在被認定的 latent space 中會降低 Discriminator 的判別準確率，故 Discriminator 會重新調整分類邊界，虛線所包圍的區域逐漸縮小。

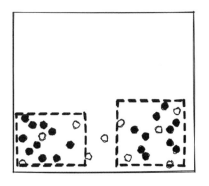

兩個模型學習過程中，虛線所圍區域逐漸縮小，生成數據點的分布也逐步逼近真實數據點。最後當兩種數據點的分布幾乎吻合，以致 Discriminator 無法分辨（理想辨識準確率為 50%）時，完成收斂的虛線包圍區域就是 Discriminator 認定的 latent space。這個情況也代表兩個神經網路皆已訓練完成。

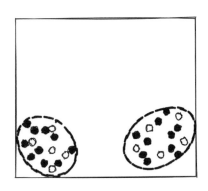

14.2 各類生成對抗網路

GAN 的基本功用是生成隨機的可用資料，但我們可以藉由調整模型的輸入、輸出、模型的架構，甚至用多個 GAN 進行更進階的應用。以下將介紹 GAN 最常見的兩種變形。

14.2.1 cGAN

基本的 GAN 當中，輸入僅是隨機向量，雖然能夠產生合用的資料，但沒有辦法針對細節去做進一步的調整。舉個例子，拿 MNIST 資料集當成真實資料訓練基本的 GAN 後，每次的輸出都是一位手寫數字，但逐次輸出的數字是沒有辦法控制的。這時我們重新設計 Generator，再加上一個長度為10的 one-hot encoding 向量，與隨機向量作為一組輸入進行訓練。此時的 MNIST Generator 不僅要生成數字圖片，更要生成指定的數字圖片；Discriminator 也不只檢查輸入的圖片是不是數字，也要看是不是對的數字。

隨機的輸入，可以讓生成資料有些自然的變異；可控制的輸入，可以視情況生成具特定性質的資料。Generator 輸入為這種形式的 GAN，即是條件生成對抗網路（Conditional-GAN，簡稱 cGAN），而輸入中可控制的那個向量又被稱為條件向量（conditional vector），簡寫為c。

下圖描述 cGAN 中各個神經網路與資料的相互關係。將隨機向量z與條件向量c輸入 Generator 後，產生生成資料$G(z, c)$，並與真實資料x傳入 Discriminator 得到判別結果。

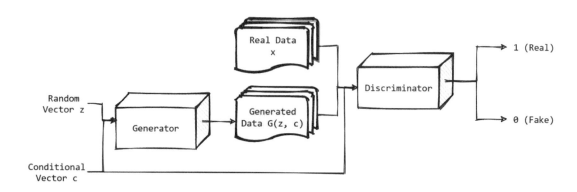

為了理解這個過程，我們回顧上一個小節假想的 data space。空間中的那三個點群所代表的可能是同一類型的資料，但因為某些特徵稍有差異而在 data space 中有不同的分布。舉個例子，假設這些點群代表的是汽車圖片在 data space 中的分布，則可能因為車型相異而散佈為不同的點群。這時就可以用條件向量使 Generator 產生特定顏色的汽車圖片。條件向量亦是 Discriminator 的參考資料，故如同下圖中的圈選區域，Discriminator 認定的 latent space 依條件向量而定。

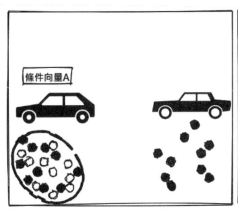
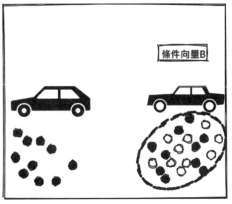

14.2.2 Cycle-GAN

另一種 GAN 的常見變形稱為循環生成對抗網路（Cycle-GAN），其常被應用在圖像風格轉換上，接下來也會以類似的例子說明 Cycle-GAN 的運作。在講解例子前，我們先了解一下 Cycle-GAN 的基本架構。與之前不同的是，Cycle-GAN 是由兩組 GAN 所組成的，每對 Generator 與 Discriminator 分別處理一種類型的資料。

假如有許多在世界各地所拍攝的冬夏季風景照，可以利用 Cycle-GAN 進行風格轉換，使其輸入夏季風景照時可轉換出該地冬季的樣貌，反之亦可。那麼我們可以設計兩組 GAN 使其中一組神經網路將夏季照片轉成冬季照片，另一組則將冬季照片轉換為夏季照片，為方便說明，夏季圖片與冬季圖片的兩個 data space 用 A 與 B 表示，兩組 GAN 也依轉換內容稱為 A→B 與 B→A。

訓練時我們可以將一種風格的資料分為三個類型，分別是真實資料、生成資料與循環資料，以下分別以 $Real$、Gen、$Cyclic$ 表示。$Real_A$ 與 $Real_B$ 是原先在訓練集中的資料，分別輸入 A→B 與 B→A 的 Generator 後，得到生成資料 Gen_B 與 Gen_A，再分別投入 B→A 與 A→B 的 Generator 後，會得到循環資料 $Cyclic_A$ 與 $Cyclic_B$。

訓練時會將同樣風格的 $Real_A$ 與 Gen_A 附帶 label（$Real$ 為1，Gen 為0）輸入 B→A 的 Discriminator 進行監督式學習，並用 $Real_B$ 與 Gen_B 以同樣的方法訓練 A→B 的 Discriminator。僅是這樣的訓練方式，訓練結果會相當失敗。為什麼？因為雖然 $Real_A$ 與 Gen_A 風格上都是夏季圖片，但因為主題不同，所以 Discriminator 的判斷特徵可能不是季節樣式，而是生成資料與真實資料本身內容的差異，讓最後的產物成為一張風格正確，但內容不正確的圖片。

如何修正這個問題？一個關鍵的想法在於兩個神經網路操作正好相反，可以視為互相的反函數，也就是說在學習完善的 Cycle-GAN 中，將一張夏季照片依序輸入 A→B 與 B→A 兩組 GAN，理應得到與輸入幾乎相同的圖片，反之亦然。因此我們令一個新的 loss function，稱為循環誤差（cyclic loss），代表同種風格下 $Real$ 與 $Cyclic$ 兩種資料的差異。Generator 的 loss function，除了考慮 Discriminator 的判別結果，生成風格正確的資料，也要加上 cyclic loss，生成內容正確的資料。

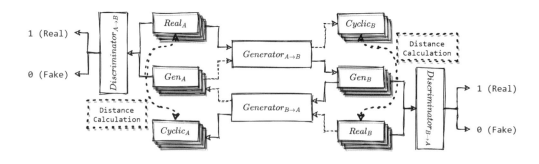

CycleGAN 的運作流程，可以參考上方的示意圖。如此一來，我們便能運用 CycleGAN 進行圖片的風格轉換。

14.3 運用 DCGAN 實現字型風格創作 ——————

■ Jupyter Notebook：ch14/DCGAN_Fonts.ipynb

■ Python 完整程式：ch14/DCGAN_Fonts.py

　　這個小節我們會實作一個 GAN，輸入一系列文字內容相同但字型不同的圖片，並產生與原有字型相異的風格。在開始之前，避免影響後續的程式執行，請確認解壓縮本章節的實作後沒有更動資料夾路徑。點開 data 資料夾後可以發現數十張圖片，每張圖片以不同的字型顯示王維的詩作《鹿柴》。這次的實作目的，便是訓練 GAN 運用現有圖片進行新的字型創作。

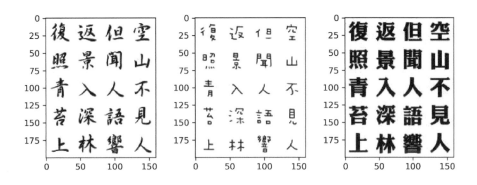

```
01    # 匯入套件
02    import torch
03    from torch import nn, optim
04    from torch.utils.data import TensorDataset, DataLoader
05    import matplotlib.pyplot as plt
06    import numpy as np
07    import cv2
```

14.3.1 超參數

　　這個實作中使用了74張160×200的圖片作為訓練集，為方便運算我們先用一些變數記錄這些規格上的數字。每次訓練的批次大小 *batch_size* 也可調整，但最好是 *data_size* 的因數，避免少用很多字型讓結果過於單調；同時須避免 *batch_size* 太小，使得訓練過程受個案偏移。

　　通道數 *channels* 決定了一層神經網路的深度，*z_size* 決定了 z 向量長。一個是增加訓練參數讓判斷或構圖更清楚，另一個是增加生成圖片的多樣性，但兩者皆

受限於 RAM 與 GPU 記憶體的大小。以這份 notebook 用的超參數進行運算，大概會用到至少1.7GB 的 RAM 以及1.4GB 的 GPU 記憶體（若不使用 GPU 運算，大概會用到3.1GB 的 RAM），讀者可因應手邊的硬體再做微調。

這次所使用的超參數類型較多，我們依據用途簡單分類，可以參考下方程式碼中的註解。有幾個超參數的功能對 GAN 的訓練相當關鍵，我們會在 14.3.5 小節一併說明。

```
01  # 資料集相關
02  width = 160 # 圖片長度
03  height = 200 # 圖片寬度
04  data_size = 74 # 圖片數目
05  # 模型架構相關
06  channels = 256 # 通道數
07  z_size = 100 # Z 向量長
08  # 訓練相關
09  batch_size = 37
10  lr = 0.001
11  epochs = 200
12  d_steps = 10 # 單一週期 Discriminator 訓練次數
13  g_steps = 10 # 單一週期 Generator 訓練次數
14  # 採樣相關
15  sample_rate = 20 # 採樣率
16  sample_size = 3 # 採樣數目
```

相較於 CPU 運算，GPU 計算效率上通常比前者好得多，因此它也是深度學習在資料規模較大時的重要手段。但無法進行 GPU 運算時，指定 GPU 會造成執行上的問題，所以需要先用 *torch.cuda.is_available()* 確定 CUDA 能否使用。

```
01  # 決定運算硬體
02  device = "cuda:0" if torch.cuda.is_available() else "cpu"
```

14.3.2 模型架構

如 14.3 節標題所見，我們將要實作的神經網路，是前兩個小節沒有提過的 DCGAN。全名為 Deconvolutional GAN 的 DCGAN 沒有條件向量或循環結構等外加限制，就是一般的 GAN，只是它用卷積神經網路來實作 Discriminator，用反卷積神經網路（Deconvolutional NN）實作 Generator。

Discriminator 的實作不難想像，跟第五章 CIFAR-10 的圖片分類問題所用的 CNN 構造十分相似，但僅需要分兩類(0為假資料，1為真資料)，所以最後的 activation function 不是用輸出機率分布的 Softmax，而是二元分類器常用的 Sigmoid。但實作 Generator 的反卷積神經網路是什麼？我們曾經在第五章提過 CNN 能夠運作是因為相鄰像素間的數值差距與特徵是否存在相關，故可以從較少的幾張大圖片用不同的卷積核取得大量的小圖片，取得有利圖像識別的特徵。相對的，將 z 向量各個部分看作一個隨機特徵，用這些小特徵拼湊出其對應的大圖，則是反卷積神經網路中反卷積層的主要用途，兩種操作恰好互相顛倒。這次實作的 DCGAN 神經網路模型的構造，可參考以下的兩張示意圖。

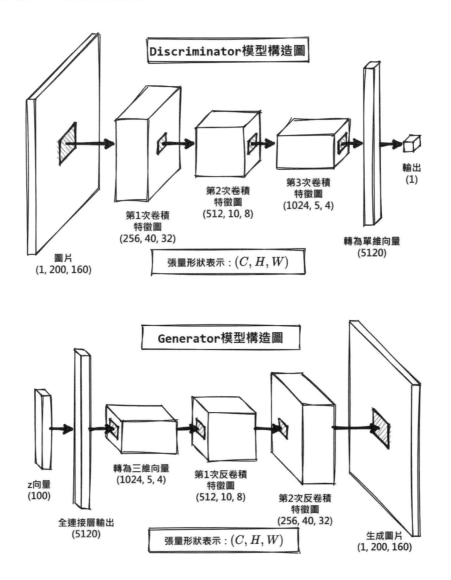

神經網路的宣告與先前差不多，只是相較於先前的模型，各卷積層間的 activation function 並非使用 ReLU。當神經元輸出為負值時，ReLU 的對應斜率會是 0。由於後續的偏微分量值也都是0，這個神經元無助於反向傳播與調整參數，多個訓練週期後那個神經元實質上是無效的，這又被稱為 Dead ReLU Problem。在分類模型中，這樣的現象可視為一定程度的 Dropout，對於模型訓練相對有利，但 GAN 在生成鉅細靡遺的資料時就可能出現大量缺陷，因此可以將 ReLU 在輸入為負數時，乘上一個較小的倍率α後輸出，稱作 LeakyReLU。以下宣告了α為0.2的 LeakyReLU 神經網路層，即函數為$LeakyReLU(x) = \begin{cases} x, x \geq 0 \\ 0.2x, x < 0 \end{cases}$，圖形可參考下圖。

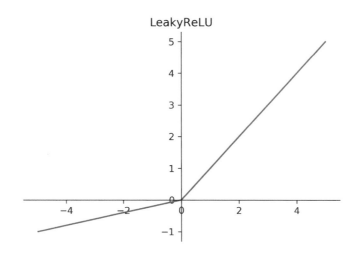

神經網路層的細節上，我們希望 GAN 是利用 z 向量生成圖片，而非神經網路層的偏差值，因此所有具參數的卷積層都需要將 *bias* 引數設為 *False*；將部分 activation function 設成 *inplace*，便會用原記憶空間運算而非再複製一份，省下運算空間；每次卷積後一樣會進行 Batch Normalization，確保輸出不會大量分布於極端值附近。

```
01    class Discriminator(nn.Module):
02
03        def __init__(self, ch):
04            super().__init__()
05            self.ch = ch
06            self.conv = nn.Sequential(
07                # (1, 160, 200)
08                nn.Conv2d(1, self.ch, 7, 5, 1, bias = False),
09                nn.LeakyReLU(0.2, inplace = True),
10                # (ch, 32, 40)
```

```
11          nn.Conv2d(self.ch, self.ch * 2, 6, 4, 1, bias = False),
12          nn.BatchNorm2d(self.ch * 2),
13          nn.LeakyReLU(0.2, inplace = True),
14          # (ch * 2, 8, 10)
15          nn.Conv2d(self.ch * 2, self.ch * 4, 4, 2, 1, bias = False),
16          nn.BatchNorm2d(self.ch * 4),
17          nn.LeakyReLU(0.2, inplace = True),
18          # (ch * 4, 4, 5)
19      )
20      self.fc = nn.Linear(ch * 4 * (height // 40) * (width // 40), 1, bias
    = False)
21
22  def forward(self, x):
23      x = self.conv(x)
24      x = x.view(-1, self.ch * 4 * (height // 40) * (width // 40))
25      x = self.fc(x)
26      return x
```

　　有個快速建構 Generator 的技巧，就是將 Discriminator 的各層直接倒置，再把卷積層 *nn.Conv* 改成反卷積層 *nn.ConvTranspose*，最後依照 z 向量大小調整輸入時的全連接層大小，就能得到一個 Generator。先前提過卷積層與反卷積層是目的對立的兩個手段，因此以同樣的 kernel_size、stride、padding 等參數建構 *nn.Conv* 與 *nn.ConvTranspose* 兩種神經網路層時，它們在矩陣大小轉換上可說是互為反函數，僅會因各自的目的訓練出不同的卷積核。用上述的方法只是為了方便減少許多張量大小的計算，讀者也可以自行變換神經網路的架構，一層反卷積層對張量邊長的變換公式如下：

$$W' = S(W - 1) - 2P + (K + (K - 1)(D - 1))$$

W′:輸出邊長 W:輸入邊長 S:步伐 K:卷積核大小 D:空洞值(預設為 1)

　　另外，Generator 用 Tanh 調整輸出的效果頗佳，因此我們選用它作為神經網路最後的 activation function。

```
01  class Generator(nn.Module):
02
03  def __init__(self, z_size, ch):
04      super(Generator, self).__init__()
05      self.ch = ch
```

```
06          self.fc = nn.Linear(z_size, self.ch * 4 * (height // 40) * (width //
    40), bias = False)
07          self.deconv = nn.Sequential(
08              # (ch * 4, 5, 4)
09              nn.ConvTranspose2d(self.ch * 4, self.ch * 2, 4, 2, 1, bias = False),
10              nn.BatchNorm2d(self.ch * 2),
11              nn.ReLU(inplace = True),
12              # (ch * 2, 10, 8)
13              nn.ConvTranspose2d(self.ch * 2, self.ch, 6, 4, 1, bias = False),
14              nn.BatchNorm2d(self.ch),
15              nn.ReLU(inplace = True),
16              # (ch, 40, 32)
17              nn.ConvTranspose2d(self.ch, 1, 7, 5, 1, bias = False),
18              nn.Tanh()
19              # (1, 200, 160)
20          )
21
22      def forward(self, x):
23          x = self.fc(x)
24          x = x.view(-1, self.ch * 4, height // 40, width // 40)
25          x = self.deconv(x)
26          return x
```

宣告模型

定義好兩個神經網路類別後，就能宣告神經網路物件。我們可以先用 `try` 看看有沒有已經訓練過的模型參數檔，有的話可以接續訓練，否則也能從初始化的參數開始學習。

```
01  # 宣告神經網路
02  D_model = Discriminator(channels).to(device)
03  G_model = Generator(z_size, channels).to(device)
04  try: # 載入已訓練參數
05      D_model.load_state_dict(torch.load("D.pkl"))
06      G_model.load_state_dict(torch.load("G.pkl"))
07  except:
08      pass
09  # 梯度優化函數
10  D_opt = optim.Adam(D_model.parameters(), lr)
11  G_opt = optim.Adam(G_model.parameters(), lr)
12  print(D_model)
13  print(G_model)
```

```
Discriminator(
  (conv): Sequential(
    (0): Conv2d(1, 256, kernel_size=(7, 7), stride=(5, 5), padding=(1, 1),
bias=False)
    (1): LeakyReLU(negative_slope=0.2, inplace=True)
    (2): Conv2d(256, 512, kernel_size=(6, 6), stride=(4, 4), padding=(1, 1),
bias=False)
    (3): BatchNorm2d(512, eps=1e-05, momentum=0.1, affine=True,
track_running_stats=True)
    (4): LeakyReLU(negative_slope=0.2, inplace=True)
    (5): Conv2d(512, 1024, kernel_size=(4, 4), stride=(2, 2), padding=(1, 1),
bias=False)
    (6): BatchNorm2d(1024, eps=1e-05, momentum=0.1, affine=True,
track_running_stats=True)
    (7): LeakyReLU(negative_slope=0.2, inplace=True)
  )
  (fc): Linear(in_features=20480, out_features=1, bias=False)
)
Generator(
  (fc): Linear(in_features=100, out_features=20480, bias=False)
  (deconv): Sequential(
    (0): ConvTranspose2d(1024, 512, kernel_size=(4, 4), stride=(2, 2),
padding=(1, 1), bias=False)
    (1): BatchNorm2d(512, eps=1e-05, momentum=0.1, affine=True, track_running_
stats=True)
    (2): ReLU(inplace=True)
    (3): ConvTranspose2d(512, 256, kernel_size=(6, 6), stride=(4, 4), padding=
(1, 1), bias=False)
    (4): BatchNorm2d(256, eps=1e-05, momentum=0.1, affine=True, track_running_
stats=True)
    (5): ReLU(inplace=True)
    (6): ConvTranspose2d(256, 1, kernel_size=(7, 7), stride=(5, 5), padding=(1,
1), bias=False)
    (7): Tanh()
  )
)
```

14.3.3 損失函數

在 GAN 當中，主要是參考 Discriminator 的分類誤差來修正整個模型，其中我們依輸入資料類型與搭配標籤將 loss 分成以下的三類。

- 真實資料 + True 標籤

- 生成資料 + False 標籤

- 生成資料 + True 標籤

前兩者用以訓練 Discriminator，第三種組合則是讓 Generator 降低這種 loss，讓生成資料更為真實。特別注意到 Generator 的 loss 由 Discriminator 的輸出來決定，因為運算時是將 z 向量傳入 Generator 得到生成圖片再傳入 Discriminator 得到判別結果，所以既然資料能順向傳入兩個模型，loss 也能反向傳回 Generator 進行更新。由於三類資料相似，因此可以寫一個函式傳入 Discriminator 的輸出與標籤類型，並用二元分類的 *nn.BCEWithLogitsLoss()*函式求得對應的 loss。

```
01  # 損失函數
02  def loss(D_out, data_real = True, smooth = 0):
03      batch_size = D_out.size(0)
04      labels = (torch.ones(batch_size) * (1 - smooth) * data_real +
05  torch.rand(batch_size) * smooth).to(device)
06      criterion = nn.BCEWithLogitsLoss()
07      loss = criterion(D_out.squeeze(), labels)
08      return loss
```

14.3.4 模型訓練

讀入資料集

這次的訓練集使用的是單通道灰階 JPG 圖片，我們會用 *cv2* 套件中的 *imread()*函式，將其以灰階模式讀入並轉成張量。每格像素的數值落在[0,255]的區間上，但 Generator 最後的 activation function 是 Tanh，輸出值落點在[−1,1]，因此需要將訓練集數值伸縮和平移，使得兩者數值範圍相同，Discriminator 才能正常辨識。為了實作上的方便，我們一樣會用 *DataLoader* 進行資料集的迭代。

```
01  # 讀入圖片資料集
02  data = []
03  for i in range(data_size):
```

```
04        img = cv2.imread('data/' + str(i + 1) + '.jpg', cv2.IMREAD_GRAYSCALE)
05        data.append(np.expand_dims(img, axis = 0) / 255.0 * 2 - 1) # 數值伸縮
06
07  dataset = TensorDataset(torch.tensor(data).float())
08  data_loader = DataLoader(dataset, shuffle = True, batch_size = batch_size)
```

◎ 訓練函式

與之前不同的是 GAN 要輪流訓練兩個神經網路，故訓練函式的設計上需要達成這點。另外因為 GAN 的訓練時間比較長，為避免中途的意外導致模型的學習不理想，可以讓訓練函式再做兩件事。

● 輸出中間產物：GAN 的訓練結果易受超參數設定的影響，如有出錯，訓練完才看模型輸出，可能就浪費了不少時間。設定幾個固定的 z 向量，每隔幾個週期就輸出一次 Generator 輸入這些向量會產生什麼圖片，訓練一段時間仍看不到理想輸出的雛形的話，可能要重新調整超參數。過程中仍會輸出兩個神經網路分別的 loss，但主要目的是了解運算進度，學習時的任何異狀無法由單一數值輕易判斷。*train* 函式會將圖片輸出到名為 *progress* 的資料夾，可視訓練進度查看圖上的文字有沒有越來越清楚且字型有些許變化，結果不符預期的話再調整超參數。方便起見，我們也會用 *plt* 套件把樣本圖輸出到程式窗格下方。

● 儲存模型參數：為了避免中途發生什麼問題或是希望分次訓練，我們每隔數個週期儲存一次訓練參數，之後有需要就能重載模型繼續中斷前的訓練。存檔時，這裡用的是 Python 儲存資料的常用格式 pkl。

```
01  def train(D, G, epochs, sample_rate, sample_size, d_steps, g_steps):
02      G_Loss, D_Loss = [], [] # 紀錄
03      fixed_z = torch.rand(sample_size, z_size).to(device) * 2 - 1 # 採樣向量
04      for e in range(epochs):
05          D.train()
06          G.train()
07          for real_data in data_loader:
08              real_data = real_data[0].to(device) # 把真實資料送到 GPU 記憶體上
09
10              # Discriminator 訓練
11              D_loss_sum = 0
12              for _ in range(d_steps):
13                  z = torch.rand(batch_size, z_size).to(device) * 2 - 1 # 生成資料
14                  # Discriminator 損失反向傳播
15                  D_opt.zero_grad()
```

```
16              D_real = D(real_data) # D(x)
17              D_real_loss = loss(D_real, True, smooth = 0.02) # D(x)損失
18              fake_data = G(z) # G(z)
19              D_fake = D(fake_data) # D(G(z))
20              D_fake_loss = loss(D_fake, False, smooth = 0.02) # D(G(z))損失
21              D_loss = D_real_loss + D_fake_loss # D(x)損失 + D(G(z))損失
22              D_loss_sum += D_loss.item()
23              D_loss.backward()
24              D_opt.step() # 僅更新 Discriminator 參數
25          D_Loss.append(D_loss_sum / d_steps) # 損失紀錄
26
27          # Generator 訓練
28          G_loss_sum = 0
29          for _ in range(g_steps):
30              # 構造生成資料
31              z = torch.rand(batch_size, z_size).to(device) * 2 - 1 # 生成資料
32              # Generator 損失反向傳播
33              G_opt.zero_grad()
34              fake_data = G(z) # G(z)
35              D_fake = D(fake_data) # D(G(z))
36              G_loss = loss(D_fake, True) # D(G(z))損失
37              G_loss_sum += G_loss.item()
38              G_loss.backward()
39              G_opt.step() # 僅更新 Generator 參數
40          G_Loss.append(G_loss_sum / g_steps) # 損失紀錄
41
42      # 樣本
43      if (e + 1) % sample_rate == 0:
44          print(f'Epoch {e + 1:3d} => D Loss: {D_Loss[-1]: 14.10f} G Loss:
{G_Loss[-1]: 14.10f}')
45          G.eval()
46          sample_z = G(fixed_z) # 生成資料
47          sample_tensor = sample_z.view(sample_size, height, width).
detach().cpu().numpy() # 張量轉換
48          sample_images = (sample_tensor + 1) / 2 * 255 # 數值轉換
49          for i, sample in enumerate(sample_images):
50              cv2.imwrite(f'progress/{e + 1}-{i + 1}.jpg', sample) # 儲存圖片
51          fig, axes = plt.subplots(nrows = 1, ncols = sample_size)
52          fig.set_size_inches(13, 8)
53          for i in range(sample_size):
54              axes[i].axis('off')
55              axes[i].imshow(sample_images[i].squeeze(), cmap=plt.cm.gray)
# 輸出圖片
```

```
56          plt.show()
57          torch.save(D.state_dict(), "D.pkl") # 儲存 Discriminator 參數
58          torch.save(G.state_dict(), "G.pkl") # 儲存 Generator 參數
59      return D_Loss, G_Loss
```

完成 train 函式之後，便可開始兩個模型的學習，訓練時長大約為2小時。兩個模型的學習成效相當地好，大約在50個週期內就能看到文字大致的內容了。

```
01  D_Loss, G_Loss = train(D_model, G_model, epochs, sample_rate, sample_size,
    d_steps, g_steps) # 訓練
```

▼ 輸出

```
Epoch  20 => D Loss:    0.4014016241 G Loss:   12.6101015091
```

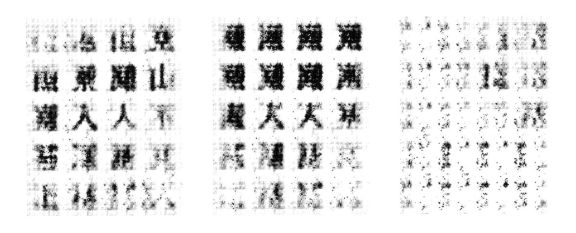

```
Epoch  40 => D Loss:    0.6812594682 G Loss:    8.7279757500
```

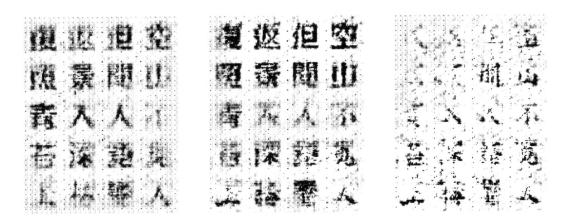

Epoch 60 => D Loss: 0.3971758768 G Loss: 5.1246130109

Epoch 80 => D Loss: 0.1640220165 G Loss: 3.5305544734

Epoch 100 => D Loss: 0.2109510213 G Loss: 3.3267813921

Epoch 120 => D Loss: 0.3110832751 G Loss: 7.6551957130

Epoch 140 => D Loss: 0.2462218836 G Loss: 5.1320993900

Epoch 160 => D Loss: 0.1504202105 G Loss: 3.9684492350

Epoch 180 => D Loss: 0.1274488151 G Loss: 4.6115029812

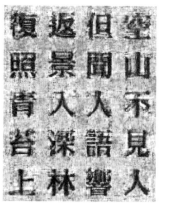  

Epoch 200 => D Loss: 0.1245177917 G Loss: 4.4591990232

14.3.5 訓練過程、結果視覺化與模型保存

◎ 訓練過程折線圖

　　訓練時我們記錄了兩個神經網路每個週期的 loss，如同先前的深度學習將其製成
圖表。相較於訓練分類的神經網路，可以發現 Discriminator 和 Generator 的 loss，從
折線圖較密集的部分來看有個微幅的收斂趨勢，但圖表上更顯而易見的是 loss 值不
斷的跳動。分類問題的資料集可分為資料與標籤，因此每筆輸入的資料都有個對應
的標籤做為固定的答案；但 Discriminator 的輸出不存在定性的標準，而是在它不斷
找尋分類規則，且在 Generator 不斷挑戰之下持續修正，兩者的 loss 也才會有大幅度
的變動，這樣的過程反而讓 GAN 的訓練更為完善。

```
01    # 損失函數圖表
02    plt.xlabel('Epochs')
03    plt.ylabel('Loss Value')
04    plt.plot(D_Loss, label='Discriminator')
05    plt.plot(G_Loss, label='Generator')
06    plt.legend()
07    plt.show()
```

▼ 輸出

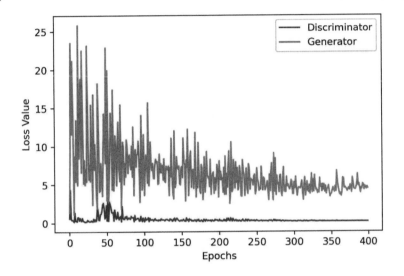

生成樣本圖片

　　驗收 Generator 的產物時，我們就生成幾個隨機向量輸入 Generator 看輸出到 *samples* 資料夾中的圖片是否理想。因為運算量不大，我們可以改用 CPU 運算，不占用 GPU 記憶體。需注意 Generator 的輸出值需要伸縮和平移，才能輸出正常的灰階圖片。從 *samples* 資料夾中的圖片和訓練末段的採樣圖來看，內容本身是正確的，字型也有預期的變化，不過文字周邊仍有雜訊。這是因為卷積特徵取得不夠或 z 向量不夠大，增加訓練參數是個解決問題的方法。不過既然原文是一篇唐詩，這樣的雜訊反而看起來有手寫或刻字的感覺，意外地具有年代感。

```
01  def result_sample(G, sample_size):
02      samples_z = torch.empty(sample_size, z_size).uniform_(-1, 1) # 採樣向量
03      G.eval().cpu() # Generator 送到主記憶體
04      sample_z = G(samples_z)
05      sample_tensor = sample_z.view(sample_size, height, width).detach().
    numpy() # 張量轉換
06      sample_images = (sample_tensor + 1) / 2 * 255 # 數值轉換
07      for i, sample in enumerate(sample_images):
08          cv2.imwrite(f'samples/{i + 1}.jpg', sample) # 儲存圖片
09      G = G.train().to(device) # Generator 送回運算硬體
10
11  torch.cuda.empty_cache() # 清空 GPU 記憶體
12  result_sample(G_model, 3) # 採樣
```

儲存模型參數

若有訓練成效極佳的模型,因為進行深度學習時有不斷儲存參數,所以可在相同結構的模型上重載參數,直接應用訓練成果。

```
01  G_model2 = Generator(z_size = z_size, ch = channels).to(device)
02  G_model2.load_state_dict(torch.load("G.pkl"))
03  result_sample(G_model2, 100)
```

14.3.6 訓練 GAN 的超參數

最後提一些上面沒有解釋到,卻對 GAN 的訓練相當重要的幾個超參數。

GAN 訓練失敗的原因

首先需要談到 GAN 失敗的主要原因,也就是任一個模型的參數或 loss 沒有收斂的趨勢。生成對抗網路——也就是 GAN——的學習,是建立在兩個神經網路的"對抗"上。當兩者的強弱差異不大而且可以互相拉鋸,模型的訓練通常不會有什麼大問

題；但當兩個神經網路的能力差距過大以致無法對抗時，GAN 的訓練是很容易失敗的。我們分別用兩種情況來說明發生原因與後續結果。

- Generator 較強

  Generator 在訓練過程中生成一個 Discriminator 無法判斷真偽的特徵，但 Discriminator 來不及在數個週期內修正參數，導致 Generator 之後即使幾乎整張圖片是用亂數生成，只要圖上存在那個特徵就能騙到 Discriminator。也有一種可能是 Generator 的生成圖片都長得很像訓練集的某一張圖片，不過與上述的狀況相同，Generator 無法產生具變化且理想的圖片，Discriminator 也幾乎不具辨別能力。

- Discriminator 較強

  如果訓練集很小或資料性質過於相似，Discriminator 可能會在幾個週期內過度擬合訓練集，因此 Generator 無論生成什麼圖片都會被 Discriminator 否決。不僅 Generator 訓練失敗，Discriminator 也只認訓練集裡的圖片。

◎ 提高訓練成功率的參數

為了解決這類問題，運用以下的幾個超參數和技巧是可行的方法。

- 調整 *d_steps* 與 *g_steps*

  訓練集的性質有時候對兩個神經網路的訓練難易度時常是不均等的，因此修改 Generator 和 Discriminator 單一週期調整參數的次數比，也就是找到學習成效最好的$\frac{d\_steps}{g\_steps}$。另外不僅比例重要，增加單一週期的訓練次數也有助於更一般化的學習，例如當最適當的次數比是$d\_steps : g\_steps = 3 : 2$時，$(d\_steps, g\_steps) = (15,10)$可能比$(3,2)$不受偶有偏差的資料影響。

- 平滑化標籤（Label Smoothing）

  若真實圖片與生成圖片在訓練 Discriminator 標籤時是定值 1 與 0——也就是所謂的 one-hot-encoding，可能會讓 Discriminator 在學習後過度確信辨識結果，進而導致過擬合。但如果標籤不是定值，而是落在一個範圍，即可降低模型的確信度。上面這個程式中的 *loss* 函式有個引數 *smooth*，它會將真假兩種標籤改用$[1 - smooth, 1]$與$[0, smooth]$兩個區間內的隨機小數取代，即可用稍具雜訊的標籤提高訓練成功率。

14.4 習題

( ) 1. 一組 GAN 當中，生成資料的原始來源是？

    (a) 真實資料   (b) 隨機向量

    (c) 固定資料   (d) 以上皆非

( ) 2. Conditional-GAN 中，Generator 輸入第二個向量的意義是？

    (a) 控制生成資料的特徵   (b) 多一組隨機參數

    (c) 真實資料的部分特徵   (d) Generator 只會輸入一個向量

( ) 3. Cycle-GAN 中 cyclic loss 的意義是？

    (a) 計算風格轉換後的資料和真實資料的差異

    (b) 計算兩次風格轉換後的資料差異

    (c) Discriminator 的分類損失

    (d) 模型的整體損失

( ) 4. 以 Pytorch 實作 DCGAN 時，反卷積層的神經網路函數為？

    (a) nn.Conv2d   (b) nn.Conv3d

    (c) nn.ConvTranspose2d   (d) nn.Linear

( ) 5. 理想的 GAN 模型中，Discriminator 的分類準確率為？

    (a) 25%   (b) 50%

    (c) 75%   (d) 100%

( ) 6. 有哪些方法可以提升 GAN 的訓練成功率？

    (a) 調整 Generator 和 Discriminator 的訓練次數比

    (b) 平滑化標籤

    (c) 加大訓練的批次數量

    (d) 以上皆是

ITS 人工智慧模擬試題

Information Technology Specialist（IT 資訊科技專家認證），簡稱 ITS，是 Pearson VUE／Certiport 推出符合產業趨勢的資訊科技認證，包含 14 項資訊科技專家認證，通過該公司的認證考試，即可取得全球通用的國際證書。

ITS 的測驗時間為 50 分鐘，共 36~40 題，滿分 1000 分，及格分數為 700 分，題型包含單複選、拖曳題、排序題、情境題及配合題等。ITS 測驗的相關資訊，可以參考 Certiport 網站（https://www.gotop.com.tw/Certification/certiport/ITS.aspx）。其中一項資訊科技專家認證即為人工智慧核心能力（Artificial Intelligence），以下提供 80 題模擬測驗供讀者練習。

1. （分類題）請歸類下列項目為雲端模型或本地模型。

   (a) 不須網際網路即可執行

   (b) 可運用較多運算資源

   (c) 方便維護多個機台上的運行

   (d) 費用不受時段內所用的運算資源多寡而變動

   答案：

2. （單選題）某旅行社於 2022 年時，利用過去十五年的成團出國資料，根據景點熱門程度、交通時間和等待時間等資訊，開發人工智慧自動安排行程系統。不過實際出團後，發現在各個景點的等待時間和人潮較以往低估了不少。試問這個 AI 系統可能哪個環節出了問題？

   (a) 資料不足，需要過去 30 年的成團資訊

   (b) COVID-19 影響旅遊意願和可行性，應以 2020 年以後的資料為準

   (c) 人工智慧不適合用以安排時程

   (d) 偶發案例，不需理會

   答案：

3. （分類題）如果下列數值需要作為機器學習模型的訓練特徵，請將下列項目歸類為連續特徵或離散特徵。

   (a) 10 種寵物的物種標籤

   (b) 高速公路上車輛的瞬時車速

   (c) 棒球隊單場比賽的得分

   (d) 隔日的降雨機率

   (e) 《哈利波特》電影中學生的所屬學院（恰有 4 個）

   (f) 歷史中某日某地的降雨與否

   (g) 一名病患的血壓讀數

   (h) 一名消費者在飲料店買的手搖杯杯數

   答案：

4. （單選題）某耳機公司想透過收集使用者等化器的調整參數，訓練 AI 模型自動調整使用體驗。不過偏好強化重低音的使用者較多，導致部分喜歡輕柔音樂的客群對 AI 調整的聽覺感受不慎滿意。試問該 AI 模型開發時，遇到了機器學習中的哪種偏差？

(a) 演算法偏差（algorithmic bias） (b) 樣本偏差（sample bias）

(c) 偏見偏差（prejudice bias） (d) 測量偏差（measurement bias）

答案：

5. （配對題）一間公司的員工資料如下：

姓名	年齡	考核
Alex	28	B
Bryce	30	B
Lewis	37	A
Liz	47	D
Max	24	A
Susie	39	C

進行特徵工程時，我們可以針對「考核」這個欄位，使用三種編碼方式來處理資料，如下方的甲、乙、丙三個表格所示。

表格甲

姓名	考核
Alex	3
Bryce	3
Lewis	4
Liz	1
Max	4
Susie	2

表格乙

姓名	考核_A	考核_B	考核_C	考核_D
Alex	0	1	0	0
Bryce	0	1	0	0
Lewis	1	0	0	0
Liz	0	0	0	1
Max	1	0	0	0
Susie	0	0	1	0

表格丙

姓名	考核_A	考核_B	考核_C
Alex	0	1	0
Bryce	0	1	0
Lewis	1	0	0
Liz	0	0	0
Max	1	0	0
Susie	0	0	1

試將這三個表格與他們的編碼方式名稱進行對應。

(a) 虛擬編碼（Dummy Encoding）

(b) 標籤編碼（Label Encoding）

(c) 一位有效編碼（One-Hot Encoding）

答案：

6. （單選題）下表中辨別垃圾郵件的訓練資料，可能需要對哪些問題進行處理？

寄件人	收件人人數	垃圾郵件與否
電商平台	1	否
Mike Brown		否
Andy Freeman	5	否
健身房	1	否
Peter Newman	10	是
	2	否

(a) 資料不平衡

(b) 資料缺失

(c) 資料特徵不足

(d) 以上皆是

答案：

7. （單選題）若音樂平台要評估哪些使用者是潛在的高級會員訂閱對象，哪項資訊可能是不合用的特徵？

(a) 使用者在該平台上聆聽音樂的時長

(b) 使用者登入該平台的裝置

(c) 使用者聆聽的音樂類型

(d) 使用者使用該平台時的配色主題

答案：

8. （多選題）為了維持或提升部署後的模型效能，開發模型的團隊應該採取什麼樣的措施（應選三項）？

(a) 將所有資料用來訓練模型，以提升模型準確率

(b) 從模型應用現場取回判別資料，修正錯誤的標籤後加入訓練

(c) 部署後持續研究，開發效能更高的模型

(d) 加入 AI 健康監視，如有判別異常則立即回報給開發團隊

(e) 結束該模型的開發，開始進行新的 AI 專案

答案：

9. （多選題）觀光局想利用人工智慧開發 APP，協助日本觀光客進行口語翻譯。試問負責組成這個 AI 翻譯團隊的你，選擇哪兩個人加入這個團隊可能最不恰當？

(a) 觀光局長   (b) 資料科學家

(c) 自然語言處理專家   (d) 日文系教授

(e) 語言學學者   (f) 英文系教授

答案：

10. （多選題）手機公司的最新產品想用人工智慧判別使用者是否處於重大交通事故。哪些問題可能是開發團隊需要特別考慮的（應選三項）？

(a) 手機的運算資源能否執行此模型

(b) 手機的感測器是否能收集足夠的資料進行判斷

(c) 手機處理器的運算速度夠不夠快

(d) 運算模型是否為最新的人工智慧模型

(e) 模型能否有效地更新到手機上

(f) 模型訓練是否僅使用公開資料

答案：

11. （單選題）對於與您目標客群相同的敵對 AI 團隊，要提防他們以何種方式不擇手段競爭？

(a) 運用參數數量極大的神經網路   (b) 以強化學習訓練模型

(c) 竊取訓練資料   (d) 增加深度學習層數

答案：

12. （多選題）一間保全公司想用人工智慧進行攝影機的人像追蹤，並打算蒐集大量影片作為訓練資料。就機器學習成效的角度來說，試問他們蒐集這些資料時，需要考慮哪些問題？（應選三項）

(a) 影片的長短   (b) 影片中是否有人像進出畫面

(c) 影片是否在社群媒體上搜尋得到 (d) 影片為學術還是商業組織所發布

(e) 影片是否有檔案毀損的情形   (f) 影片的檔案格式

(g) 影片的場景是否貼近公司會裝設攝影機的地方

答案：

13. （單選題）智慧手錶公司的 AI 團隊開發了睡眠監控的功能，可以根據心率等資訊為你的睡眠狀況打分數。試問這屬於下列哪種機器學習模型？

(a) 回歸模型　　　　　　　　　　(b) 分類模型

(c) 聚類模型　　　　　　　　　　(d) 強化學習模型

答案：

14. （配對題）下圖的三個回歸模型使用同一資料集，圖中以點表示資料集數據，以線段來表示模型預測曲線。試問 (1) 哪個模型表現最接近資料集趨勢？ (2) 哪個模型有低度擬合的現象？ (3) 哪個模型有過度擬合的現象？

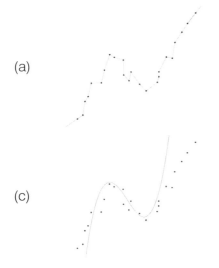

答案：

15. （多選題）你想透過影像來訓練模型，並應用在室外攝影機上，判別現在的天氣。試問你可能需要蒐集什麼樣的圖片以作為訓練資料？（應選三項）

(a) 晴天的戶外照片　　　　　　　(b) 白天的室內照片

(c) 陰天的戶外照片　　　　　　　(d) 氣象網頁的截圖

(e) 運用能蒐集到的所有照片　　　(f) 雨天的戶外照片

(g) 人們的戶外穿著照

答案：

16. （單選題）假定技術上可以用人工智慧來進行 COVID-19 的快篩。今天訓練了四個模型，100 人測試的混淆矩陣如下，已知目標的取決上過篩（無得病驗出陽性）優於漏篩（得病驗出陰性），試問下列哪個模型可能最適合應用？

(a)	陽性	陰性
得病	10	0
健康	10	80

(b)	陽性	陰性
得病	2	8
健康	0	90

(c)	陽性	陰性
得病	10	0
健康	90	0

(d)	陽性	陰性
得病	0	90
健康	10	0

答案：

17. （單選題）光的三原色組合圖中，黃色為綠光和紅光的混合色，洋紅色為紅光和藍光的混合色，青色為綠光和藍光的混合色，白色為三原色的混合色，黑色則是不存在這三種光線。

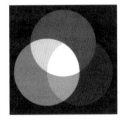

已知現在一個電腦視覺的機器學習模型，只會讀入像素長寬皆為 32 且僅含有這八種顏色的圖片，試問用幾個位元能最有效率地正確記錄一張圖片？

(a) 1024

(b) 3072

(c) 8192

(d) 17179869184

答案：

18. （多選題）下列哪些作為可以協助 AI 專案團隊在運作流程中，合乎法律與道德規範（應選三項）？

(a) 與合作單位簽署資料分享合約

(b) 當 AI 發生誤判時進行事件紀錄，以便分析問題與事後改進

(c) 用任意手段蒐集資料，以提升模型表現

(d) 使用新技術前與模型部署後，觀察是否有對任何族群產生使用上的影響

(e) 判斷系統是否與新技術相容，如果沒有問題即可加入模型

答案：

19. （單選題）家電公司想用線上聊天機器人幫助消費者排除簡單故障。這個聊天機器人預期會問消費者許多已知答案為特定幾類的問題，透過回應逐步引導消費者使產品恢復正常。請問最適合這個聊天機器人的模型應為下列何者？

(a) 人工神經網路

(b) 決策樹

(c) KNN 算法

(d) Apriori 算法

答案：

20. （多選題）公家機關打算利用攝影機辨認高速公路上有無車輛行駛路肩，或是壓到交流道的三角白線，並予以開罰。該模型在實驗環境中已有不俗的表現，試問哪些可能是模型實際部署時可能會遇到且 AI 的開發團隊可以先行預防的問題？（應選兩項）

(a) 開罰時須保留照片，避免駕駛人申訴時沒有證據

(b) 其中一個部署地點的攝影機解析度不足，無法辨識車牌號碼

(c) 公家機關不打算用人工智慧，改用人工監測並開罰

(d) 實驗環境中沒有夜晚或天候不佳的影像，可能需要重新訓練模型

(e) 實際部署後的模型表現比實驗環境中還要好

答案：

21. （單選題）下列何種情形，我們稱之為過度擬合？

(a) 訓練後的模型在訓練集的表現理想，在測試集的表現不理想

(b) 訓練後的模型在訓練集的表現不理想，在測試集的表現理想

(c) 訓練後的模型在訓練集和測試集皆表現理想

(d) 訓練後的模型在訓練集和測試集皆表現不理想

答案：

22. （多選題）開發人工智慧時，關於道德層面的問題下列何者正確（應選三項）？

(a) 避免開發具有多種潛在用途的模型，避免有心人士進行未經授權的應用

(b) 需要有對方授權或資料共享合約才可存取非己方的非公開資料進行訓練

(c) 最新的機器學習技術已考量所有道德面向的問題，開發者無須顧慮

(d) 如果模型實際應用造成特定客群心理上的不平衡，須及時下架修正

(e) 考量資料完整性，必須保留所有個人私密資料，不能去識別化

答案：

23. （單選題）電商平台過去一年使用 A 機器學習模型獲得巨大的利益成長。如今有研究發表新的 B 機器學習模型，公司的開發團隊評估後，也認為 B 可用於產品推薦。電商平台的 CEO 並不清楚兩個模型何者對公司帶來的收益比較高，所以請教您這方面的問題。試問你應該如何回答這位 CEO 比較恰當？

(a) 新發表的模型一定比較好，B 模型訓練完成後 A 模型可以直接棄用

(b) 模型能帶來收益成長就繼續用，沒有必要求新求變

(c) B 模型訓練完成後，隨機讓不同消費者接觸其中一種模型的產品推薦，並比較兩者同期收益

(d) B 模型訓練後部署一個月，並與前一個月使用 A 模型時的收益做比較

答案：

24. （多選題）下列何者並非人工智慧在個人電腦上的應用（應選三項）？

(a) 輸入錯字的自動修正

(b) 自動登入已儲存帳密的網站

(c) 安排電腦未使用的時段進行系統更新

(d) 擷取特定網站資料

(e) 開機時自動開啟特定程式

(f) 語音助理輔助完成事項

答案：

25. （單選題）下列哪種應用屬於人工智慧中的非監督式學習？

(a) 監視用的攝影機利用物件偵測辨識影像中是否有人走動

(b) 根據現有西洋棋盤面，推算下一步怎麼下比較容易取勝

(c) 觀察濕度、氣壓、溫度等數值相似的群集可能對應的天氣狀況

(d) 將大量影像裁切成正方形

答案：

26. （多選題）做為一個運動用品商，你想設計一個推薦產品的人工智慧模型，個人化地推薦產品給消費者。試問下列哪些可能是模型的重要特徵（應選兩項）？

(a) 消費者居住地分布
(b) 去年公司的滯銷產品
(c) 消費者的運動偏好
(d) 消費者過去的消費紀錄

答案：

27. （配對題）請將下列人工智慧的應用案例歸類為分類模型與回歸模型。

(a) 預測一支職業球隊整個賽季的勝場數

(b) 預測某場職業球類競賽的勝負

(c) 估算股市的漲跌

(d) 公司的人臉辨識打卡系統

答案：

28. （單選題）超商公司建置了商品推薦系統，會在消費者結帳時透過購買清單，向店員顯示機器預測可以一併推薦給消費者的商品。試問超商店員的訓練中，可能需要告訴他們什麼樣的資訊？

(a) 教授開發該推薦系統的程式語言

(b) 說明這個模型背後的訓練資料以及學習方式

(c) 解釋這個推薦系統背後神經網路的原理

(d) 這個推薦系統的推薦結果說明以及如何向客戶推薦商品

答案：

29. （多選題）在生產環境中使用人工智慧的主要目的為（應選三項）？

(a) 自動化不須決策的事項　　　(b) 自動化需要決策的事項

(c) 根據過去資料推測未來變化　　　(d) 省去待辦事項

(e) 提升商業利益

答案：

30. （多選題）下列哪種訓練模型時的資料處理方式，較不會使模型發生過度擬合的狀況（應選兩項）？

(a) 將資料隨機以 7:3 的比例分成兩群，70%的資料用來訓練模型，30%的資料用來驗證模性的訓練效果

(b) 將模型中的所有特徵標準化

(c) K 等分交叉驗證

(d) 訓練模型時用上所有資料

答案：

31. （排序題）今天你將為保險公司開發一個評估客戶風險並決定保費的迴歸模型，試問可能先後需要進行的步驟？

(a) 蒐集保險公司過去客戶的資料

(b) 選定適當的機器學習模型並進行訓練

(c) 根據模型的實際運行結果重新調整資料與改良模型

(d) 若模型的學習效果符合預期，則上線部署

(e) 清理或補齊資料中的缺項

(f) 將文字資料轉換為易處理的數字型式

答案：

32. （多選題）人工智慧公司接案時，為客戶開發模型時，哪些屬於和對方合作時必要的工作 （應選三項） ？

(a) 額外開發客戶要求以外的模型用途   (b) 衡量競爭對手的模型優劣

(c) 告知客戶使用該 AI 模型的潛在風險   (d) 使用機器學習的最新技術

(e) 報告模型的效能評估   (f) 與客戶共同討論適當的 AI 應用

答案：

33. （單選題）有關支持向量機的原理敘述，何者正確？

(a) 支持向量機以線或平面將資料分割為兩個區域

(b) 支持向量機以單一特徵將資料分成二或多個該特徵數值相似的資料群

(c) 支持向量機以鄰近資料點的分類來決定待預測資料的分類

(d) 支持向量機以大量神經元的輸出來決定待測資料的分類機率

答案：

34. （多選題）下列哪些指標適合拿來當作機器學習模型的損失函數（loss function）（應選三項）？

(a) 方均根誤差（RMSE）   (b) 絕對值平均誤差（MAE）

(c) 準確率   (d) 召回率

(e) 精確率   (f) 交叉熵

(g) 相對誤差

答案：

35. （單選題）下列何者是電商平台應用人工智慧的合理因素？

(a) 其他用人工智慧的行業覺得好用，所以不妨試一試

(b) 希望推測消費者偏好的產品類型，方便打廣告刺激買氣

(c) 想知道購買 A 產品的顧客普遍的消費額

(d) 人工智慧的名號可以吸引消費者

答案：

36. （多選題）下列哪種類型的資料適合使用一位有效編碼（One-Hot Encoding）（應選兩項）？

(a) 獨照中人物的配戴口罩與否

(b) 寵物類型（e.g. 貓、狗、鳥）

(c) 過去一個月每天的降雨機率

(d) 過去十天的 COVID-19 確診人數

答案：

37. （多選題）一間加工工廠的 AI 團隊希望透過機器學習篩選具有瑕疵的零件，因此他們訓練出了四個模型，以下是他們在訓練集和測試集中的表現。請分別選出有嚴重過度擬合與低度擬合的模型（應選兩項）。

(a) 訓練集 90%，測試集 89%

(b) 訓練集 95%，測試集 75%

(c) 訓練集 20%，測試集 40%

(d) 訓練集 60%，測試集 65%

答案：

38. （單選題）下列關於監督式學習的敘述，何者不正確？

(a) 訓練資料庫與驗證集的資料都具有標籤

(b) 決策樹的特徵選擇，不會影響機器學習的效率

(c) 可以建立能對新資料進行預測的預測模型

(d) 決策樹中用以分割資料的依據就是特徵

答案：

39. （多選題）某手機系統公司打算利用使用者的手機使用狀況，進行預測使用者什麼情境比較可能會用什麼 App。試問在下列這幾筆資料中，哪兩個欄位的資料可能不必要？

開始時間	結束時間	使用時間	App	App 開發商	所在地點	App 下載日期
06:00	06:05	5 分鐘	行事曆	A 公司	家	2 年前
07:00	07:30	30 分鐘	導航	A 公司	通勤	2 年前
11:00	11:15	15 分鐘	外送平台	B 公司	公司	2 年前
15:00	16:00	60 分鐘	會議軟體	A 公司	公司	2 年前
22:00	06:00	480 分鐘	睡眠監控	C 公司	家	2 年前

(a) 開始時間，因為知道一個 App 用多久即可

(b) 結束時間，因為知道一個 App 用多久即可

(c) 使用時間，因為可以從開始時間和結束時間算得

(d) App 開發商，因為相關性偏低

(e) 使用者所在地點，因為相關性偏低

(f) App 下載時間，因為這個欄位每筆資料的數值都一樣

答案：

40. （單選題）若一個模型訓練出現了低度擬合，下列哪種方法最不可能解決問題？

(a) 簡化模型   (b) 複雜化模型

(c) 調整超參數   (d) 重新審視資料並預處理

答案：

41. （單選題）玩具店老闆為了吸引顧客，每週會決定把上週最熱銷的玩具放到門口的展示櫃上。請問他要用哪個機器學習模型來協助他完成這件事？

(a) 決策樹

(b) 線性回歸

(c) 神經網路

(d) 不需要機器學習，統計財務報表即可

答案：

42. （單選題）外送平台想利用人工智慧推薦使用者餐廳以刺激訂單，試問下列何者是他們主要預期看到的目標？

    (a) 人工智慧模型上線後，訂單數量較過去增加

    (b) 人工智慧模型上線後，消費者下訂單更加地方便快速

    (c) 人工智慧模型上線後，外送平台能更快發現哪家餐館的訂單最多

    (d) 人工智慧模型上線一段時間後，模型能越來越準確地預測消費者想下訂單的餐館

    答案：

43. （多選題）一個運動 App 使用 AI 設計訓練課程給使用者，並請使用者對課程進行 1~10 分的評分回饋。請問這對於 AI 的學習上有何幫助（應選三項）？

    (a) 能取得使用者的年齡等基本資料

    (b) 能用以新增資料庫中沒有的訓練項目

    (c) 了解使用者對課程的滿意度

    (d) 獲取更多使用者的訓練偏好

    (e) 可以做為指標，用以測試與比較不同模型表現

    答案：

44. （單選題）對於下列模型，哪些方法可以避免機器學習時發生過度擬合？

    (a) 決策樹：限制樹的深度   (b) 神經網路：限制神經元的數量

    (c) 以上兩選項皆是   (d) 多項式回歸：限制函數的常數值域

    答案：

45. （多選題）您開發了一個給公司主管使用的 AI 語音助理，部署後發現模型對女性使用者的語音辨認表現極差，試問哪些手段是合乎道德的應對（應選兩項）？

    (a) 用不同的程式語言重新開發 AI 語音助理

    (b) 新增女性使用者的資料，並重新訓練以提升效能

    (c) 限制語音助理僅給可被成功辨識語音的主管使用

    (d) 盡快讓語音助理暫時離線

    (e) 調降對男性使用者的語音辨識能力

    答案：

46. （多選題）將人工智慧應用在推測降雨量時，通常會是以什麼樣的形式（應選兩項）？

(a) 監督式學習
(b) 強化學習
(c) 分類模型
(d) 回歸模型

答案：

47. （單選題）下列有關 K-Means 與 KNN 兩種機器學習演算法的說明何者正確？

(a) 兩者都取數據空間中周圍的 K 個資料點
(b) 兩者都將資料分為 K 個類別
(c) 兩者都利用數據空間中的相鄰資料來建構模型
(d) 兩者都可用來解決回歸問題

答案：

48. （單選題）一個社群網站想用演算法達成個人化使用者看到的內容，那麼哪個手段最不可能達成其目的？

(a) 記錄這個人的搜尋紀錄
(b) 推薦可能感興趣的文章，再用「喜歡」或「不喜歡」做為參考回饋
(c) 推播這個使用者的交友圈普遍喜愛的內容
(d) 漫無目的地大量新增廣告

答案：

49. （單選題）下列何者不屬於人工智慧的應用？

(a) 餐廳推薦
(b) 瑕疵檢測
(c) 氣象觀測
(d) 人臉辨識

答案：

50. （配對題）請配對下列四種類型的資料。

甲、測量資料
乙、時間序列資料
丙、影像資料
丁、文字資料

(a) 小説的文字內容
(b) 食物的照片
(c) 包裏的長寬高
(d) 音樂的聲波

答案：

51. （單選題）下列哪一項技術可以有效減少人工智慧模型輸入資料集的維度？

(a) One-Hot Encoding
(b) 主成分分析（PCA）
(c) 移除少量有缺少值的特徵
(d) 降低抽樣

答案：

52. （單選題）建置 AI 模型時，應該對初始資料集採用何種方法較佳？

(a) 20％為測試資料，80％為訓練資料，依資料編號前後區分資料群
(b) 80％為測試資料，20％為訓練資料，依資料編號前後區分資料群
(c) 20％為測試資料，80％為訓練資料，隨機分配每筆資料是否用於訓練
(d) 80％為測試資料，20％為訓練資料，隨機分配每筆資料是否用於訓練

答案：

53. （單選題）要為醫療人員建立一套容易解釋的導引系統，建議採用哪一種機器學習系統？

(a) 支援向量機
(b) 決策樹
(c) 神經網路
(d) K-Means 叢集

答案：

54. （單選題）線性迴歸和邏輯迴歸有何差異？

(a) 線性迴歸會假定自變數和應變數之間的關係為線性。邏輯迴歸會假定自變數和應變數之間的關係為非線性
(b) 使用一組特定自變數時，線性迴歸用於預測類別應變數。邏輯迴歸則用於預測連續應變數
(c) 線性迴歸用於預測類別變數的值。邏輯迴歸用於預測連續變數的值
(d) 線性迴歸適用於解決迴歸問題。邏輯迴歸適用於解決分類問題

答案：

55. （單選題）模型低度擬合代表的意義為何？

(a) 方差低、偏差高
(b) 方差高、偏差低
(c) 模型與資料的無關特徵擬合
(d) 測試集中的資料太少

答案：

56. （單選題）下列哪個應用程式實作時並未使用 AI？

(a) 電子郵件自動完成規則

(b) 預測型瀏覽器搜尋列

(c) 電子郵件垃圾郵件篩選器

(d) 傳訊平台的文字轉表情圖示程式

答案：

57. （單選題）哪種 AI 演算法或應用程式會使用未標記資料？

(a) 叢集（聚類）　　　　　　　　(b) 物件偵測

(c) 分類　　　　　　　　　　　　(d) 機器翻譯

答案：

58. （單選題）銀行可以採用何種機器學習方法來探勘潛在的詐騙交易？該銀行可以收集每筆交易的資料，例如金額、購買的品項。

(a) 增強式學習、分類　　　　　　(b) 增強式學習、遊戲

(c) 增強式學習、迴歸　　　　　　(d) 非監督式學習、叢集

答案：

59. （單選題）有心人士可能透過惡意探索哪方面的問題以攻擊或暗中破壞 AI 系統？

(a) 資料擷取　　　　　　　　　　(b) 過度擬合

(c) 資料偏斜　　　　　　　　　　(d) 非監督式學習

答案：

60. （單選題）哪一種指標經常用於評估迴歸 AI 的品質？

(a) 準確率　　　　　　　　　　　(b) 均方根誤差（RMSE）

(c) 召回率　　　　　　　　　　　(d) 精確率

答案：

61. （單選題）一家電商使用 AI 推薦顧客購買商品，已經使用了好幾個月，現正考慮是否要繼續使用此 AI，商家應考慮下列哪一個要素？

(a) AI 推薦是否增加顧客購買量

(b) AI 原始的準確度是否超過 85%

(c) AI 使用的是監督式學習或非監督式學習

(d) AI 是否使用了可以解釋的演算法

答案：

62. （單選題）您將訓練用於區分貓、狗、兔子的 AI 應用程式部署至生產環境，請問下列哪種情況是在生產環境發生模型漂移的例子？

(a) 模型經常收到區分老虎和猴子的要求

(b) 模型只用於區分貓和兔子

(c) 之後加了一組猴子的圖像，然後重新訓練 AI 應用程式偵測全部四種動物

(d) 使用更多具備不同照明條件的貓、狗、兔子的圖像重新訓練 AI

答案：

63. （多選題）有一個向使用者推薦歌曲的 AI，使用者可以根據「很棒」或「很糟」按鈕，表示回饋意見。請問接收使用者回饋意見會有哪些優點（應選三項）？

(a) 對推薦演算法的不同版本進行 A/B 測試

(b) 瞭解使用者對於這套系統的滿意度

(c) 基於回饋進行後續開發

(d) 瞭解最新的技術發展

(e) 縮減模型大小

答案：

64. （單選題）下列何者經常用於分析 AI 訓練「結果」？

(a) 主成分分析（PCA）　　　　(b) 超參數調整

(c) K 等分交叉驗證　　　　　　(d) 混淆矩陣

答案：

65. （單選題）有一臉部辨識軟體部署在辦公大樓內，您負責制定保全人員的訓練計畫，協助大樓保全人員瞭解如何使用這套軟體。請問訓練計畫應該包含下列哪一項？

(a) 接獲 AI 辨識錯誤的投訴時應採取的處理流程

(b) 介紹軟體中使用的最新神經網路

(c) 再次說明 AI 的可解釋性，讓保全人員瞭解 AI 為何會如此運作

(d) 介紹測試方法，以便讓保全人員測試 AI 的準確率

答案：

66. （多選題）您建立了一個模型，並進行測試，在實際部署之前，您決定先詢問客戶對模型的印象，請選擇兩項必要的工作（應選兩項）？

(a) 根據結果進行效能評定並告知客戶潛在風險

(b) 與客戶會面，共同評估解決方案

(c) 擴大所使用模型的規模

(d) 搜尋改良技術

(e) 將自己的結果與競爭對手的結果進行比較

答案：

67. （單選題）下列哪些物件可以協助 AI 專案團隊管理法規合規性？

(a) 資料分享合約、風險登錄表、事件記錄檔

(b) 資料策略、問題記錄檔、專案計畫

(c) 資料品項計分卡、安全性記錄檔、腳本

(d) 資料模型、變更要求、偵錯記錄檔

答案：

68. （多選題）當發生過度擬合情況時，我們可以採取哪些方法解決問題（應選三項）？

(a) 收集更多資料   (b) 確認資料未出現不平衡的現象

(c) 調整超參數   (d) 實作一個更複雜的模型

(e) 改用非線性模型

答案：

69. （單選題）如想避免決策樹發生過度擬合的情形，可以採取哪個做法？

(a) 指定樹深上限

(b) 決定葉節點數目下限

(c) 確認資料集呈現高度偏態

(d) 從訓練資料集中隨機移除部分觀測資料

答案：

70. （單選題）當我們要對使用交易資料進行訓練的詐騙偵測模型進行成效評估，應該使用哪一種指標？

(a) 混淆矩陣

(b) 確判為真率

(c) 準確率

(d) BLEU

答案：

71. （多選題）下列哪些工作的自動化，適合採用 AI 解決方案（應選三項）？

(a) 理解文件內容

(b) 視覺化報表

(c) 找出可自動化的工作和流程

(d) 登入應用程式

(e) 複製並貼上作業

答案：

72. （多選題）下列哪兩項專案會因為使用 AI 建模而受益（應選兩項）？

(a) 判斷會有多少收到促銷電子郵件的使用者查看公司網站

(b) 透過社群媒體使用者的評論、主題標籤、訊息，判斷他們對於特定主題的意見

(c) 根據銀行客戶在銀行網站上表現的行為，選取給予信用卡優惠的對象

(d) 檢查使用者的密碼是否符合由帳戶擁有者設定的密碼

(e) 將電子報傳送給郵寄清單上所有人

答案：

73. （單選題）依照客戶個人檔案和購物紀錄時間的相似之處，將客戶分類來提升滿意度。這是屬於哪種機器學習問題？

(a) 增強式學習
(b) 非監督式學習
(c) 監督式學習
(d) 元學習

答案：

74. （單選題）下列哪個問題可以使用迴歸解決？

(a) 根據房屋的特色及地點決定賣方要價
(b) 提供使用者依觀看次數排序的推薦觀影清單
(c) 藉由分析產品圖片，偵測裝配線上的產品是否有缺陷
(d) 透過某人的腦部 MRI 掃描圖像，判斷對方是否罹患疾病

答案：

75. （單選題）下列哪項 AI 問題屬於分類問題？

(a) 判斷傳送給客戶支援人員的電子郵件內容帶有正面或是負面情緒
(b) 預測明日開盤的股票價格
(c) 判斷贏得棋局的勝率
(d) 根據鄰近地區的類似房屋提出售屋目標價格

答案：

76. （單選題）貴單位正在針對特定用途開發一套 AI 系統，但這套系統也能輕易用於其他用途。請問具備多種潛在用途的系統為什麼會產生道德疑慮？

(a) 因為可能遭人用於未經授權的用途
(b) 因為會導致系統更容易故障
(c) 因為可能會開拓新市場商機
(d) 因為其他組織可能會想購買這套 AI 系統

答案：

77. （單選題）下列哪一個詞是指讓私人公司、政府機關、研究機構共享資料，以解決公共問題？

(a) 資料協作　　　　　　　　　　(b) 資料交換

(c) 開放式資料　　　　　　　　　(d) 公用資料

答案：

78. （多選題）我們在選擇能達成目標的資料集時，下列哪兩項因素可能是重要的元素（應選兩項）？

(a) 資料集的數量足以達成目的

(b) 缺少的元素或者有毀損的元素

(c) 資料集元素的檔案格式，例如圖片

(d) 資料集的發佈來源為學術實體還是商業實體

(e) 資料集是否是透過資料集搜尋引擎找到的

答案：

79. （單選題）為了提升準確率，在選擇特徵的階段應該移除哪一類特徵？

(a) 與目標沒有相互關聯的特徵　　(b) 含有多個值的特徵

(c) 與目標具有高度關聯性的特徵　(d) 在特徵集中未重複的特徵

答案：

80. （單選題）為了建置迴歸 AI 來預測車輛價格，且會在進行特徵工程時使用一位有效編碼，我們會選擇哪類特徵來使用一位有效編碼？

(a) 車輛類型（卡車、轎車、廂型車）

(b) 從 0 加速到 100 公里時速所需的時間

(c) 在一般道路上的汽車燃油效率

(d) 車門數量

答案：

用 Python 學 AI 理論與程式實作 (涵蓋 Certiport ITS AI 國際認證模擬試題)

作　　　者：李啟龍 / 陳威達
企劃編輯：江佳慧
文字編輯：江雅鈴
設計裝幀：張寶莉
發　行　人：廖文良

發　行　所：碁峰資訊股份有限公司
地　　　址：台北市南港區三重路 66 號 7 樓之 6
電　　　話：(02)2788-2408
傳　　　真：(02)8192-4433
網　　　站：www.gotop.com.tw
書　　　號：AEL026400
版　　　次：2024 年 03 月初版
　　　　　　2024 年 08 月初版二刷
建議售價：NT$580

國家圖書館出版品預行編目資料

用 Python 學 AI 理論與程式實作(涵蓋 Certiport ITS AI 國際認證模擬
試題) / 李啟龍, 陳威達著. -- 初版. -- 臺北市：碁峰資訊, 2024.03
　　面；　　公分
　　ISBN 978-626-324-737-6(平裝)

　　1.CST：Python(電腦程式語言)　2.CST：人工智慧
312.32P97　　　　　　　　　　　　　　　　112022825